U0129779

新工科建设之路·特色化软件人才培养系列

数据库原理与技术

（金仓 KingbaseES 版）

钱育蓉　张文东　主编　　王崇国　马梦楠　李娟　副主编

電子工業出版社

Publishing House of Electronics Industry

北京·BEIJING

内 容 简 介

本书以培养数据管理应用型人才为目标，系统、全面地介绍数据库的基本理论与应用。全书共 9 章，主要内容包括：数据库系统概述，关系数据库，关系数据库标准语言，关系规范化理论，数据库设计，数据库安全保护，PL/SQL 与应用，数据库新技术和国产数据库，数据库应用开发系统案例分析。除了介绍数据库技术基本原理，本书还选用优秀国产数据库产品——人大金仓 KingbaseES V8.3 作为实验环境，介绍该平台下数据库技术的实现，包括数据库和数据表的创建和维护、查询与统计、视图管理、存储过程和触发器管理、用户管理、PL/SQL 程序设计等内容，本书通过大量应用实例源码和解释说明，使读者加深对数据库原理的理解，达到理论和实践的紧密结合。

本书内容循序渐进、深入浅出、结构合理、内容翔实，每章后附有习题，包括选择题、填空题、判断题和简答题，实践性较强的章节后还配有实验题和实验手册，以帮助读者巩固所学知识点；对重要的知识点、例题、实践操作内容，作者团队制作了相关讲解微视频、微课件，便于读者线上学习。

本书可作为高等学校软件工程和计算机相关专业教材，也可供从事相关领域工作的技术人员学习和参考。

图书在版编目（CIP）数据

数据库原理与技术：金仓 KingbaseES 版 / 钱育蓉，张文东主编. —北京：电子工业出版社，2022.8

ISBN 978-7-121-44066-3

Ⅰ. ① 数… Ⅱ. ① 钱… ② 张… Ⅲ. ① 数据库系统－高等学校－教材 Ⅳ. ① TP311.138

中国版本图书馆 CIP 数据核字（2022）第 135831 号

责任编辑：章海涛

印　　刷：三河市良远印务有限公司

装　　订：三河市良远印务有限公司

出版发行：电子工业出版社

　　　　　北京市海淀区万寿路 173 信箱　　邮编：100036

开　　本：787×1092　1/16　　印张：17.75　　字数：448 千字

版　　次：2022 年 8 月第 1 版

印　　次：2022 年 10 月第 2 次印刷

定　　价：59.00 元

前　言

DB

数据库技术是目前计算机领域发展较快、应用较广的一门技术，它的应用遍及各行各业，大到如全国联网的飞机票、火车票订票系统、银行业务系统，小到个人的管理信息系统，如个人健康信息系统、家庭理财系统。然而，长久以来数据库技术和产品被国外数据库公司垄断达几十年，为安全可靠的信息管理带来一定安全隐患。

以北京人大金仓信息技术股份有限责任公司为代表的国产数据库企业，多年来坚持自主原创技术路线，经不断产品迭代和案例验证，已在关乎国计民生的电力、金融、电信等重要领域核心业务系统中广泛应用，突破了国外数据库产品垄断国内市场的局面，保障了我国基本生存领域和重大行业的信息安全。

"数据库原理与技术"课程是高等院校软件工程、计算机和有关工科领域的专业必修课，为助推国产数据库人才生态发展，扩大国产数据库技术的人才培养规模和影响力，作者团队以人大金仓 KingbaeES V8.3 为实践平台，结合近年来的数据库课程教学实践编写了本书。

本书系统介绍数据库技术的基本理论及数据库的管理、设计与开发技术。在数据库原理部分，本书介绍数据库系统概论、关系数据库数据模型、关系数据库规范化理论。在数据库系统和应用部分，本书以人大金仓公司推出的关系数据库管理系统 KingbaseES V8.3 为平台，以教学管理系统数据库应用为主线，一是讲解关系数据库标准语言 SQL，包括 KingbaseES V8.3 概述、数据库和数据表的创建和使用、视图、索引；二是讲解实现数据库安全保护的多种机制，包括数据完整性、用户安全管理、备份和恢复；三是讲解 PL/SQL 的高级应用，包括 PL/SQL 程序设计、存储过程、触发器。在数据库设计开发和新技术部分，以教学管理系统数据库为例介绍数据库设计、开发的步骤，介绍分布式数据库、大数据等新技术，以及人大金仓、武汉达梦和神通等一系列优秀的国产数据库公司和它们的数据库软件产品。最后通过实现一个小型数据库系统开发实例——驾驶员理论考试系统，介绍采用高级程序设计语言（Java、Python 等）与 KingbaseES V8.3 数据库进行连接的方法。

本书的主要特点如下：

（1）内容讲解循序渐进，深入浅出，符合初学者学习数据库课程的认识规律，易于读者学习和掌握。

（2）采用 KingbaseES V8.3 国产数据库管理系统平台，对于本书教学数据库这一实例，设计了大量的实践例题，同时对各例题详细列出了源码和解释说明，让读者容易学会利用 KingbaseES V8.3 环境进行数据库的管理工作，加深对知识点的理解和掌握，实现理论与实践的紧密结合，真正做到学以致用。

（3）对重要的知识点、习题和实践操作内容，我们制作了相关的讲解微视频、微课件，读者可以通过扫描二维码来观看相关的内容讲解，既有利于读者自学，又满足目前"线下线上混合式教学"的需求。

（4）实践性强的部分章后配有相关实验题和实验指导，方便任课教师组织相关实验和学生练习。

（5）每章后配有习题，题型包括选择、填空、判断和简答，从不同角度帮助读者巩固和掌握所学知识点。

本书内容全面，深入浅出，概念清晰，条理清楚，不仅适合课堂教学，也适合读者自学。如果作为教材，教师可以根据 32～70 学时的教学需要，灵活对理论和实验内容进行取舍（以下仅供参考）。

章　节	教学内容	学　时	配套实验	学　时
第 1 章	数据库系统概述	4	KingbaseES V8.3 新手上路实验	2
第 2 章	关系数据库	6	数据库的创建与使用	2
第 3 章	关系数据库标准语言	8	数据表的创建与使用，单表数据查询实验，多表连接查询实验，子查询实验，视图、索引使用实验	10
第 4 章	关系规范化理论	8	/	/
第 5 章	数据库设计	6	数据库系统的概要设计，数据库系统的逻辑设计，数据库系统的物理设计	6
第 6 章	数据库安全保护	6	数据库的安全配置实验，数据库的备份和恢复	6
第 7 章	PL/SQL 与应用	6	自定义函数与存储过程创建实验，触发器创建和游标使用实验	6
第 8 章	数据库新技术和国产数据库	4	/	/
第 9 章	数据库应用开发系统案例分析	4		

其中，主讲理论学时建议 32～48 学时，实验学时各学校可适当调整，一般为 32 学时左右；另外，除了实验学时，最好安排学生自由上机的时间，以加强学生的实际动手能力。

本书由钱育蓉、张文东担任主编，王崇国、马梦楠、李娟担任副主编，由钱育蓉、张文东统稿、定稿。其中，第 1 章由李娟编写，第 2、8 章由马梦楠编写，第 3 章由何晓冰、王崇国、张文东、严紫薇编写，第 4 章由张文东编写，第 5 章由冷洪勇、陈凤编写，第 6 章由钱育蓉编写，第 7 章由王崇国编写，第 9 章由马梦楠、黄柯翔编写。

本书系新疆大学教材建设项目。感谢新疆大学教务处及相关单位对本书编写的大力支持；感谢人大金仓信息技术有限责任公司人才发展中心领导协调资源支持本书的撰写、审校，感谢金仓人才发展中心的资深讲师孟祥龙对本书撰写过程中给予的技术支持和帮助；感谢成都上程数据有限公司的软件工程师对本书中数据库应用开发实例的源码支持。

感谢新疆大学贾振红教授，中南大学陈志刚教授、奎晓燕教授，新疆医科大学严传波教授，新疆工程学院杨丽君副教授，新疆财经大学张蕾副教授对本书书稿的认真审阅，感谢他们对本书提出的修改建议。

为了配合教学和参考，本书提供配套的电子教案、微课视频、课程思政、实例源码，读者可到华信教育资源网（http://www.hxedu.com.cn）下载。

由于水平有限，本书难免有疏漏与不足之处，衷心希望广大读者批评、指正。

读者反馈：xjurjxysjk@163.com（邮箱）或 192910558（QQ 群）。

作　者

目　录

DB

第1章
数据库系统概述

DB

　　数据库技术是现代信息科学与技术的核心组成部分，用于研究计算机信息处理过程中数据的有效组织和存储、解决数据冗余等问题，同时为用户提供安全、可靠、可共享的数据。数据库技术应用领域非常广泛，如人们日常生活离不开的飞机和火车订票系统、网上银行系统，与学科结合建立的知识库、多媒体数据库等，都离不开数据库技术的支撑。数据库系统是数据库技术发展至今的重要成果。

　　本章重点介绍数据库系统的基本概念，让读者对数据库系统有一个全局的了解，并为后续章节的学习做好准备。

1.1 数据库系统基本概念

1.1.1 信息和数据

数据处理经常用到的概念就是信息与数据，二者既有区别又有联系。

1. 信息

信息是人脑对现实世界事务的存在方式、运动状态以及事物之间联系的抽象反映。人们通过获得、识别自然界和社会的不同信息来区别不同事物，从而可以认识和改造世界。南唐诗人李中的《暮春怀故人》诗句"梦断美人沈信息，目穿长路倚楼台"，是"信息"一词在汉语里最早的出处。信息具有以下几个主要特征：

① 依附性。信息不能脱离物质和能量独立存在，必须依附于某种具备一定能量的载体才能传递。信息通过网络、广播、电视、报纸、书本等传递。

② 感知性。信息可以通过人的感觉器官被感受到，也可以使用仪器、仪表和各种传感器进行探测。人们对不同信息源的信息采取的感知形式不一样。例如，互联网中的视频信息是通过视觉和听觉器官来感知的。

③ 传递性。信息利用各种媒介和载体，可以打破时间和空间的限制进行传播。

④ 共享性。信息作为一种资源，能够在不同的个体和群体间共享。

⑤ 时效性。信息具有时效性，其价值会随着时间的推移而改变甚至消失。

除此之外，信息还具备可存储性、可处理性、有用性和知识性等特征。

2. 数据

数据是承载信息的符号，即信息的载体，是信息的具体表现形式。

尽管在日常成活中，手势、眼神、声音等也可以表达信息，但为了能够在计算机中存储和处理信息，数据就成为了信息的最佳表现形式。对"数据"概念的学习需要注意以下4点。

① 数据与语义是不可分割的。例如，这样一组数据"10001，张丽，31，女，信息学院"，其中的具体数据可以表示为某教师的工号、姓名、年龄、性别、工作单位等信息，也可以解释为某研究生的学号、姓名、性别、就读院系等信息。由此可见，当给数据赋予特定的语义后，它们就成为了信息。

② 数据的表现形式有多种。描述信息的符号可以是上例中所使用的数字，也可以是文字、图形、图像、声音、语言、视频等，因为它们都可以经过数字化处理后存储到计算机中。

③ 数据有"型"和"值"之分。这里，"型"是指数据的结构（可以理解为数据的内部构成和对外联系），"值"是指数据的具体取值。

④ 数据受到类型、取值范围等约束，有定性和定量之分。

根据上述分析，数据是信息的一种符号表示，是信息的语义解释，只有赋予特定语义的数据，才是被人们理解和接受的信息。

1.1.2　数据处理与数据管理

1．数据处理

数据处理是指将数据转换成信息的过程，包括对数据进行采集、管理、存储、加工和传播等。简而言之，围绕着数据所做的工作都可以称为数据处理，主要目的是将源数据经过加工处理得到所需的数据。因此，可以得到这样的公式：信息 = 数据 + 数据处理。

2．数据管理

数据管理是数据处理过程中的核心和基础性工作,是指利用计算机技术对数据进行分类、组织、编码、存储、检索和维护。

数据管理在实际生活工作中的地位非常重要。例如，早期图书馆对图书借阅采用人工管理时，读者的借阅信息一般是记录在借书证上，图书等信息记录在某文档中。由于信息众多，这就产生了查询费时费力、维护困难等问题。计算机技术的发展为科学地进行数据管理提供了先进的技术和手段。通过使用通用、高效又操作方便的计算机软件，数据可以被有效管理，可最大限度地减轻数据管理人员的负担。数据库技术便是在这样的背景下产生并发展起来的，成为计算机应用的一个重要分支。

1.1.3　数据管理技术的发展

数据管理技术是随着计算机技术的发展而不断发展的，经历了人工管理阶段、文件系统阶段和数据库系统三个阶段。目前，数据管理技术依然处于深入研究和应用的进程中。

1．人工管理阶段（20世纪50年代中期以前）

在本阶段，计算机技术的发展处于初期，人们主要利用它进行科学计算。此时的计算机硬件和软件发展都相对落后。从硬件看，外部存储器只有磁带、卡片和纸带（如图1-1所示），没有磁盘等直接存取存储设备。从软件看，软件只有汇编语言，尚无操作系统和数据管理软件，对数据处理采用的方式基本是批处理。

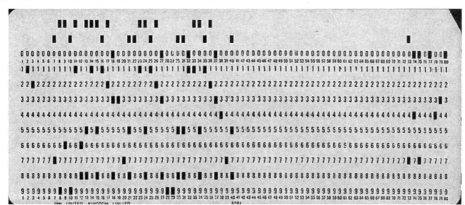

图1-1　人工管理阶段管理数据的纸带

本阶段的数据管理技术有如下特点。

（1）数据不保留

在本阶段，计算机主要用于科学计算。计算时临时输入数据，计算后也不保存计算结果和原始数据。

（2）没有专门的数据管理软件

程序员在设计算法时要同时设计数据的逻辑结构和物理结构，即数据的存储结构、存取方式等。换句话说，数据由应用程序自己管理。

（3）数据与程序之间不具备独立性

由于没有专门的数据管理软件，程序员直接面对存储结构，因此当数据的逻辑结构或物理结构发生改变时，必须由程序员对应用程序做出相应修改，这使得程序的设计和维护都很麻烦。

（4）数据不共享

数据是面向应用程序的，一组数据只能对应一个应用程序，如图 1-2 所示。即使多个程序涉及相同的数据，也必须各自定义，难以相互利用，造成应用程序之间存在着大量的冗余数据。

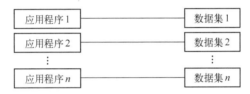

图 1-2　人工管理阶段应用程序与数据之间的对应关系

下面是人工管理阶段数据管理的一个示例：有两个 C 语言程序，程序 1 和程序 2，分别求 10 个数据之和和最大值。可以看出，程序与数据放在一起，数据不能够共享。

```c
/* 程序1：求5个数之和 */
    #include<stdio.h>
    main()
    {
        int  i, s = 0;
        int  a[5] = {23,55,75,96,13};
        for(i = 0; i < 10; i++)
            s = s+a[i];
        printf("%d", s);
    }
```

```c
/* 程序2：求5个数中的最大值 */
    #include<stdio.h>
    main()
    {
        int  i, s;
        int  a[5] = {23,55,75,96,13};
        s = a[0];
        for(i = 1; i < 10; i++)
            if(s < a[i])
                s = a[i];
        printf("%d", s);
    }
```

2．文件系统阶段（20 世纪 50 年代后期至 60 年代中期）

从 20 世纪 50 年代后期开始，计算机技术的应用领域不断拓宽，不仅用于科学计算，还大量用于数据管理。同时，硬件方面，计算机的外存储器有了磁盘、磁鼓等直接存取设备；软件方面，出现了高级语言（如 FORTRAN 等）和操作系统（最早使用在 IBM740 上的 IBSYS 等），操作系统中还出现了专门管理数据的文件系统。数据处理的方式包括批处理和联机实时处理。

文件系统管理数据具有如下特点。

（1）数据可以长期保存

由于计算机大量用于数据处理，在文件系统中，数据通过文件被长久保存，从而可以对数据反复进行检索、插入、修改、删除等操作。

（2）文件系统对数据进行管理

数据按一定的结构被组织，以记录的方式形成文件，由文件系统提供相应的存取方法对数据进行管理，从而实现了"按文件名访问、按记录进行存取"的管理技术，即记录内有结构，整体无结构。

（3）程序与数据之间具有较低的独立性

文件系统实现了对数据进行管理，使得数据和应用程序之间具备了一定的独立性，如图 1-3 所示。但本阶段只实现了数据的物理独立性，文件结构的设计仍然是面向应用程序的，一旦数据的逻辑结构改变，就必须修改应用程序，程序与数据之间的独立性依然较低。

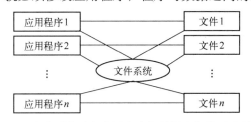

图 1-3　文件系统阶段应用程序与数据之间的对应关系

（4）数据共享性差

在文件系统中，一个文件基本对应一个应用程序，即使不同的应用程序具有相同数据也必须各自建立文件，而不能共享一个数据文件。因此，数据的冗余度大、重复性高。

（5）数据文件呈现多样化

文件系统中的数据文件有索引文件、链接文件和直接存储文件等形式，对这些文件既可以顺序访问，也可以直接访问。

文件系统阶段数据管理的示例如下。两个 C 语言程序：程序 3 和程序 4，分别求 10 个数据之和和最大值。可以看出，程序与数据是分开存放的。

```
/* 程序 3: 求 5 个数之和 */
    #include<stdio.h>
    main()
    {
       int  i, x, s = 0;
       FILE  *fp;
       fp = fopen("C:\\data.dat", "r")              /* 打开文件 */
```

```
    for(i = 0; i < 10; i++)
    {
        fscanf(fp, "%d", &x);                    /* 文件中读数据 */
        s = s+x;
    }
    printf("%d", s);
    fclose(fp);                                  /* 关闭文件 */
}
```

```
/* 程序 4: 求 5 个数中的最大值 */
#include<stdio.h>
main()
{
    int  i, x, s = -32767;
    FILE  *fp;
    fp = fopen("C:\\data.dat", "r")              /* 打开文件 */
    for(i = 1; i < 10; i++)
    {
        fscanf(fp, "%d", &x);                    /* 文件中读数据 */
        if(s < x)
            s = x;
    }
    printf("%d", s);
    fclose(fp);                                  /* 关闭文件 */
}
```

3. 数据库系统阶段（20 世纪 60 年代后期）

在 20 世纪 60 年代末，计算机技术的应用范围越来越广，更多领域在使用计算机进行管理，所管理的数据也越来越庞大，基于文件系统的数据管理技术已经无法满足日益增长的实际需求。硬件方面，出现了大容量的磁盘存储设备，而且价格越来越低；软件方面，出现了统一管理数据的专门软件——数据库管理系统（DataBase Management System，DBMS）。

与文件系统阶段相比较，数据库系统阶段具备以下特点。

(1) 数据结构化

数据结构化是数据库系统阶段区别于文件系统阶段的根本特点。在文件系统阶段，文件的记录内部是有结构的，但数据文件之间没有联系，因为数据文件是面向应用程序单独建立的。例如，在文件系统阶段，人事处建立了教师数据文件 A，由教工编号、姓名、性别、出生日期、家庭住址、职称、政治面貌和所在院系组成；校医院建立了教师数据文件 B，由教工编号、姓名、性别、出生日期、身体状况和病史情况组成。显然，两个数据文件表示的"教师"都不能完整地表示教师的情况，并且存在着大量的冗余数据。但在数据库系统中，只需要使用结构(教工编号, 姓名, 性别, 出生日期, 家庭住址, 职称, 政治面貌, 所在院系, 身体状况, 病史情况)便可表示教师的各特征。

这表明，数据库系统阶段不但考虑了局部应用的数据结构，而且考虑了整体的数据结构。

(2) 数据共享性高

由于数据库系统从整体角度看待和描述数据，数据不再仅仅面向某个或某些应用，而是面向整个应用系统。这样就实现了同一数据可供多个用户或应用共享，节约了存储空间，极大地减少了数据冗余，从而减少了数据冗余引起的数据不一致的问题。在数据库系统阶段，用户和程序不需要像在文件系统阶段那样建立各自对应的数据文件，只需从数据库中存取相应的数据子集即可。

（3）数据与程序之间具有较高的独立性

由于数据库中的数据是由专门的数据库管理系统来进行管理的，因此数据对应用程序的依赖程度大大降低，从而实现了数据与程序之间较高的独立性，如图1-4所示。

（4）统一的数据管理和控制

在数据库系统阶段，数据的管理完全由数据库管理系统完成。除此之外，数据库管理系统还能够实现对数据的完整性、安全性、并发、恢复等进行控制。

① 数据的完整性（Integrity）控制。为了保证数据库的正确性、有效性和相容性，数据库管理系统要对数据进行完整性检查，保证数据在有效的范围内或数据之间满足一定的关系。

② 数据的安全性（Security）控制。为了防止因为不合法使用数据库而造成数据的泄露和破坏，数据库用户必须按规定对数据进行操作和处理，从而保证数据的安全。

③ 数据的并发（Concurrency）控制。当多个用户或多个应用的并发进程在同时操作数据库中的数据时，可能相互干扰，从而破坏数据的完整性，造成数据的不一致，因此要对并发操作进行控制，避免将错误数据提供给用户或应用。

④ 数据恢复（Recovery）控制。在计算机系统发生硬件故障、软件故障、操作员的误操作或因其他恶意的破坏，造成数据库中的数据不正确或数据丢失时，系统有能力将数据库从错误状态恢复到最近某一时刻的正确状态。

下面是数据库系统阶段数据管理的一个示例：在数据库管理系统（KingbaseES V8R3）中执行对应的 SQL 语句，对数据库 TABLE 表（如图1-5所示）中的 NUM 数据进行求和与求最大值的运算。

```
SELECT SUM(NUM) FROM TABLE;
SELECT MAX(NUM) FROM TABLE;
```

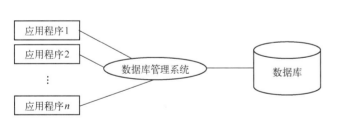

图 1-4　数据库系统阶段应用程序与数据之间的对应关系

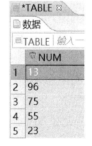

图 1-5　KingbaseES V8R3 中的 TABLE 表

1.1.4　数据库系统的组成

数据库系统（DataBase System，DBS）是指在计算机系统中引入数据库后的系统，一般由数据库（DataBase，DB）、数据库用户、软件和硬件组成（如图1-6所示，硬件未画出）。其中，软件包括操作系统、数据库管理系统（DBMS）、数据库应用开发工具、数据库应用系统，数据库用户包括数据库管理员、数据库应用程序开发人员和终端用户（简称用户）等。

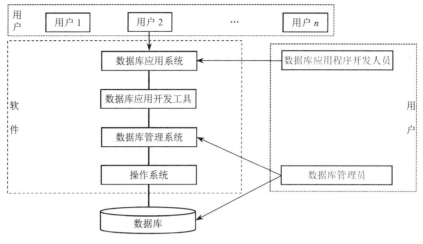

图 1-6　数据库系统的组成

1．数据库

数据库（Database）是指长期存储在计算机中的有组织、可共享、统一管理的相关数据的集合。数据库中的数据是按照一定的数据模型组织、描述和存储的，它们具有较小的冗余性且独立性高，并可为多种应用服务。

数据库中的数据具有集成性和共享性。集成性是指数据库中的数据及数据之间的联系按照一定的结构被集中存储；共享性是指数据库中的数据可以被多个不同的用户所共享，即多个不同的用户可以使用不同的语言同时存取数据库中的数据。

2．数据库用户

数据库用户主要由三类用户构成，分别为数据库管理员（DataBase Administrator，DBA）、数据库应用程序开发人员（系统分析员、系统设计员和程序设计员）、用户。

① 数据库管理员，具体职责包括：与数据库设计人员一起决定数据库和应用系统的设计，决定数据库的存储结构和存储策略，定义数据的安全性要求和完整性条件，监视和控制数据库系统的运行、维护和恢复数据等工作。

② 数据库应用程序开发人员，包括：系统分析员，主要负责应用系统的需求分析和规范说明，确定系统的软/硬件配置，参与概要设计；设计人员，负责数据库中数据的确定、各级模式的设计等，一般由数据库管理员担任；程序设计员，负责设计和编写应用系统的程序模块，并进行调试和安装。

③ 用户。用户主要是指使用数据库的各类人员，一般是非计算机专业人员，他们通过应用系统的用户接口使用数据库。

3．软件

（1）操作系统

操作系统是所有软件运行的基础，给用户提供良好的应用接口，数据库系统也必须在操作系统的支持下才能正常使用。

（2）数据库管理系统

数据库管理系统（DataBase Management System，DBMS）是数据库系统的核心组成部分，是一种操纵和管理数据库的软件。数据库管理系统位于用户与操作系统之间，主要功能是为用户、应用程序员和数据库管理员提供访问数据库的方法，包括定义、建立、维护、使用和控制数据库。

（3）数据库应用系统及开发工具

数据库应用系统包括为特定应用环境建立的数据库、开发的各类应用程序、编写的文档资料等。开发工具是指具有数据库访问接口的高级语言及其编程环境，以便应用程序的开发。

4．硬件

数据库系统的硬件是支持数据库系统正常运行的基础，主要包括计算机（CPU、内存、大容量存储设备）、数据通信设备（计算机网络和多用户数据传输设备）和其他外围设备（如输入设备和输出设备）等。

1.2　数据库系统的体系结构

从不同的角度，数据库系统的结构有不同的划分方式。从数据库系统的角度，数据库系统通常采用三级模式结构，这是数据库系统的内部体系结构。从数据库终端用户的角度，数据库系统结构分为单用户结构、集中式结构、分布式结构、主从式结构、客户/服务器结构、浏览器/服务器结构等，这是数据库系统的外部体系结构。

1.2.1　数据库系统的三级模式结构

数据库系统的三级模式结构是从逻辑上划分的，包括外模式(external schema)、模式(conceptual schema）和内模式（internal schema），这种划分反映了看待数据的三个层次，如图 1-7 所示。

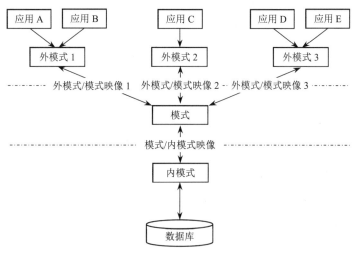

图 1-7　数据库系统的三级模式结构

1．外模式

外模式，又称为子模式或用户模式，是用户与数据库系统的接口，是与某具体应用有关的用户能够看到和使用的局部数据逻辑结构和特征的描述。由图 1-7 可知，外模式位于三级模式的最外层，一个数据库可以有多个外模式。这是因为不同用户的需求不同，带来了看待数据的方式和对数据存储等方面的要求的差异，从而形成不同用户对应的外模式的不同，见图 1-7 中的外模式 1 和外模式 2。外模式也是保证数据安全性的有力措施。

2．模式

模式，又称为概念模式或逻辑模式，是数据库中全部数据逻辑结构和特征的描述，是所有用户的公共数据视图。一个数据库只有一个模式，是以某种数据模型为基础、对所有用户的数据进行综合抽象而得到的统一的全局数据结构。模式中定义的内容不仅包含对数据库的记录型、数据项的型、记录间的联系等的描述，还包括对数据的安全性、完整性约束等的定义。由图 1-7 可知，模式处于数据库系统体系结构的中间层，不涉及物理存储细节和硬件环境，同时与具体的应用程序无关。

3．内模式

内模式，也称为存储模式或物理模式，是对数据物理结构和存储方式的描述，是数据在数据库内部的表示方式。由图 1-7 可知，内模式位于三级模式中的最内层，是靠近物理存储的一层。内模式定义了所有内部数据类型、索引和文件的组织方式，以及数据控制等方面的细节。例如，记录的存储方式是顺序存储，还是按照 B+树存储或按 Hash（哈希）方法存储。

对于数据库管理系统来说，因为实际存在的只有物理模式的数据库，所以一个数据库只有一个内模式，它是数据访问的物理基础。

1.2.2　数据库系统的二级映像和数据独立性

为了能够实现数据库的三个抽象层次的联系和转换，数据库管理系统在三级模式之间提供了二级映像：外模式/模式映像，模式/内模式映像。

1．外模式/模式映像

外模式/模式映像定义了外模式与模式之间的对应关系，也就是数据的局部逻辑结构与全局逻辑结构之间的关系。利用这个关系，数据库管理系统就可以完成外模式与模式之间的转换。例如，用户数据库到概念数据库的转换如图 1-8 所示。因为数据库的模式可以对应多个外模式，所以每个外模式都存在一个映像，定义在各自外模式的描述中。

2．模式/内模式映像

模式/内模式映像定义了模式与内模式之间的对应关系，也就是数据全局逻辑结构与存储结构之间的对应关系。利用这个关系，数据库管理系统就可以完成模式与内模式之间的转换。例如，概念数据库到物理数据库的转换见图 1-8。

一个数据库只有一个模式和一个内模式，因此模式和内模式的映像也是唯一的，其映像的定义通常包含在模式描述中。

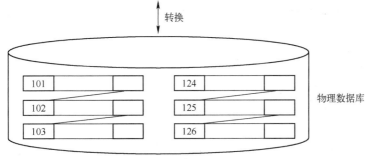

图 1-8 数据库系统的三级模式与二级映像转换结构示例

3. 数据独立性

数据和程序相互之间依赖程度低、独立程度大的特性称为数据独立性，是由数据库管理系统的二级映像功能来保证的。

数据独立性分为如下两种：

一种是数据的物理独立性，是指当数据库的物理结构（如存储结构、存取方式、外部存储设备等）改变时，应用程序不需要修改也可以正常工作。得益于较高的物理独立性，数据库管理系统可以通过修改模式/内模式映像来适应这个变化，从而不会影响数据的逻辑结构，那么应用程序也不会受到影响。

另一种是数据的逻辑独立性，是指当数据库全局的逻辑结构（如增加数据项、修改数据类型、改变数据间的关系等）发生改变时，数据库管理系统可以相应修改外模式/模式映像，而用户逻辑结构（局部逻辑结构）和应用程序不用改变。

在图 1-8 中，两个用户数据库中分别存放不同的教师信息，反映了不同用户对数据的应用需求，对应两个外模式；通过外模式/模式映像转换，得到反映全局逻辑结构的概念数据库，对应概念模式；通过模式/内模式映像转换，得到反映实际物理存储结构的物理数据库，对应物理模式。

1.2.3 数据库系统的三级模式结构和二级映像的优点

数据库系统的三级模式结构和二级映像使数据库系统具有以下优点：

① 由于数据与程序之间具有独立性，因此数据的定义和描述可以从应用程序中分离，数据库管理系统负责数据的底层存储和表示，从而极大简化了程序的编写工作，也减少了程序的维护工作。

② 数据库系统的三级模式结构实现了数据使用的抽象化，二级映像功能保证了数据的独立性，从而从根本上保证了应用程序的稳定性。

③ 数据的共享和安全得到保证。在多个不同的外模式下，数据库中的数据可由多个用户共享，同时在外模式下只能对限定的数据操作，保证了数据的安全性。

1.2.4 数据库系统的应用架构

数据库系统的应用架构是指应用程序在数据库服务器之间进行交互的方式。从最终用户角度，数据库应用系统的应用架构分为集中式结构、分布式结构、客户/服务器结构、浏览器/服务器结构等。

1．集中式结构

集中式结构由主机（一台功能强大的大型机）、多个用户终端连接组成，如图 1-9 所示。应用程序、数据库管理系统和数据都安装在主机（大型机）上，数据库应用系统中的数据存储层、业务处理层和表示层都在主机（大型机）上运行，即所有处理任务都由这台主机独立完成。用户终端一般由显示器、键盘且没有存储能力的终端构成，各用户使用自己的终端设备向主机（大型机）提出请求来存取和使用数据库。简而言之，主机既执行应用程序，又执行数据库管理系统的功能。

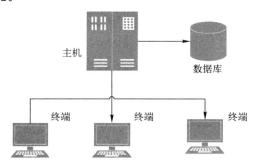

图 1-9　数据库系统集中式结构

集中式结构的优点是实现容易，安全性好，缺点是当主机任务繁忙时，数据库系统的性能会下降，而且一旦主机出现故障，整个系统都将陷入瘫痪。

2．分布式结构

分布式结构是指数据分布存储在多台服务器上。分布式数据库系统是在集中式数据库系统的基础上发展起来的，是计算机技术和网络技术结合的产物。分布式数据库系统是指物理上分散而逻辑上集中的系统，通过计算机网络，将地理位置分散、管理和控制时需要不同程度集中的多个节点（通常是集中式数据库系统）连接起来，共同组成一个统一的数据库系统，如图 1-10 所示。其中，网络上的每个节点都具有独立处理能力，可以执行局部应用运算（也可以通过网络执行全局应用运算）。

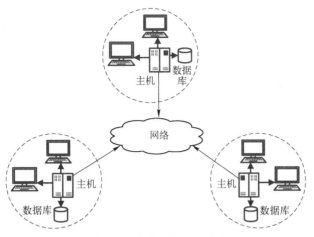

图 1-10 分布式数据库系统

分布式数据库系统的特点是：物理分布性、逻辑整体性、站点自治性、数据分布透明性、集中与自治相结合、存在适当的数据冗余度、事务管理的分布性等。

分布式数据库系统具有体系结构灵活、利用多台服务器并发处理数据效率高、响应速度快、可扩充性好等优点，但是也存在系统开销大、协调与维护困难、存储结构复杂、数据的安全性和保密性难保证等缺点。

3．客户/服务器结构

客户/服务器（Client/Server，C/S）结构是分布式数据库与网络技术结合的产物，客户机通过网络向服务器发出请求，服务器接收到请求后做出回应。其本质是通过对服务功能的重新部署，实现各司其职。

客户/服务器结构有两层和 N（$N>2$）层之分。其中，两层客户/服务器结构最简单，如图 1-11 所示，客户机用于存放应用程序和相关开发工具，服务器用于存放数据库管理系统和数据库。客户机负责管理用户交互界面，接收用户数据，处理应用逻辑，生成数据库服务请求，同时将请求发送给服务器。服务器完成对请求的处理后，客户机接收服务器返回的结果，并将结果按一定的格式显示给用户。由于两层客户/服务器结构存在客户机工作负荷过重的问题，随即产生了多层客户/服务器结构。多层客户/服务器结构包括后端数据库服务器（运行数据存储层）、中间数据库服务器（运行业务处理层）和客户机（用户交互界面）。

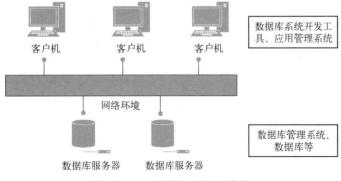

图 1-11 两层客户/服务器结构

客户/服务器结构数据库具有响应速度快、服务器负荷较轻等优点；缺点是适用面窄，用于局域网、客户端时通常还需要安装专用的客户端软件、维护升级成本高等。

4．浏览器/服务器结构

浏览器/服务器（Browser/Server，B/S）结构是随着 Internet 技术的兴起，对客户/服务器结构的改进。在这种结构下，客户机是通过 WWW 浏览器来实现的，极少部分的事务逻辑在浏览器（前端）实现，主要事务逻辑在应用程序服务器（后端）实现，形成了三层结构，如图 1-12 所示。因为此时的客户机包含的逻辑很少，所以也被称为瘦客户端。

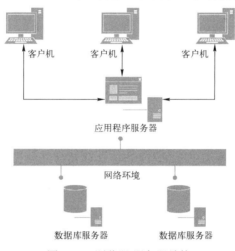

图 1-12　浏览器/服务器结构

在浏览器/服务器结构中，用户通过浏览器向应用程序服务器发送请求，应用程序服务器处理数据，并以 SQL 语句向数据库服务器发送访问数据库的请求。当数据库服务器收到应用程序服务器的请求后，会对 SQL 语句进行处理，并将返回的结果发送给应用程序服务器。应用程序服务器将收到的数据结果转换为 HTML 文本形式，传输给客户机的浏览器并显示。

浏览器/服务器结构的优点是客户机有浏览器即可，不需安装，升级维护方便，业务扩展便捷，共享性强等；缺点是在速度和安全性上的设计成本较高，这也是其最大问题。

1.3　数据模型

计算机无法直接处理现实问题，必须对客观事物及联系进行抽象，再将其转换为计算机能够处理的数据，从而解决实现问题。每一步抽象的过程都要使用一种方式来描述得到的结果，这就需要使用数据模型这一转换工具，用数据模型来抽象、表示和处理现实世界中的事物。数据库系统的核心和基础是数据模型。

1.3.1　三个世界及其有关概念

计算机处理的对象是现实生活中的客观事物及其联系。为了将这些对象以数据的形式存储到计算机，首先要对客观事物进行了解、熟悉、分析，从中抽象出相关信息，其次要对这些信息进行分类、整理和规范化，然后将规范化后的信息进行数据化，最后由数据库管理系统对数据化的信息进行管理和存储。这个过程进行了二级抽象，涉及三个世界，即现实世界、信息世界和计算机世界。

1．现实世界

现实世界是指不依赖于人们的思想客观存在的世界，由事物和事物之间的联系组成。其中，每个事物都有自己的特征或性质，这些特征用来区别不同的事物。例如，学生有学号、姓名、年龄、住址等特征。为了研究的需要，人们可能只关心其中的一部分特征。

2．信息世界

信息世界，又称为概念世界，是指现实世界在人脑中的反映，即人们对现实世界经过认识、分析、归纳和抽象，用信息进行描述，再对这些信息进行记录、整理和格式化。信息世界是对现实世界的抽象。在信息世界中，常用概念如下。

（1）实体

现实世界中的事物或概念被抽象成信息世界的实体。实体可以是事物实体，如一辆汽车、一本书，也可以是概念实体，如一门课、一堂课、学生选课等。

（2）属性

现实世界中的特征被抽象成信息世界的属性，一个实体往往是通过若干属性共同来刻画的。例如，书本实体由书号、书名、出版社、作者、价格等属性组成，这些属性的值组合在一起刻画了一本具体的书，如（ISBN-978-7-121-44066-3，数据库原理与技术，电子工业出版社，钱育蓉，P15）。

（3）码

能唯一标识一个实体的属性或者属性的组合被称为该实体的码或键（Key）。一个实体可能存在多个码。例如，一个学生实体的属性中，学生的身份证号和学号都是唯一值，所以都可以作为学生实体的码。

（4）域

属性的取值范围称为该属性的域。例如，姓名的域为字符串的集合，成绩的域一般为0～100，性别的域为'男'或'女'。

（5）实体型

同一实体往往具有相同的属性集合，所以用实体名及其属性名集合来抽象和描述同类实体，称为实体型。例如，教师实体型可以表示为（教工号，姓名，年龄，职称，所在院系）。

（6）实体集

同类型实体的集合称为实体集。例如，全体学生就是一个学生实体集。

（7）联系

在现实世界中，事物内部及事物之间是有联系的，将这种联系反映到信息世界中就表现为实体（型）内部的联系和实体（型）之间的联系。单个实体（型）内部的联系通常是指组成实体（型）的各属性之间的联系；实体（型）之间的联系通常是指不同实体集之间的联系，可分为两个实体（型）之间的联系以及两个以上实体（型）之间的联系。

实体集之间的联系是错综复杂的，但就两个实体间的联系来说，有以下 3 种。

① 一对一联系（1:1）。如果对于实体集 A 中的每个实体，实体集 B 中至多有一个（也可以没有）实体与之对应，反之亦然，则称实体集 A 与实体集 B 具有一对一联系，记为 1:1，如图 1-13 所示。例如，学生与学号、工厂与厂长、图书与 ISBN。

② 一对多联系（1:n）。对于两个实体集 A 和 B，如果实体集 A 中的每个实体，在实体集 B 中有多个（大于 0）实体与之对应，同时对于实体集 B 中的每个实体，在实体集 A 中至多只有一个实体与之对应，则称实体集 A 与实体集 B 有一对多的联系，记为 1:n。如图 1-14 所示。例如，医院与医生、学校与教师、省与市。

③ 多对多联系（m:n）。对于两个实体集 A 和 B，如果实体集 A 中的每个实体，在实体集 B 中有多个（大于 0）实体与之对应，而对于实体集 B 中的每个实体，实体集 A 中也有多个实体与之对应，则称实体集 A 与实体集 B 之间有多对多的联系，记为 m:n，如图 1-15 所示。例如，教师与课程、学生与课程、产品与零件、社团与学生。

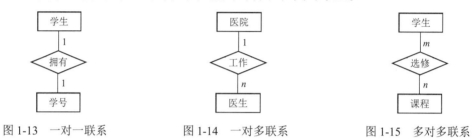

图 1-13　一对一联系　　　　图 1-14　一对多联系　　　　图 1-15　多对多联系

两个以上的实体之间也存在一对一、一对多和多对多的联系。例如，对于实体集，供应商、项目和零件，一个供应商可以给多个项目供应多种零件，每个项目可以使用多个供应商供应的零件，每种零件可以由不同供应商供应，因此这 3 个实体集之间存在多对多的联系。

另外，同一个实体集内部的各实体之间也存在一对一、一对多、多对多的联系。例如，职工实体集内部具有领导和被领导的联系，即某名职工领导若干名职工，而一名职工仅被一名领导所领导，这就是一种一对多的联系。

3．计算机世界

计算机世界，也称为机器世界或数据世界，是指将信息世界中的信息经过数字化处理，按照特定的数据结构存储在计算机中处理。计算机世界是对信息世界的抽象。信息世界的实体被抽象为计算机世界的记录，信息世界的实体集被抽象为计算机世界的文件，信息世界的属性被抽象为计算机世界的字段（数据项）。

4．三个世界的关系

人们使用计算机处理现实世界的问题，经历了对三个世界的两次抽象。第一次抽象是将现实世界抽象为信息世界，这个过程使用概念模型（也称为实体模型）将事物与事物之间的联系用结构化的方式表示出来；第二次抽象是将信息世界进一步抽象为计算机世界，此时使用数据模型来描述信息的表示方法。概念模型不依赖计算机系统，是按照人脑的思维方式得到的一种信息表达的形式，其相关概念将在第 5 章中详细介绍；而数据模型应符合具体的计算机系统和数据库管理系统的要求。三个世界抽象和转换的过程如图 1-16 所示。

三个世界各术语的对应关系如表 1-1 所示。

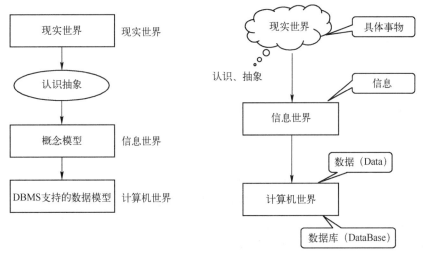

图 1-16　三个世界抽象和转换过程

表 1-1　三个世界各术语的对应关系

现实世界	信息世界	计算机世界
事物总体	实体集	文件
事物个体	实体	记录
特征	属性	字段
事物间联系	实体模型	数据模型

1.3.2　数据模型的分类及其组成要素

数据模型是对客观事物及其联系的数据描述，是概念模型的数据化，是一种表示数据和组织数据的方法。数据模型精确描述了系统的静态特征、动态特征和完整性约束条件。

1．分类

数据模型按不同的应用层次分为三种：概念数据模型、逻辑数据模型、物理数据模型。

① 概念数据模型（Conceptual Data Model，CDM），简称概念模型或信息模型。概念模型按照用户的观点对信息世界进行建模，不注重数据的组织结构，更多强调数据模拟的语义表达能力，是一种独立于计算机系统的模型，与具体的数据库管理系统无关。最常用的概念模型为实体－联系（Entity Relationship，E-R）模型。

② 逻辑数据模型（Logical Data Model，LDM），又称为结构数据模型，是按照计算机系统的观点对数据进行建模，是具体的数据库管理系统支持的数据模型，如网状模型、层次模型、关系模型等。逻辑数据模型既要面向用户，又要面向系统。在数据库设计的过程中，概念数据模型必须换成逻辑数据模型，才能在数据库管理系统中实现。

③ 物理数据模型（Physical Data Model，PDM），是一种面向计算机物理表示的模型，描述数据在存储介质上的组织结构。物理数据模型与具体的数据库管理系统、操作系统和硬件都相关。每种逻辑数据模型在实现时都有其对应的物理数据模型。物理数据模型由数据库管理系统负责实现，数据库设计人员一般只需设计索引、聚集等特殊结构，而不需关心模型具

体实现的细节。

2. 组成要素

数据模型通常由数据结构、数据操作和数据完整性约束三要素组成。

① 数据结构。数据结构是对计算机的数据组织方式和数据之间的联系进行框架性描述的集合，是对数据库静态特征的描述。数据结构研究的是数据库的组成部分即对象类型的集合，包括两类：一类是与数据类型、内容和性质有关的对象，如在网状模型中用数据项、记录等描述对象，在关系模型中用域、属性、关系等描述对象；另一类是描述对象之间的联系，如在网状模型中用系型来描述对象之间的联系，在关系模型中用关系来描述对象之间的联系。

数据库系统通常按照数据结构的类型命名数据模型，如层次模型、网状模型、关系模型。

② 数据操作。数据操作是指对数据库中各种数据对象允许执行的操作集合，包括操作对象和操作规则两部分。数据操作是对数据库动态特征的描述。针对数据库的操作主要有两大类：数据查询和数据更新。其中，数据更新是指插入、修改和删除。数据模型往往要对数据操作的确切含义、操作符号、操作规则、实现操作的语言等给出定义。

③ 完整性约束。数据完整性约束用于定义数据模型中数据及其联系具有的制约和依存规则，以保证数据的正确性、有效性和相容性。例如，学生的学号不能为空，性别的取值范围必须为男或女。数据模型应该反映和规定本数据模型必须遵守的基本的通用的完整性约束条件，还应该提供特殊的完整性约束条件，以满足某具体应用的要求。例如，在关系模型中，任何关系都必须满足实体完整性和参照完整性两个条件，用户定义的完整性就是特殊的完整性约束条件。

1.3.3 关系模型

20 世纪 80 年代以来，计算机厂商新推出的数据库管理系统几乎都支持关系模型，非关系模型的数据库产品大都加上了关系接口。现在流行的数据库系统大都是基于关系模型的，如国产数据库管理系统人大金仓、达梦、神通，国外数据库管理系统 Access、Oracle、SQL Sever、MySQL 等。

1. 关系模型的数据结构

关系模型是用二维表格结构来描述实体及联系的数据模型。从用户观点，关系模型中的数据逻辑结构是一张二维表，由行和列组成。关系模型是建立在严格的数学理论基础之上的，相关内容将在第 4 章详细介绍，本节简单介绍关系模型涉及的基本概念。

为了便于读者更好的理解关系，本书给出教学数据库的关系模型及其实例，包含 5 个关系：教师关系 (T)、学生关系 (S)、课程关系 (C)、选修关系 (E)、授课关系 (L)，分别对应表 1-2～表 1-6 的 5 张表。下面以教学数据库为例介绍关系模型中涉及的一些基本概念。

① 关系 (Relation)。一个关系就是通常所说的一张二维表，即表示一个关系实例。每个关系都有一个关系名。例如表 1-2 是教师关系，对应的关系名称为"教师"。

② 元组 (Tuple)。二维表中的一行称为一个元组。许多系统把元组称为记录。例如，在表 1-2 中，(21001, 杨小明, 男, 副教授, 4200, 1975-11-25, 计算机) 就是一个元组。

表 1-2　T 表

Tno（工号）	Tn（姓名）	Tg（性别）	Tp（职称）	Ts（工资）	Tb（出生日期）	Dp（所在系）
21001	杨小明	男	副教授	4200	1975-11-25	计算机
21002	陈建设	男	教授	5500	1969-07-25	计算机
21003	李丽华	女	教授	5000	1985-04-28	计算机
21004	王东强	男	副教授	4100	1986-06-07	电子
21005	赵芳芳	女	讲师	3500	1992-09-26	电子

表 1-3　S 表

Sno（学号）	Sn（姓名）	Sg（性别）	Sb（出生日期）	Dp（所在系）
2501101	李建军	男	2000-10-20	计算机
2501102	王丽丽	女	2001-09-18	计算机
2501103	赵峰	男	1999-08-12	电子
2501104	伊萍	女	2001-06-03	电子
2501105	赵光明	男	2001-11-16	电子

表 1-4　C 表

Cno（课程号）	Cn（课程名）	Cr（学分）	Cp（先修课）
302	程序设计	3.5	
605	数据结构	4	302
708	数据库原理	3.5	605
810	通信原理	3	912
912	电路基础	3	

表 1-5　E 表

Sno（学号）	Cno（课程号）	Gr（成绩）
2501102	302	85
2501103	302	76
2501105	302	52
2501103	605	
2501104	605	93
2501105	605	80
2501202	810	68
2501104	810	75
2501105	912	63

表 1-6　L 表

Cno（课程号）	Tno（工号）
302	21002
302	21003
605	21002
605	21001
708	21001
708	21002
708	21003
810	21004
810	21005
912	21005

③ 属性（Attribute）。二维表中的一列称为一个属性。为了区别表中的不同属性，要给每个属性起一个名称，即属性名，且属性名不能相同。属性由名和值之分。例如，表 1-2 中共6 个属性(工号，姓名，性别，职称，工资，出生日期，所在系)。其中，"姓名"是属性名，该属性的取值有"杨小明""陈建设""李丽华"等。

④ 域（Domain）。属性的取值范围称为域。例如，"性别"的域是'男'或'女'.

⑤ 分量。元组中的一个属性值称为分量。例如，元组(21001, 杨小明, 男, 副教授,4200,

1975-11-25，计算机）中有 7 个分量。

⑥ 码（Key）。码，也称为关键字，是值关系的一个属性或多个属性的组合，可以唯一确定关系的一个元组。例如，"工号"是表 1-2 所示关系的码。

⑦ 候选码或候选关键字。如果在一个关系中存在多个属性（或属性组合）都能用来唯一标识该关系中的元组，这些属性（或属性组合）就被称为该关系的候选码或候选关键字。例如，在表 1-2 中，"工号"是唯一标识每位老师的属性，教师关系中任何两个元组的"工号"都不相同，则"工号"是教师关系的候选码。在选修关系表 1-5 中，"学号+课程号"是唯一区分每条选课记录的属性组，因此属性组"学号+属性"是选修关系的候选码。一个关系的候选码可以有多个。例如，在教师关系中，若教师没有重名情况存在，则"姓名"也是候选码。

⑧ 主码或主键。在一个关系的若干候选码中，被选定的候选码或候选关键字被称为该关系的主码（Primary Key）或主键。例如，在教师关系中，若教师没有重名情况存在，"工号"和"姓名"都可以作为教师关系的候选码，如果选定工号作为主码，那么"工号"是查询、插入或删除元组等数据操作所依据的操作变量。每个关系必须选择一个主码，选定后，不能随意改变。

⑨ 主属性和非主属性。包含在候选码中的属性称为主属性（Prime attribute），如教师关系表 1-2 的"工号"和"姓名"。不包含在任何候选码中的属性被称为非主属性，如教师关系表 1-2 的"性别""职称""工资"和"出生日期"。

⑩ 外键或外码。如果关系 R1 的一个或一组属性不是 R1 的主码，而是另一关系 R2 的主码，那么该属性或属性组被称为关系 R1 的外码。例如，在表 1-5 中，属性"学号"和"课程号"合在一起是主码，单独的都不是主码；而在表 1-4 中，属性"课程号"是主码，因此在表 1-5 中，属性"学号"和"课程号"是外码。

⑪ 关系模式。对关系的描述称为关系模式，是关系的型，通常使用关系名和包含的属性名来表示，具体形式为：关系名(属性 1，属性 2，属性，…，属性 n)。表 1-2 中的关系模式可以表示为：教师(工号，姓名，性别，职称，工资，出生日期，所在系)。需要强调的是，在关系模型中，实体间的联系也是用关系来表示的。

2．关系模型的操作和完整性约束

关系模型的操作主要包括查询、插入、删除和修改，其数据操作是集合操作，即操作对象和操作结果都是关系（元组的集合）。关系模型的操作必须满足关系的完整性约束条件，使得关系数据库从一种一致性状态转变到另一种一致性状态。

关系模型的完整性约束条件包含实体完整性、参照完整性和用户定义完整性。详细内容见第 2 章。

3．关系模型的优点和缺点

关系模型的优点：

① 建立在严格的数学基础之上。

② 概念单一，容易理解；数据结构简单，不论是实体还是实体间的联系，都用关系表示，关系操作的原始数据、中间数据及结果数据也用关系表示，使得用户易懂易用。

③ 关系的存储路径对用户透明。关系的数据操作是高度非过程化的，用户只需给出查询什么，而不必给出怎么查询，提高了数据的独立性和保密性，简化了程序员的工作。

关系模型的缺点：查询操作的效率低于非关系模型。为了提高查询效率，需要对用户的查询要求进行优化，从而增加了数据库管理系统的开发难度。

1.3.4 其他数据模型

数据库系统中经常使用的数据模型为层次模型、网状模型、关系模型和面向对象模型。其中，层次模型和网状模型是早期的数据模型，被称为非关系模型。非关系模型在 20 世纪 70 年代至 80 年代初很流行，在当时的数据库产品中占据了主导地位。面向对象的方法和技术在计算机各领域的应用也促进了数据库技术面向对象模型的研究和发展。

1. 层次模型

层次模型是数据库中最早出现的数据模型，最典型的层次模型数据库系统是 IBM 公司在 1968 年开发的 IMS（Information Management System，信息管理系统），曾得到广泛应用。

（1）层次模型的数据结构

层次模型采用树状结构来表示各类实体以及实体间的联系。每个结点表示一个记录类型，实体的属性对应记录的字段，结点之间的连线表示记录类型间的联系。

层次模型的定义必须要具备以下两个条件：① 有且仅有一个结点没有双亲结点，这个结点称为根节点；② 根节点以外的其他结点有且仅有一个双亲结点。

图 1-17 给出了层次模型的示例。其中，R1 是根结点，R2、R3 具有相同的双亲结点，称为兄弟结点，R3、R4、R5 没有子女结点，称为叶结点。

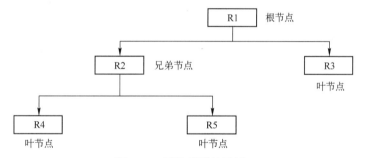

图 1-17 层次模型的示例

由图 1-17 中可知，层次模型像一棵倒立的树，结点之间的联系是父子之间的一对多的实体联系，因此在层次模型中只能表示一对多（含一对一）的联系。如果表示实体型之间多对多的联系，就可以采用虚拟结点分解法或者冗余结点分解法，即将多对多的关系分解为多个一对多的联系，但随之带来数据冗余性和不一致性的问题。

层次模型的基本特点是：任何一个给定的记录值，只有按其路径查看时，才能显示出它的全部意义，没有一个子女的记录值能够脱离双亲记录值而独立存在。

例如，某数据模型如图 1-18 所示，使用层次模型表示。可以看出，层次数据结构中有 6 个记录，分别是系、专业、班级、教师、课程、学生。其中，系记录有系编号、系名称、系电话、系地址 4 个字段；专业记录有专业编号、专业名称、专业电话 3 个字段；班级记录有班级编号、班级名称、班级人数 3 个字段；教师记录有教师编号、教师姓名、职称 3 个字段；课程记录有课程编号、课程名称、课时数 3 个字段；学生记录有学号、姓名 2 个字段。

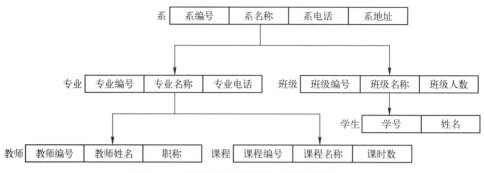

图 1-18 某学校的数据模型（层次模型）

层次模型的基本特点是：任何一个给定的记录值，只有按其路径查看时，才显示它的全部意义，没有一个子女的记录值能脱离双亲记录值而独立存在。

例如，图 1-18 的数据模型的示例如图 1-19 所示，是 D1 系记录值及其所有子孙记录值组成的一棵倒立的树，D1 系有两个专业子记录 M01、M02 和两个班级子记录值 S01、S02。专业 M01 有三个教师记录值 T001、T002 和 T003。专业 M02 有两个教师记录值 T101 和 T102。如果检索教师 T002 的信息，就只能从根结点开始查看，才能知晓其全部信息。也就是说，从根结点看起，该教师属于 D1 系的 M02 专业。

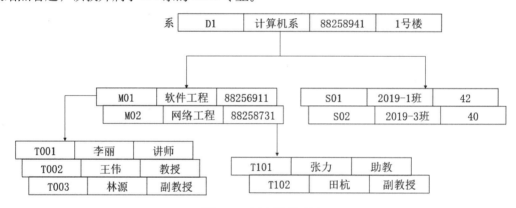

图 1-19 层次模型示例

（2）层次模型的操作和完整性约束

层次模型的数据操纵主要有查询、插入、删除和修改，进行插入、删除和修改操作时要满足层次模型的完整性约束条件。

① 进行插入操作时，如果没有相应的双亲结点值，就不能插入子女结点值。例如，如果某学生没有分配班级，就不能将该学生的信息录入数据库。

② 进行删除操作时，如果删除双亲结点值，那么相应的子女结点值也被同时删除。在上例中，如果删除某班级信息，那么该班级内所有的学生数据也会随之丢失。

③ 进行更新操作时，应更新所有相应记录，以保证数据的一致性。

（3）层次模型的优点和缺点

层次模型的优点：比较简单，查询效率高，性能优于关系模型、不低于网状模型，提供了良好的完整性支持，最适合实体间联系是固定的且预先定义好的应用系统。

层次模型的缺点：插入和删除操作的限制比较多，应用程序的编写比较复杂；查询子女结点必须通过双亲结点；无法直接表示多对多联系等。

2．网状模型

在现实世界中，许多事物的联系都是非层次结构的，因此产生了网状模型。网状模型比层次模型能更直接地描述现实世界中错综复杂的联系。20 世纪 70 年代，数据系统语言研究会（Conference On Data System Language，CODASYL）下属的数据库任务组（DataBase Task Group，DBTG）提出了一个系统方案，即 DBTG 系统，也称为 CODASYL 系统，是网状模型的代表。

（1）网状模型的数据结构

网状模型用有向图表示实体和实体之间的联系。同层次模型一样，网状模型也使用记录和记录值表示实体集和实体；每个结点也表示一个记录，每个记录可包含若干字段。结点间的有向线段表示记录型间的联系，简称为系，即 1.3.2 节组成要素中提到的系型，用来描述对象之间的联系由此可以看出，层次模型实际是网状模型的一个特例。

满足下面两个条件的基本层次联系的集合称为网状模型（如图 1-20 所示）：① 允许一个以上的结点无双亲；② 一个结点可以有多于一个的双亲。

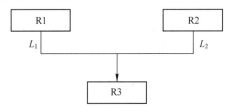

图 1-20　网状模型示意

R3 有两个双亲记录 R1 和 R2，可以把 R1 与 R3 之间的联系命名为 L_1，R2 与 R3 之间的联系命名为 L_2（见图 1-20）。此外，网状模型的结构比层次模型更具普遍性，允许多个结点没有双亲，允许结点有多个双亲，还允许两个结点之间有多种联系。因此，网状模型可以更真实地描述现实世界。网状模型的示例如图 1-21 所示。

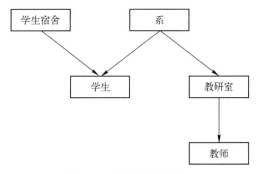

图 1-21　网状模型示例

（2）网状模型的操作和完整性约束

网状模型的操作主要包括查询、插入、删除和更新数据。一般，网状模型没有层次模型那样严格的完整性约束条件，但具体的网状数据库系统对数据操作增加了一些限制，提供了一定完整性约束：① 插入操作中，允许插入尚未确定双亲结点值的子女结点值；② 删除操作允许只删除双亲结点值；③ 更新操作只需要更新指定记录即可。

（3）网状模型的优点和缺点

网状模型的优点：可以直接地表示现实世界中的复杂关系；由于实体之间的关系在底层中可以由指针实现，因此具有良好的性能，存取效率高。

网状模型的缺点：结构复杂，使用不易，随着应用环境的扩大，数据结构越来越复杂，数据的插入、删除涉及的相关数据较多，不利于数据库的维护和重建；数据定义语言和数据操作语言比较复杂，用户不易使用；记录之间的联系是通过存取路径实现的，程序员必须了解系统结构的细节，加重了开发系统的负担。

3．面向对象模型

面向对象模型是一种新兴的数据模型，是将数据库技术与面向对象程序设计方法相结合的数据模型。在面向对象数据模型中，用面向对象的观点来描述现实世界的逻辑组织、对象间的限制及联系，以对象为单位进行存储，每个对象都包含对象的属性和方法，具有类和继承等特征。例如，Computer Associates 的 Jasmine 就是面向对象模型的数据库系统。由于面向对象模型不是本书研究的重点，因此仅对面向对象模型的基本概念进行介绍，不做详细讲解。

（1）面向对象模型的基本概念

① 对象（Object）和对象标识。对象是指现实世界中的实体，意味着现实世界中的任意实体都可以被统一地模型化为一个对象。例如，一张桌子、一辆汽车、一门考试等都可以看成一个对象。每个对象都有一个唯一地标识，称为对象标识。这个标识用于确定和检索对象。

② 封装（Encapsulate）。每个对象是其状态和行为的封装。其中，状态是该对象的一系列属性值（State）的集合，行为（Behavior）是该对象的方法的集合。例如，"李丽"是一个教师对象，在"李丽"对象中封装有教工号、姓名、年龄、职称、所在院系等属性，且该对象拥有上课、参加科研活动、培训等方法。

③ 类（Class）。类是具有相同属性和方法的对象的集合。一个对象是某类的一个实例（Instance）。类和对象是"型"和"值"的关系。例如，全体职工具有相同的属性和方法，因此认为全体职工是一个职工类，其中张三、李四、王五等是每个具体的职工，就表示为职工类的每个对象。

④ 类层次和继承（Inheritance）。类具有层次性。在面向对象模型中，可以定义一个类的子类，因此就有了超类和子类的概念。超类是子类的父类，同时子类可以再定义子类，从而形成了一种类间的层次结构。一个类可以继承它的所有超类的属性和方法。所谓继承性，是指允许不同类的对象共享它们公共部分的结构和特征。继承性可以通过超类或子类的层次联系实现。

⑤ 消息（Message）。在面向对象模型中，由于对象是封装的，因此对象之间的通信是通过消息与外部进行通信的。即消息是外部传递要求给对象（存取和调用对象中的属性）和方法（在内部执行要求的操作），操作的结果仍以消息的形式返回。

（2）面向对象模型的优点和缺点

面向对象模型的优点：能有效地表达客观世界和有效地查询信息，适合处理各种各样的数据类型；开发效率高、可维护性好；能很好地解决应用程序语言和数据库管理系统对数据类型支持不一致的问题。

面向对象模型的缺点：相关技术还在发展中，尚存在查询语言标准化的问题；理论待完善，还缺少有关面向对象分析的一套清晰的概念模型；目前还不适合所有应用。

1.4 数据库管理系统

课程思政

1.4.1 常见的数据库管理系统

目前，市场上比较流行的数据库管理系统的产品如表 1-7 所示，从运行的平台、开发的公司、专业性等方面列出了 13 种产品。

表 1-7 数据库管理系统的产品

产品名称	开发公司	运行平台	专业性	是否国产
DM	武汉达梦	跨平台	大型	是
GBASE	南大通用	跨平台	大型	是
KingbaseES	人大金仓	跨平台	大型	是
神通	神州通用	跨平台	大型	是
Oracle	Oracle	跨平台	大型	否
Sybase	Sybase	跨平台	大型	否
Informix	IBM	跨平台	大型	否
DB2	IBM	跨平台	大型	否
SQL Sever	Microsoft	Windows	大中型	否
MySQL	Oracle	跨平台	中小型	否
PostgreSQL	Microsoft	跨平台	大型	否
VFP，Office Access	Microsoft	Windows	小型	否

根据产业发展，国产数据库发展可以分为四个阶段。

阶段一：1992 年至 1997 年，达梦数据库与多媒体研究所在武汉成立；1996 年，达梦 DM2 发布并应用于国家电力财务公司。

阶段二：1997 年至 2000 年，中国数据库行业格局基本形成，DB2、Informix 和 Oracle 占据金融、电信、交通与能源等行业的应用。

阶段三：2000 年至 2013 年，数据库产品研发和应用示范受益于国家政策，众多厂商不断涌现，如人大金仓、南大通用、瀚高、神州通用和优炫等。

阶段四：2013 年至今，国产数据库持续扩张。

经过多年的艰苦发展，国产数据库在技术研发方面取得了长足进步，但中国数据库市场领域仍然是以 Oracle 为代表的国外数据库处于主流地位，市场占有率更是超过 90%。一方面，随着金融、互联网等大型行业中对大数据、人工智能、移动互联网等应用的快速发展，国产数据库产品在业务层面得到了更多的磨炼和迭代，帮助产品不断地创新和发展；另一方面，中国在基础软件领域的技术积累、人才积累逐渐成熟，在核心技术能力上已经逐渐比肩甚至超过海外产品技术团队。展望未来，国产数据库会在更多领域占据主流，不断发挥更重要的作用。

1.4.2 数据库管理系统的主要功能

数据库管理系统的主要功能如下。

① 数据定义功能。数据库管理系统提供数据定义语言（Data Definition Language，DDL），供用户定义数据库的三层模式结构、二级映像和完整性约束等。

② 数据操纵功能。数据库管理系统提供数据操纵语言（Data Manipulation Language，DML），供用户对数据库中的数据进行查询、插入、删除、修改等操作。

③ 数据库的建立和维护功能，主要指数据的载入、转储、重组织及数据库的恢复、系统性能监视与分析等功能。

④ 数据库运行管理功能，是数据库管理系统的核心部分，主要包括对数据库进行并发控制、安全性检查、完整性约束条件检查和执行、数据库内部的维护等。所有对数据库的操作都要在这些控制程序的统一管理下进行，以保证数据库中的事务正确运行。

⑤ 数据的组织、存储和管理。数据库管理系统负责对数据字典、用户数据、存储路径等数据进行分门别类地组织、存储和管理，确定以何种文件结构和存储方式物理地组织这些数据，以提高存储效率和各种操作的效率。

⑥ 通信功能。数据库管理系统提供与其他软件系统通信的功能，从而实现用户程序与数据库管理系统之间、不同数据库管理系统之间、数据库管理系统与文件系统之间的通信。

1.4.3　数据库管理系统的组成

数据库管理系统是功能强大的软件系统，不同的数据库管理系统产品结构差异很大。一般的数据库管理系统由数据字典、查询处理器、存储管理器等部分组成，如图 1-22 所示。

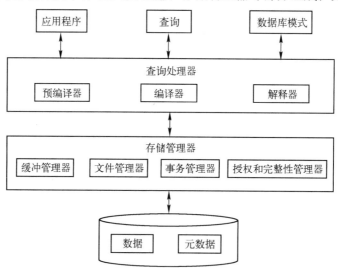

图 1-22　数据库管理系统的组成

① 数据字典（Data Dictionary，DD）是数据的描述或元数据，具体包括数据库的三级模式、数据类型、用户名和用户权限等有关数据库系统的信息，用于帮助用户、数据库管理员（DBA）和数据库管理系统本身的使用和管理数据库。

② 查询处理器，负责编译和执行数据定义语言和数据操纵语言的语句，包括编译器、解释器和预编译器。编译器负责对数据查询和数据操纵语句进行优化并转换为底层代码；解释器负责编译，并把数据库模式所做的修改都保存到数据库的元数据（系统目录和数据字典）；

预编译器负责解析嵌入在高级语言中的查询语句。

③ 存储管理器，负责控制对存储在磁盘上的数据库、数据字典、索引文件、日志文件等信息的访问，负责数据库中数据的存储、检索和更新。存储管理器包括文件管理器、缓冲区管理器、事务管理器、授权和完整性管理器等功能组件。

1.4.4 数据库管理系统的数据存取过程

在数据库系统中，数据库管理系统与操作系统、应用程序、硬件等协同工作，共同完成数据的存取操作。其中，数据库管理系统起着关键的作用，上述对数据库的一切操作都要通过数据库管理系统完成。

数据库管理系统对数据的存取过程如图 1-23 所示，通常需要以下步骤。

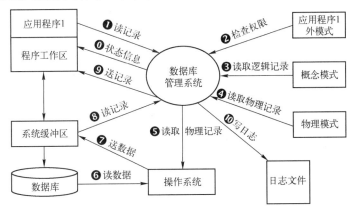

图 1-23　数据库管理系统的数据存取过程

① 用户在应用程序中首先给出其使用的外模式名称，然后在需要读取记录处嵌入一个用数据操作语言书写的读记录的语句。当应用程序执行到该语句时，即转入数据库管理系统的特定程序或向数据库管理系统发出读记录的命令，即图 1-23 中的"❶ 读记录"。

② 数据库管理系统按照应用程序的子模式名，查找子模式表，确定对应的概念模式名称。同时，对应用程序及其所要进行的操作进行合法性和有效性检查，即图 1-23 中的"❷ 检查权限"。若检查不通过，则拒绝执行该操作，并返回相应的出错信息；否则，认为是合法操作，进入下一步。

③ 数据库管理系统按概念模式名查阅模式表，找到对应的目标模式，从中确定该操作所涉及的记录类型，并通过概念模式到存储映射找到这些记录类型的物理模式，即图 1-23 中的"❸ 读取逻辑记录"。

④ 数据库管理系统通过概念模式到存储映射找到这些记录类型的物理模式，并查阅物理模式，确定应从哪个物理文件、区域、设备、存储地址、调用哪个访问程序去读取所需记录，即图1-23中的"❹ 读取物理记录"。

⑤ 数据库管理系统的访问程序找到有关的物理数据块（或页面）地址，向操作系统发出读块（页）操作命令，即图 1-23 中的"❺ 读取物理记录"。

⑥ 操作系统收到该命令后，启动联机 I/O 程序，完成读块（页）操作，把要读取的数据块或页面送到内存的系统缓冲区，如图 1-23 中的"❻ 读数据"和"❼ 送数据"。

⑦ 数据库管理系统收到操作系统 I/O 结束回答后，按概念模式、外模式定义，将读入系统缓冲区的内容映射为应用程序所需的逻辑记录，送到应用程序工作区，即完成图 1-22 中的"❽ 读记录"和"❾ 送记录"。

⑧ 数据库管理系统向应用程序状态字回送反映操作执行结果的状态信息，如"执行成功"或"数据未找到"等，即图 1-22 中的"❿ 状态信息"。

⑨ 记载系统工作日志，完成图 1-22 中的"⓫ 写日志"。

⑩ 应用程序检查状态字信息。如果执行成功，就可对程序工作区中的数据进行正常处理；如果数据未找到或有其他错误，就决定程序下一步如何执行。

小　结

本章对数据库系统进行了概述性的介绍。首先介绍了数据库的系统的基本概念，包括数据与信息、数据处理与数据管理的概念，同时介绍了数据库技术产生和发展的三个阶段及其特点，阐述了数据库系统是由硬件、软件和人员组成的。

其次介绍了数据库系统的体系结构，重点讲述了三级模式（外模式、模式、内模式）结构和二级映像。数据库系统的三级模式结构和二级映像保证了数据库系统的逻辑独立性和物理独立性。

再次介绍了信息的三个世界的概念，并从数据结构、数据操作和完整性约束三方面阐述了数据模型，是数据库系统的核心和基础；在数据模型部分，对层次模型、网状模型、关系模型和面向对象模型的三要素及优缺点进行了介绍，其中重点是关系模型的相关概念。

最后介绍了数据库管理系统，包括常见的国产数据库产品的发展历程，以及数据库管理系统的数据存取过程。

读者应重点掌握数据库的基本概念、数据模型、数据库系统的体系结构等相关内容。

习　题　1

一、选择题

1. 下列有关数据库的描述中，正确的是（　　）。

A. 数据库是一个 DBF 文件　　　　　　B. 数据库是一个关系

C. 数据库是一个结构化的数据集合　　　D. 数据库是一组文件

2. 现实世界的事物在某一方面的特性在信息世界中被称为（　　）。

A. 实体　　　　　B. 实体值　　　　　C. 属性　　　　　D. 信息

3. 数据管理技术经历了人工管理阶段、文件系统阶段和数据库系统阶段。在这几个阶段中，数据独立性最高的是（　　）阶段。

A. 数据库系统　　B. 文件系统　　　　C. 人工管理　　　　D. 数据项管理

4. 数据库（DB）、数据库管理系统（DBMS）和数据库系统（DBS）之间的关系可以是（　　）。

A．DB 包括 DBMS 和 DBS   B．DBMS 包括 DB 和 DBS

C．DBS 包括 DB 和 DBMS   D．DBS 与 DB 和 DBMS 无关

5．数据库的基本特点是（　　　）。

A．数据可以共享（或数据结构化）、数据独立性、数据冗余大和易移植、统一管理和控制

B．数据可以共享（或数据结构化）、数据独立性、数据冗余小和易扩充、统一管理和控制

C．数据可以共享（或数据结构化）、数据互换性、数据冗余小和易扩充、统一管理和控制

D．数据非结构化、数据独立性、数据冗余小和易扩充、统一管理和控制

6．在数据库系统中，用（　　　）描述全部数据的整体逻辑结构。

A．外模式　　　　B．模式　　　　　C．内模式　　　　　　D．数据模式

7．在数据库中，数据的物理独立性是指（　　　）。

A．数据库与数据库管理系统的相互独立

B．应用程序与数据库管理系统的相互独立

C．应用程序与存储在磁盘上数据库中的数据相互独立

D．应用程序与数据库中数据的逻辑结构相互独立

8．通过修改（　　　）可以保证数据库的逻辑独立性。

A．模式　　　　　B．外模式　　　　　C．外模式/模式映像　　D．模式/内模式映像

9．下列关于概念数据模型的说法中，错误的是（　　　）。

A．概念数据模型并不依赖于具体的计算机系统和数据库管理系统

B．概念数据模型便于用户理解，是数据库设计人员与用户交流的工具，主要用于数据库设计

C．概念数据模型不仅描述了数据的属性特征，还描述了数据应满足的完整性约束条件

D．概念数据模型是现实世界到信息世界的第一层抽象，强调语义表达功能

10．下列不属于数据模型要素的是（　　　）。

A．数据结构　　　B．数据操作　　　　C．数据控制　　　　　D．完整性约束

11．使用二维表格结构表达数据和数据间联系的数据模型是（　　　）。

A．层次模型　　　B．网状模型　　　　C．关系模型　　　　　D．实体 - 联系模型

12．一个学生可同时借阅多本书，一本书只能由一个学生借阅，学生与图书之间是（　　　）联系。

A．一对一　　　　B．一对多　　　　　C．多对多　　　　　　D．以上都不对

13．在关系模型中，"元组"指的是（　　　）。

A．表中的一行　　B．表中的一列　　　C．表中的一个数据　　D．表中的一部分

14．在关系模型中，一个候选码（　　　）。

A．可以由多个任意属性组成

B．至多由一个属性组成

C．可以由一个或多个其值能够唯一标识该关系模式中任何元组的属性组成

D．以上都不是

15．数据库管理系统提供的数据语言中，负责数据的模式定义与数据的物理存取构建的是（　　　）。

A．数据定义语言　B．数据转换语言　　C．数据操纵语言　　　D．数据控制语言

16．数据库系统的核心是（　　　）。

A．数据库　　　　B．数据库管理系统　　C．数据模型　　　　D．软件工具

17．（　　　）不是数据库系统必须提供的数据控制功能。

A．安全性　　　　B．可移植性　　　　C．完整性　　　　　　D．并发控制

18. 在下面给出的内容中，不属于 DBA 职责的是（　　）。

A. 定义概念模式　　　　　　　　　　　　B. 修改模式结构

C. 编写应用程序　　　　　　　　　　　　D. 编写完整性规则

19. 数据库系统的体系结构是（　　）。

A. 二级模式结构和一级映像　　　　　　　B. 三级模式结构和一级映像

C. 三级模式结构和两级映像　　　　　　　D. 三级模式结构和三级映像

20.（　　）是位于用户与操作系统之间的一层数据管理软件。

A. 数据库管理系统　　　B. 数据库系统　　　　C. 数据库　　　　　　D. 数据库应用系统

二、填空题

21. 在三大传统的数据模型中，具有严格的数学理论基础的是_____。

22. 数据模型的三要素是_____、数据操作和数据约束条件。

23. SQL 是一种标准的数据库语言，包括查询、定义、操纵和_____四部分功能。

24. 候选码中的属性称为_____。

25. 数据库中存储的是_____。

26. 数据的独立性分为_____和_____。

27. 能唯一标识一个元组的属性或属性组被称为_____。

28. _____现实世界在人们头脑中的反映，是对客观事物及其联系的一种抽象描述。

29. _____是信息的符号表示。

30. 数据库系统包括_____、数据库用户、软件和硬件。

三、判断题（请在后面的括号中填写"对"或"错"）

31. 数据库逻辑独立性是指不会因为存储策略的变化而影响存储结构。（　　）

32. 为使程序员编程时既可以使用数据语言，又可以使用常规的程序设计语言，数据库系统需要把数据库语言嵌入宿主语言。（　　）

33. 在数据库三级模式结构中，外模式的个数与用户个数相同。（　　）

34. 具备共享性是数据库管理阶段的特点之一。（　　）

35. 信息可以用数据的形式表示，即数据是信息的载体。（　　）

36. 一个工人可以加工多种零件，每种零件可以由不同的工人来加工，则工人与零件之间为 $1:n$ 联系。（　　）

37. 目前，分布式数据库的典型应用结构是 C/S 和 B/S 结构。（　　）

38. 数据库在计算机系统中不是以文件方式存储的。（　　）

39. 层次数据库系统只能处理一对多（包括一对一）的实体联系，不能处理多对多的联系。（　　）

40. 关系中各列可以出自同一个域。（　　）

四、简答题

41. 简述数据管理技术发展的三个阶段及其特点。

42. 简述数据库、数据库管理系统、数据库系统三个概念的含义和联系。

43. 数据库系统包括哪几个主要组成部分？各部分的功能是什么？画出整个数据库系统的层次结构图。

44. 简述数据库的三级模式结构和二级映像，说明该结构的优点是什么。

45. 简述数据库管理系统的数据存取过程。

第 2 章
关系数据库

DB

关系数据库系统是支持关系模型的数据库系统。1970 年，IBM 公司研究员 E.F. Codd 在他的论文中首次提出了"关系模型"的概念，奠定了关系数据库的理论基础。关系数据库是目前应用最广泛也是最重要、最流行的数据库产品，如 KingbaseES、DM8、神通数据库等国产数据库和 Oracle、SQL Server、PostgreSQL、MySQL 等国外数据库。按照组成数据模型的三要素，关系模型由关系数据结构、关系操作集合和关系完整性约束三部分组成。

数据模型是数据特征的抽象，从抽象层次上描述了系统的静态特征、动态行为和约束条件。本章主要从关系数据结构、关系操作和关系完整性约束三方面介绍关系数据模型的基本概念。本章内容是学习关系数据库的基础，读者应了解关系模型的数据结构、关系的性质，掌握两种关系完整性的内容和意义、常用的关系代数运算等。

2.1 关系模型的数据结构

2.1.1 关系的形式化定义和有关概念

关系模型的数据结构只包含一种数据结构——关系。在关系模型中，无论是实体还是实体之间的联系，都是通过关系来表示的。关系模型以集合代数理论为基础，因此可以用集合代数给出"关系"的形式化定义。

课程思政

1. 域

域（Domain）是一组具有相同数据类型的值的集合，又称为值域（用 D 表示）。域中所包含值的个数被称为域的基数（用 m 表示）。例如，$D_1 = \{21001, 21002\}$，表示工号的集合，其基数为 2；$D_2 = \{杨明, 陈建设, 刘伟\}$，表示姓名的集合，其基数为 3。

2. 笛卡儿积

笛卡儿（René Descartes，1596—1650）是法国著名哲学家、数学家、物理学家。他对现代数学的发展做出了重要的贡献，因将几何坐标体系公式化而被认为是"解析几何之父"。他提出的笛卡儿积（Cartesian Product）是域上的一种集合运算。

假定一组域 $D_1, D_2, \cdots, D_n$，则 $D_1, D_2, \cdots, D_n$ 的笛卡儿积为：

$$D_1 \times D_2 \times \cdots \times D_n = \{(d_1, d_2, \cdots, d_n) \mid d_i \in D_i, i = 1, 2, \cdots, n\}$$

其中，$D_i(i = 1, 2, \cdots, n)$ 为有限集，D_i 中的集合元素个数被称为 D_i 的基数，用 $m_i(i = 1, 2, \cdots, n)$ 表示；$(d_1, d_2, \cdots, d_n)$ 被称为 n 元组，或简称元组；d_i 被称为元组的第 i 个分量。

表 2-1　D_1 和 D_2 的笛卡儿积

工号	姓名
21001	杨明
21001	陈建设
21001	刘伟
21002	杨明
21002	陈建设
21002	刘伟

笛卡儿积可用二维表的形式表示。例如，上述笛卡儿积 $D_1 \times D_2$ 可表示成表 2-1，表中每行对应一个元组，每列对应一个域。其中，（21001，杨明）、（21001，陈建设）、（21002，杨明）等都是元组，"21001""陈建设"等都是分量。从表 2-1 中可知，笛卡儿积 $D_1 \times D_2$ 的基数 $M = m_1 \times m_2 = 2 \times 3 = 6$，即笛卡儿积的基数 M 为所有域的基数的累乘之积

$$M = \prod_{i=1}^{n} m_i$$

3. 关系

由表 2-1 可知，笛卡儿积中许多元组没有实际意义的，因为每位教师只有一个姓名和一个工号。实际情况中，删除没有实际意义的元组，从笛卡儿积中保留有实际意义的部分或全部元组便构成了关系，即关系是笛卡儿积的某个有意义的子集。

笛卡儿积 $D_1 \times D_2 \times \cdots \times D_n$ 的某个有意义的子集被称为域 $D_1, D_2, \cdots, D_n$ 上的一个 n 元关系，可用 $R(D_1, D_2, \cdots, D_n)$ 表示。R 表示关系的名字，n 表示关系的度或目。

从值域的角度来定义关系，关系就是值域笛卡儿积的一个子集，也是一个二维表，表的

每行对应一个元组，每个元组是关系的一个元素，通常用 t 表示，$t \in R$ 表示 t 是 R 中的元组；表的每列对应一个域，由于域可以相同，为了加以区分，在同一关系中必须给每列起一个唯一的名字，称为属性。n 度关系必有 n 个属性。

针对上例笛卡儿积 $D_1 \times D_2$，对于每位教师来说，工号和姓名都是唯一的，因而实际只存在 2 个元组，其他元组没有实际意义，如一个教师关系 R_1 如表 2-2 所示。

表 2-2　笛卡儿积 $D_1 \times D_2$ 的子集（关系 R_1）

工号	姓名
21001	杨小明
21002	陈建设

2.1.2　关系的性质

在集合论中，关系可以是无限集合，但当关系作为关系数据模型的数据结构时，对关系做了种种限制，归纳起来，有如下性质：

① 关系中的每个分量必须取原子值，即每个分量都必须是不可分的数据项，满足此条件的关系被称为规范化关系，否则被称为非规范化关系。例如，表 2-3 就是非规范化关系，存在"表中有表"的情况。

表 2-3　非规范化关系

工号	姓名	工资	
		基本工资	绩效
21001	杨小明	1800	2400
21002	陈建设	2500	3000

② 关系中每列的每个分量是同一个数据类型，来自同一域，即列是同质的。

③ 属性名的唯一性，即关系中不能有重名属性。

④ 列（属性）的顺序可以任意交换，但交换时应连同属性名一起交换。

⑤ 行（元组）的顺序可以任意交换。因为关系是以元组为元素的集合，而集合中的元素是无序的，所以作为集合元素的元组也是无序的。

⑥ 关系中不允许出现相同的元组。因为数学上，集合中不存在两个完全相同的元素，而关系是元组的集合，所以作为集合元素的元组应该是唯一的。

2.1.3　关系模式

关系模式是关系模型的内涵，是对关系模型逻辑结构的描述。关系模式是型，通常要描述如下内容：关系的关系名，组成该关系的各属性名，这些属性的值域，属性和值域之间的映像，以及属性间的数据依赖。关系模式可以形式化地表示为

$$R(U, D, \text{DOM}, F)$$

其中，R 为关系名；U 为组成该关系的属性名集合；D 为属性组 U 中属性的值域；DOM 为属性向值域的映像集合，常常直接描述为属性的数据类型和存储空间；F 为属性间数据的依赖关系集合。关系模式还可以简记为

$$R(U) \qquad \text{或} \qquad R(A_1, A_2, A_3, \cdots, A_n)$$

其中，$A_1, A_2, A_3, \cdots, A_n$ 为各属性名。

由定义可知，关系是关系模型的外延，是关系模式在某时刻的状态或内容。也就是说，关系模式是型，而关系是值。关系模式是关系的框架，是对关系结构的描述，是静态的、稳定的；而关系是动态的、随时间不断变化的，是关系模式在某时刻的状态或内容，受用户操

作影响而随时变化。关系是元组的集合，一个关系的所有元组值构成所属关系模式的一个值，而一个关系模式可取任意多个值，关系的每个变化结果都是关系模式的一个新的具体关系。在实际应用中，常常把关系模式和关系统称为关系，读者可以通过上下文加以区别。

例如，第 1 章中表 1-2～表 1-6 的教学数据库有 5 个关系，其关系模式分别表示为：

教师(工号，姓名，性别，职称，工资，出生日期，所在系)
学生(学号，姓名，性别，出生日期，所在系)
课程(课程号，课程名，学分，先修课)
选修(学号，课程号，成绩)
授课(课程号，工号)

在书写过程中，一般用下画线注明关系中的主码（其定义见 2.2.1 节）。

2.1.4　关系数据库

在关系模型中，实体及实体间的联系都是用关系来表示的。例如，教师实体、课程实体、教师与课程之间的多对多联系都可以分别用一个关系来表示。在一个给定的应用领域中，所有实体及实体之间联系对应的关系的集合构成一个关系数据库。

关系数据库也有型和值之分。关系数据库的型称为关系数据库模式，是对关系数据库的逻辑结构描述。关系数据库模式 S 包含关系模式的集合 $S = \{R_1, R_2, \cdots, R_m\}$ 和完整性约束的集合 IC。关系模式的集合包括若干域的定义以及在这些域上定义的若干关系模式。关系数据库的值称为关系数据库，是这些模式在某时刻对应的关系的集合，即关系数据库的实例。同样，在实际应用中，常常把关系数据库模式和关系数据库统称为关系数据库。

例如，第 1 章的教学数据库的关系数据库模式如图 2-1 所示，其关系数据库的实例如表 1-2～表 1-6 所示。

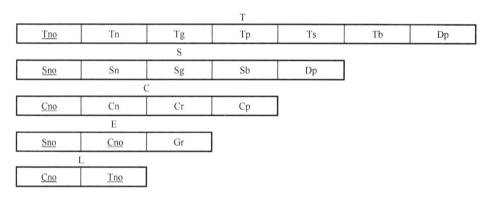

图 2-1　教学数据库的关系数据库模式

2.2　关系的码与关系的完整性

为了维护关系数据库中数据与现实世界的一致性，对关系数据库的插入、删除和修改操作必须有一定的约束条件，这些约束条件实际上是现实世界的要求。关系模型的完整性规则是对关系的某种约束条件。也就是说，任何关系在任何时刻都要满足一些语义约束，即关系中的值随时间变化时必须满足一定的约束条件，使关系中的值有意义，而且可以反映现实世界的要求。

2.2.1　关系的码

1．候选码（Candidate key）

如果在一个关系中，存在多个属性（或属性组合）都能用来唯一标识该关系中的元组，而其子集不能，那么这些属性（或属性组合）都称为该关系的候选码。候选码的诸属性称为主属性（Prime attribute），不包含在任何候选码中的属性称为非主属性（Non- prime attribute）。

2．主码（Primary key）

如果在一个关系中有若干候选码，就选定其中的一个称为该关系的主码。主码是关系模型的一个重要概念。每个关系必须选择一个主码，选定以后，不能随意改变。

3．全码（All-key）

如果在一个关系中，其候选码（属性组合）包含关系模式的所有属性，此时称为全码。

4．超码（Super-key）

能唯一标识该关系中的元组的属性（或属性组合）被称为超码。候选码是最小超码，它们的任意真子集都不能被称为超码，它们没有多余属性。

5．外码（Foreign key）

如果关系 R_2 的一个或一组属性不是 R_2 的主码，而是另一关系 R_1 的主码，那么该属性或属性组称为关系 R_2 的外码，此时称 R_2 为参照关系，R_1 为被参照关系。例如，在表 1-5 选修关系中，属性"学号"不是主码，而在表 1-3 学生关系中，属性"学号"是主码，因此属性"学号"是选修关系的外码。

显然，被参照关系的主码和参照关系的外码必须定义在同一个（或同一组）域上。

2.2.2　实体完整性

关系模型中的一个元组对应一个实体，一个关系对应一个实体集。例如，一条教师记录对应一位教师，教师关系对应教师的集合。现实世界中实体是可区分的，它们具有某种唯一标识。用关系实体完整性约束保证关系中的每个元组都是可区分的，是唯一的。

实体完整性规则：若属性（或属性组）A 是基本关系 R 的主属性，则 A 不能取空值。所谓空值，是指"不知道""不存在""无意义"的值。

关系模型以主码来标识唯一的元组。例如，在如下关系中

教师(<u>工号</u>，姓名，性别，职称，工资，出生日期，所在系)

工号为主码，是唯一标识教师实体的主属性，所以工号不能取空值。如果主码由若干属性组成，那么所有这些主属性都不能取空值，即主码的值不能部分为空。例如，在如下关系中

选修(学号，课程号，成绩)

"学号+课程号"为主码，则学号和课程号这两个主属性都不能取空值。

实体完整性规则说明如下：

① 实体完整性规则针对基本关系。一个基本关系通常对应现实世界的一个实体集。例如，教师关系对应教师的集合。

② 现实世界的实体是可区分的，它们具有某种唯一性标识。与此对应，关系模型以主码作为唯一性标识，如教师的工号、学生的学号。

③ 主码中的属性不能取空值，如果主属性取空值，那么说明存在不可区分的实体，这与第②点相矛盾，因此这个规则被称为实体完整性。

2.2.3 参照完整性

现实世界中的实体之间往往存在某种联系，在关系模型中，实体及实体间的联系都是用关系来描述的。这样就自然存在着关系与关系间的引用。例如，教师关系与授课关系

教师(工号，姓名，性别，职称，工资，出生日期，所在系)
授课(课程号，工号)

之间存在属性的引用，即授课关系引用了教师关系的主码"工号"。显然，授课关系中的工号的值必须是确实存在的教师，即教师关系中存在该教师。也就是说，授课关系中的工号取值需要参照教师关系的工号取值。

参照完整性规则：若关系 R_2 的属性（或属性组）F 不是 R_2 的主码，而是另一关系 R_1 的主码，则 F 称为是关系 R_2 的外码，关系 R_2 称为参照关系，关系 R_1 称为被参照关系。显然，被参照关系 R_1 主码 K 和参照关系 R_2 的外码 F 必须定义在同一个（或一组）域上，即 R_2 中每个元组在 F 上的值或者等于 R_1 中某元组在 K 的值，或者取空值。

例如，"工号"属性是授课关系的外码，与教师关系中的主码"工号"对应，授课关系为参照关系，教师关系为被参照关系。

再如，学生、课程之间的多对多联系可以用如下三个关系表示：

学生(学号，姓名，性别，出生日期，所在系)
课程(课程号，课程名，学分，先修课)
选修(学号，课程号，成绩)

这三个关系之间也存在着属性的引用，即选修关系引用了学生关系的主码"学号"和课程关系的主码"课程号"。按照参照完整性规则，选修关系中的外码"学号"和"课程号"可以取空值或者取被参照关系中已经存在值。但由于"学号+课程号"是选修关系的主码，根据实体完整性规则，这两个属性都不能为空，因此选修关系中的"学号"和"课程号"只能取被参照关系中已经存在的值。

不仅两个或两个以上的关系间可能存在引用关系，同一关系内部属性间也可能存在引用关系，即参照关系与被参照关系可以是同一个关系。例如，在如下关系中

课程(课程号，课程名，学分，先修课)

"先修课"参考本身关系中的主码"课程号"，而"先修课"是外码，"课程"关系既是参照关系，又是被参照关系，因此，"先修课"属性的取值要么为空，要么是"课程号"属性中确实存在值。

2.2.4　用户自定义完整性

用户自定义完整性是针对某一具体关系数据库的约束条件，反映某具体应用涉及的数据必须满足的语义要求。例如，规定某属性的取值范围，教师关系中"性别"属性的取值只能是"男"或"女"，选修关系中"成绩"属性的取值必须为0~100。

关系数据库系统应提供定义和检验这类完整性的机制，以便用统一的系统方法来处理，而不要由应用程序承担这个功能。通常，由关系数据库管理系统提供定义和检验这类完整性的机制。

在关系模型中，完整性约束有三类：实体完整性、参照完整性和自定义完整性。其中，实体完整性和参照完整性是必须满足的完整性约束条件，被称为关系的两个不变性，由关系数据库系统自动支持；而用户自定义完整性是根据应用领域的不同，用户定义的约束条件，体现了具体领域的语义约束。

2.3　关系代数

关系操作采用集合操作方式，即操作的对象和结果都是集合，这种操作是一次一集合的方式，而非关系数据库的操作是一次一记录的方式。

关系模型中常用的关系操作包括查询操作和更新操作（包括插入、删除和修改）两大部分。查询操作是关系操作中最主要的部分，包括选择、投影、连接、除、并、交、差、笛卡儿积等。

早期的关系操作能力通常用代数方式或逻辑方式来表示，分别称为关系代数和关系演算。关系代数是用关系的运算来表达查询要求。关系演算则是用谓词来表达查询要求。本节主要介绍关系代数，2.4节介绍关系演算。

2.3.1　关系代数的分类及其运算符

关系代数是一种抽象的查询语言，是关系数据操纵语言的传统表达方式。关系代数就是用关系运算符连接操作对象的表达式，其操作对象和操作结果都是关系。关系代数用到的运算符包括集合运算符、专门的关系运算符、比较运算符、逻辑运算符，如表2-4所示。

比较运算符和逻辑运算符是用来辅助专门的关系运算符进行操作的。因此，按运算性质的不同，关系运算主要分为传统的集合运算和专门的关系运算。

表 2-4 关系代数运算符

运算符	符 号	含 义	运算符	符 号	含 义
集合运算符	∪	并	比较运算符	>	大于
	∩	交		≥	大于或等于
	—	差		<	小于
	×	广义笛卡儿积		≤	小于或等于
专门的关系运算符	σ	选择		≠	不等于
	∏	投影	逻辑运算符	¬	非
	∞	连接		∧	与
	÷	除		∨	或

2.3.2 传统的集合运算

传统的集合运算将关系看成元组的集合，以元组作为集合中的元素来进行运算，其运算是从关系的"水平"方向即行的角度进行的。传统的集合运算是二目运算，包括并、差、交、广义笛卡儿积。除了关系的广义笛卡儿积运算，参加运算的两个关系必须是相容的，即关系 R 和关系 S 具有相同的目 n（即两个关系都有 n 个属性），且相应的属性来自同一个域。

1. 并 (Union)

关系 R 与关系 S 的并由属于 R 或属于 S 的元组组成，其结果仍为 n 目关系，记作

$$R \cup S = \{ t \mid t \in R \vee t \in S \}$$

其中，t 为元组变量。并的操作结果可能会有重复元组，如有重复元组应将重复的元组去掉。

对于关系数据库，元组的插入和添加操作可通过并运算实现，是关系代数的基本操作。

【例 2-1】 图 2-2(a)和(b)所示的两个关系 R 与 S 为相容关系，那么它们的并运算结果如图 2-2(c)所示。

R

A	B	C
a1	b1	c1
a1	b2	c2
a2	b1	c2

(a)

S

A	B	C
a1	b1	c1
a2	b1	c2
a2	b2	c2

(b)

$R \cup S$

A	B	C
a1	b1	c1
a2	b1	c2
a1	b2	c2
a2	b2	c2

(c)

图 2-2 并运算举例

2. 差 (Difference)

关系 R 与关系 S 的差运算结果由属于 R 而不属于 S 的所有元组组成，即 R 中删去与 S 中相同的元组，组成一个新关系，其结果仍为 n 目关系，记作

$$R - S = \{ t \mid t \in R \wedge \neg t \in S \}$$

对于关系数据库，记录的删除操作可通过差运算实现，是关系代数的基本操作。

【例 2-2】 对于例 2-1 中的关系 R 和 S，关系 R 与 S 进行差运算的结果如图 2-3 所示。

3．交 (Intersection)

关系 R 与关系 S 的交运算结果由既属于 R 又属于 S 的元组组成一个新关系，其结果仍为 n 目关系，记作

$$R \cap S = \{\, t \mid t \in R \wedge t \in S \}$$

关系的交操作能用差操作来替代，即

$$R \cap S = R - (R - S)$$

因此，交操作不是关系代数的基本操作。

【例 2-3】 对于例 2-1 中的关系 R 和 S，关系 R 与 S 进行交运算的结果如图 2-4 所示。

R-S

A	B	C
a1	b2	c2

图 2-3　差运算举例

R∩S

A	B	C
a1	b1	c1
a2	b1	c2

图 2-4　交运算举例

4．广义笛卡儿积 (Extended Cartesian Product)

R 为 n 目关系，S 为 m 目关系，R 和 S 的广义笛卡儿积是一个 $n+m$ 列的元组的集合。元组的前 n 列是关系 R 的一个元组，后 m 列是关系 S 的一个元组。若 R 有 k_1 个元组，S 有 k_2 个元组，则关系 R 和关系 S 的广义笛卡儿积有 $k_1 \times k_2$ 个元组，记作

$$R \times S = \{\, \widehat{t_r t_s} \mid t_r \in R \wedge t_s \in S \}$$

其中，t_r 为关系 R 中的任一个元组；t_s 为关系 S 中的任一个元组；$\widehat{t_r t_s}$ 称为元组的连接，是一个 $n+m$ 列的元组。

对于关系数据库，广义笛卡儿积可用于两关系的连接操作，即两个关系元组横向合并的操作，是关系代数的基本操作。

【例 2-4】 对于例 2-1 中的关系 R 和 S，关系 R 与 S 进行广义笛卡儿积运算的结果如图 2-5 所示。

R×S

A	B	C	A	B	C
a1	b1	c1	a1	b1	c1
a1	b1	c1	a2	b1	c2
a1	b1	c1	a2	b2	c2
a1	b2	c2	a1	b1	c1
a1	b2	c2	a2	b1	c2
a1	b2	c2	a2	b2	c2
a2	b1	c2	a1	b1	c1
a2	b1	c2	a2	b1	c2
a2	b1	c2	a2	b2	c2

图 2-5　广义笛卡儿积运算举例

2.3.3　专门的关系运算

传统的集合运算是从关系的"水平"方向即行的角度进行的，而专门的关系运算不仅涉

及行，还涉及列。因此，要想灵活地实现关系数据库多样的查询操作，必须引入专门的关系运算。为了叙述方便，先引入如下概念。

设关系模式为 $R(A_1, A_2, \cdots, A_n)$，它的一个关系为 R。$t \in R$ 表示 t 是 R 的一个元组，$t[A_i]$ 则表示元组 t 中相对于属性 A_i 的一个<u>分量</u>。

若 $A = \{A_{i_1}, A_{i_2}, \cdots, A_{i_k}\}$，其中 $A_{i_1}, A_{i_2}, \cdots, A_{i_k}$ 是 $A_1, A_2, \cdots, A_n$ 的一部分，则 A 称为<u>属性列</u>或<u>域列</u>，$\overline{A}$ 表示 $\{A_1, A_2, \cdots, A_n\}$ 去掉 $\{A_{i_1}, A_{i_2}, \cdots, A_{i_k}\}$ 后剩余的属性组。$t[A] = \{t[A_{i_1}], t[A_{i_2}], \cdots, t[A_{i_k}]\}$ 表示元组 t 在属性列 A 上各分量的集合。

设 R 为 n 目关系，S 为 m 目关系，$t_r \in R$，$t_s \in S$，则 $\widehat{t_r t_s}$ 称为<u>元组的连接</u>，它是一个 $n+m$ 列的元组，元组的前 n 列是关系 R 的一个元组，后 m 列是关系 S 的一个元组。

给定一个关系 $R(X, Z)$，X 和 Z 为属性组，定义当 $t[X] = x$ 时，x 在 R 中的<u>像集</u>为

$$Z_x = \{t[Z] \mid t \in R, t[X] = x\}$$

它表示 R 中的属性组 X 上值为 x 的各元组在 Z 上分量的集合。

下面给出这些专门的关系运算的定义，如果没有特殊说明，均以第 1 章表 1-2～表 1-6 的 5 个关系作为运算对象。

1. 选择 (Selection)

选择运算是单目运算，根据给定的条件从关系 R 中选择若干元组，组成一个新关系，记作

$$\sigma_F(R) = \{t \mid t \in R \wedge F[t] = '真'\}$$

其中，F 为选择条件，是由运算对象（属性名、常数、简单函数）、算术比较运算符（$>$、$\geqslant$、$<$、$\leqslant$、$=$、$\neq$）和逻辑运算符（$\vee$、$\wedge$）连接起来的逻辑表达式，结果为逻辑值"真"或"假"。因此，选择运算实际上是从关系 R 中选取使逻辑表达式 F 为真的元组，是从行的角度进行的运算，是关系代数的基本操作。

【例 2-5】 查询学生关系中电子系的全体学生。

解：采用选择运算

$$\sigma_{Dp='电子'}(S)$$

运算结果如图 2-6 所示。

Sno	Sn	Sg	Sb	Dp
2501103	赵峰	男	1999-08-12	电子
2501104	伊萍	女	2001-06-03	电子
2501105	赵光明	男	2001-11-16	电子

图 2-6 电子系的全体学生

【例 2-6】 查询教师关系中工资高于 4500 元的计算机系的教师。

解：采用选择运算

$$\sigma_{(Ts>4500) \wedge (Dp='计算机')}(T)$$

如图 2-7 所示。

2. 投影 (Projection)

投影运算是单目运算，关系 R 上的投影是从 R 中选择指定的若干属性列，从左到右，按

Tno	Tn	Tg	Tp	Ts	Tb	Tp
21002	陈建设	男	教授	5500	1969-07-25	计算机
21003	李丽华	女	教授	5000	1985-04-28	计算机

图 2-7 工资高于 4500 元的计算机系的教师

照指定的若干属性和顺序取出相应列，组成新的关系，记作

$$\prod_A(R)=\{\,t[A]\,\big|\,t\in R\}$$

其中，A 为 R 中的属性列，$t[A]$ 表示只取元组 t 中相应属性 A 中的分量。投影运算是对关系在垂直方向进行的运算，即从列的角度进行的运算，是关系代数的基本操作。需要注意的是，投影后应删去重复元组，因为取消了某些属性列后，就可能出现重复行，应取消这些完全相同的行。

【例 2-7】 查询教师关系中全体教师的工号、姓名和职称。

解：采用投影运算

$$\prod_{Tno,Tn,Tp}(T)$$

运算结果如图 2-8 所示。

【例 2-8】 查询教师关系中计算机系的教师姓名。

解：先根据所在系属性进行选择运算，再在姓名属性上进行投影运算，即采用选择和投影的混合运算

$$\prod_{Tn}(\sigma_{Dp='计算机'}(T))$$

运算结果如图 2-9 所示。

Tno	Tn	Tp
21001	杨小明	副教授
21002	陈建设	教授
21003	李丽华	教授
21004	王东强	副教授
21005	赵芳芳	讲师

图 2-8 由工号、姓名和职称组成的教师表

Tn
杨小明
陈建设
李丽华

图 2-9 计算机系的教师姓名

3. 连接（Join）

连接也称为θ连接，是二目运算，是从两个关系的笛卡儿积中选取属性间满足一定条件的元组，组成新的关系，记作

$$R\mathop{\infty}\limits_{X\theta Y}S=\{\,\widehat{t_r t_s}\,\big|\,t_r\in R\wedge t_s\in S\wedge t_r[X]\,\theta\,t_s[Y]\}$$

其中，关系 R 为 $(A_1,A_2,\cdots,A_n)$ 和关系 S 为 $(B_1,B_2,\cdots,B_m)$，连接属性集 X 和 Y 分别为 R 和 S 上的属性组，X 与 Y 的属性列数相等，且对应属性有共同的域。θ为算术比较运算符，关系 R 与 S 在连接属性 X 和 Y 上的θ连接，就是在 $R\times S$ 笛卡儿积中，选取 X 属性列上的分量与 Y 属性列上的分量满足θ比较条件的那些元组，也就是在 $R\times S$ 上选取在连接属性 X、Y 上满足θ条件的子集，组成新的关系，新的关系的列数为 $n+m$。

$X\,\theta\,Y$ 为连接条件，根据比较运算符的不同，连接运算分为等值连接和不等值连接。θ为"="时，称为等值连接；θ为除"="运算符之外的其他比较运算符（如>、≥、<、≤、≠等）

时，称为不等值连接。连接运算不是关系代数的基本操作，可以用选择运算和广义笛卡儿积运算来表示：

$$R \underset{X\theta Y}{\infty} S = \sigma_{X\theta Y}(R \times S)$$

等值连接是最常用的一种连接运算，是从关系 R 与 S 的笛卡儿积中选取 X、Y 属性列上的分量值相等的那些行，即

$$R \underset{X=Y}{\infty} S = \{ \widehat{t_r t_s} \mid t_r \in R \wedge t_s \in S \wedge t_r[X] = t_s[Y] \}$$

【例 2-9】 对于如图 2-10(a)和(b)所示的两个关系 R 和 S，它们的不等值连接 $R \underset{C<E}{\infty} S$ 运算结果如图 2-10(c)所示，等值连接 $R \underset{R.B=S.B}{\infty} S$ 运算结果如图 2-10(d)所示。

R

A	B	C
a1	b1	7
a1	b2	5
a2	b3	9
a2	b4	12

(a)

S

B	E
b1	3
b2	7
b3	10
b3	2
b5	2

(b)

$R \underset{C<E}{\infty} S$

A	$R.B$	C	$S.B$	E
a1	b1	7	b3	10
a1	b2	5	b2	7
a1	b2	5	b3	10
a2	b3	9	b3	10

(c)

$R \underset{R.B=S.B}{\infty} S$

A	$R.B$	C	$S.B$	E
a1	b1	7	b1	3
a1	b2	5	b2	7
a2	b3	9	b3	10
a2	b3	9	b3	2

(d)

图 2-10 连接运算举例

根据输出列的不同，连接又可分为两类：内连接（自然连接）和外连接。

（1）内连接（Inner Join）

内连接是一种特殊的等值连接，要求两个关系中进行比较的分量必须是相同的属性组。若关系 R 与 S 具有相同的属性组 B，则内连接记作

$$R \infty S = \{ \widehat{t_r t_s} \mid t_r \in R \wedge t_s \in S \wedge t_r[B] = t_s[B] \}$$

由定义可知，等值连接中不要求比较的分量的属性名相同，而内连接要求属性名必须相同，即两个关系只有同名属性才能进行内连接。

自然连接是一种特殊的内连接，要求比较的分量必须是相同的属性组，并且在结果中把重复的属性列去掉。若关系 R 与 S 的全部属性集合为 U 且具有相同的属性组 B，则自然连接记作

$$R \infty S = \{ \widehat{t_r t_s} [U - B] \| t_r \in R \wedge t_s \in S \wedge t_r[B] = t_s[B] \}$$

（2）外连接（Outer Join）

在关系 R 和关系 S 做内连接时，生成的关系中会产生被舍弃的悬浮元组。例如，关系 R

中某些元组在 S 中不存在公共属性上值相等的元组，从而被舍弃；同样，S 中某些元组也可能被舍弃。外连接则是当关系 R 和关系 S 在做连接时，保留舍弃的元组，并将其连接的另一关系中对应属性值填上空值（NULL）。外连接分为以下 3 种：

① 左外连接（Left Outer Join）。左边关系 R 中不满足条件的悬浮元组保留在结果关系中，其对应的右边关系 S 中属性的取值用 NULL 填充，简记作 $R*\infty S$。

② 右外连接（Right Outer Join）。右边关系 S 中不满足条件的悬浮元组保留在结果关系中，其对应的左边关系 R 中属性的取值用 NULL 填充，简记作 $R\infty *S$。

③ 全外连接（Full Outer Join）。左边和右边不满足条件的悬浮元组都保留在结果关系中，其对应的两边关系中属性的取值用 NULL 填充，简记作 $R*\infty *S$。

【例 2-10】 对于图 2-11(a) 和 (b) 所示的两个关系 R 和 S，二者的自然连接运算结果如图 2-11(c) 所示，左外连接运算结果如图 2-11(d) 所示，右外连接运算结果如图 2-11(e) 所示，全外连接运算结果如图 2-11(f) 所示。

R

A	B	C
a1	b1	7
a1	b2	5
a2	b3	9
a2	b4	12

(a)

S

B	E
b1	3
b2	7
b3	10
b3	2
b5	2

(b)

$R\infty S$

A	B	C	E
a1	b1	7	3
a1	b2	5	7
a2	b3	9	10
a2	b3	9	2

(c)

$R*\infty S$

A	B	C	E
a1	b1	7	3
a1	b2	5	7
a2	b3	9	10
a2	b3	9	2
a2	b4	12	NULL

(d)

$R\infty *S$

A	B	C	E
a1	b1	7	3
a1	b2	5	7
a2	b3	9	10
a2	b3	9	2
NULL	b5	NULL	2

(e)

$R*\infty *S$

A	B	C	E
a1	b1	7	3
a1	b2	5	7
a2	b3	9	10
a2	b3	9	2
a2	b4	12	NULL
NULL	b5	NULL	2

(f)

图 2-11　等值连接运算举例

连接运算是两个表之间的运算，经常发生在参照关系与被参照关系之间。参照关系的外码与被参照关系的主码之间满足一定的条件，如相等或者其他比较关系，相应的元组才连接成一条新记录，成为结果表中的一条记录。下面继续以第 1 章的表 1-2～表 1-6 的 5 个关系作为运算对象进行举例。

【例2-11】 查询选课学生的选修情况。

解：采用等值连接运算

$$S \underset{S.Sno=E.Sno}{\infty} E$$

运算结果如图 2-12 所示。

S.Sno	Sn	Sg	Sb	Dp	E.Sno	Cno	Gr
2501102	王丽丽	女	2001-09-18	计算机	2501102	302	85
2501102	王丽丽	女	2001-09-18	计算机	2501202	810	68
2501103	赵峰	男	1999-08-12	电子	2501103	302	76
2501103	赵峰	男	1999-08-12	电子	2501103	605	
2501104	伊萍	女	2001-06-03	电子	2501104	605	93
2501104	伊萍	女	2001-06-03	电子	2501104	810	75
2501105	赵光明	男	2001-11-16	电子	2501105	302	52
2501105	赵光明	男	2001-11-16	电子	2501105	605	80
2501105	赵光明	男	2001-11-16	电子	2501105	912	63

图 2-12　选课学生的选修情况（1）

采用自然连接运算

$$S \infty E$$

运算结果如图 2-13 所示。

Sno	Sn	Sg	Sb	Dp	Cno	Gr
2501102	王丽丽	女	2001-09-18	计算机	302	85
2501102	王丽丽	女	2001-09-18	计算机	810	68
2501103	赵峰	男	1999-08-12	电子	302	76
2501103	赵峰	男	1999-08-12	电子	605	
2501104	伊萍	女	2001-06-03	电子	605	93
2501104	伊萍	女	2001-06-03	电子	810	75
2501105	赵光明	男	2001-11-16	电子	302	52
2501105	赵光明	男	2001-11-16	电子	605	80
2501105	赵光明	男	2001-11-16	电子	912	63

图 2-13　选课学生的选修情况（2）

需要注意的是，采用等值连接或者自然连接的运算结果中，没有选修课程的学生信息不会成为表格中的记录。例如，学号为'2501101'的李建军，因为没有选修任何课程，所以结果表中没有他的信息。

Tno	Tn
21001	杨小明
21002	陈建设

图 2-14　"数据结构"课程的授课情况

【例2-12】 查询讲授'数据结构'课程的教师姓名和工号。

解：采用选择、投影、自然连接运算

$$\Pi_{Tno,Tn}(\sigma_{Cn='数据结构'}(C) \infty L \infty T)$$

运算结果如图 2-14 所示。

【例2-13】 查询全体学生的选修情况。

解：采用左外连接运算

$$S * \infty E$$

运算结果如图 2-15 所示。

Sno	Sn	Sg	Sb	Dp	Cno	Gr
2501101	李建军	男	2000-10-20	计算机	NULL	NULL
2501102	王丽丽	女	2001-09-18	计算机	302	85
2501102	王丽丽	女	2001-09-18	计算机	810	68
2501103	赵峰	男	1999-08-12	电子	302	76
2501103	赵峰	男	1999-08-12	电子	605	
2501104	伊萍	女	2001-06-03	电子	605	93
2501104	伊萍	女	2001-06-03	电子	810	75
2501105	赵光明	男	2001-11-16	电子	302	52
2501105	赵光明	男	2001-11-16	电子	605	80
2501105	赵光明	男	2001-11-16	电子	912	63

图 2-15　全体学生的选修情况

【例 2-14】 查询所有课程的选课情况。

解：采用右外连接运算

$$(\Pi_{Sno,Sn,Cno}(S * \infty E)) \infty * C$$

运算结果如图 2-16 所示。

Sno	Sn	Cno	Cn	Cr	Cp
2501102	王丽丽	302	程序设计	3.5	
2501103	赵峰	302	程序设计	3.5	
2501105	赵光明	302	程序设计	3.5	
2501103	赵峰	605	数据结构	4	302
2501104	伊萍	605	数据结构	4	302
2501105	赵光明	605	数据结构	4	302
NULL	NULL	708	数据库原理	3.5	605
2501102	王丽丽	810	通信原理	3	912
2501104	伊萍	810	通信原理	3	912
2501105	赵光明	912	电路基础	3	

图 2-16　所有课程的选课情况

4. 除法 (Division)

除法运算是二目运算，给定关系 $R(X,Y)$ 与关系 $S(Y,Z)$，其中 X、Y、Z 为属性组，R 中的 Y 与 S 中的 Y 可以有不同的属性名，但必须出自相同的域集。关系 R 除以关系 S 所得的商是一个新关系 $P(X)$，P 是 R 中满足下列条件的元组在 X 上的投影：元组在 X 上分量值 x 的像集 Y_x 包含 S 在 Y 上投影的集合。除法运算记作

$$R \div S = \{t_r[X] \mid t_r \in R \land \Pi_y(S) \subseteq Y_x\}$$

其中，Y_x 为 x 在 R 中的像集，$x = t_r[X]$。

【例 2-15】对于如图 2-17(a) 和 (b) 所示的两个关系 R 和 S，则 $R \div S$ 运算结果如图 2-17(c) 所示。

	R				S				$R \div S$
A	B	C		B	C	D			A
a1	b1	c3		b1	c3	d2			a1
a1	b2	c4		b2	c4	d3			
a2	b3	c4							
a3	b4	c5							
(a)				(b)					(c)

图 2-17　除法运算举例

与上述定义对应，本例中，$X=A=\{a1, a2, a3\}$，$Y=\{B, C\}=\{(b1,c3),(b2,c4),(b3,c4),(b4,c5)\}$，$Z=D=\{d2,d3\}$。其中，元组在 X 上各分量值的像集为：a1 的像集为 $\{(b1,c3),(b2,c4)\}$，a2 的像集为 $\{(b3, c4)\}$，a3 的像集为 $\{(b4, c5)\}$；S 在 Y 上的投影为 $\{(b1,c3), (b2,c4)\}$。显然，只有 a1 的像集包含 S 在 Y 上的投影，所以 $R \div S=\{a1\}$。

【例 2-16】　查询至少选修了'数据结构'和'通信原理'课程的学生学号。

解：

$$\Pi_{\text{Sno,Cno}}(E) \div \Pi_{\text{Cno}}(\sigma_{\text{Cn='数据结构'}\vee\text{Cn='通信原理'}}(C))$$

【例 2-17】　查询选修了全部课程的学生学号和姓名。

解：

$$\Pi_{\text{Sno,Cno}}(E) \div \Pi_{\text{Cno}}(C) \infty \Pi_{\text{Sno,Sn}}(S)$$

2.4　关系演算*

同关系代数一样，关系演算也是一种对关系数据库内容进行操作的语言。关系代数属于过程化语言，通过过程化的方式制定了操作序列和步骤。而关系演算是一种非过程化语言，通过"规定查询的结果应满足什么条件"来表达查询要求，并不指明如何获得信息。

关系演算是以数理逻辑中的谓词演算为基础的，通过谓词形式来表示查询表达式。根据谓词变元的不同，关系演算可以分为元组关系演算和域关系演算。

2.4.1　元组关系演算语言

1．元组关系演算

元组关系演算是以元组变量作为谓词变元的基本对象。每个元组变量值域通常会覆盖一个特定的数据库，也就是说，该变量可以从此关系中任选一个元组作为其值。元组关系演算表达式为：

$$\{t|\phi(t)\}$$

该表达式的含义是使谓词 ϕ 为真的元组 t 的集合。其中，t 为元组变量，表示一个定长的元组；$\phi(t)$ 为元组关系演算公式，由原子公式和运算符组成。

原子公式有以下 3 类：

① $R(t)$。R 是关系名，t 是元组变量。

② $t(X)\theta u(Y)$。t 和 u 是元组变量，θ 是算术比较运算符。$t(X)$ 和 $u(Y)$ 分别表示 t 的 X 分量和 u 的 Y 分量。$t(X)\theta u(Y)$ 表示"元组 t 的第 X 个分量与元组 u 的第 Y 个分量满足比较关系 θ"。

③ $t(X)\theta C$。C 是常量。$t(X)\theta C$ 表示"元组 t 的第 X 个分量与常量 C 满足比较关系 θ"。

在公式中，运算符的优先级如下：

① 算术比较运算符（<、>、≤、≥、=、≠）最高。

② 量词（∃、∀）次之，且∃的优先级高于∀。

③ 逻辑运算符（¬、∧、∨）最低，且¬、∧、∨运算符优先级逐级递减。

④ 可以加括号改变优先级。

下面用元组关系演算进行数据库的查询操作。

【例 2-18】 查询出生日期晚于'2000-01-01'的学生的全部信息。

解：

$$\{t|S(t)\wedge t[Sb]>'2000\text{-}01\text{-}01'\}$$

【例 2-19】 查询教师中所有职称为'教授'且薪资高于 5000 元的教师工号、姓名和工资。

解：

$$\{t[Tno],t[Tn],t[Ts]|(\exists t)(T(t)\wedge t[Tp]='教授'\wedge t[Ts]>5000)\}$$

2．ALPHA 语言

元组关系演算语言的典型代表是 E.F. Codd 提出的 ALPHA 语言。ALPHA 语言虽然没有实际实现，但较有名气，INGRES 关系数据库上使用的 QUEL 语言就是在 ALPHA 语言的基础上研制的，与 ALPHA 语言非常类似。

ALPHA 语言的操作符主要有 GET、PUT、HOLD、UPDATE、DELETE、DROP 这 6 种，语句的基本格式为：

<操作符> <工作空间名> （<表达式>） [：<操作条件>]

其中，"工作空间"是指内存空间，是用户与系统的通信区；"表达式"用于指定操作的对象，可以是关系名或属性名，一个操作语句可以同时对多个关系或多个属性进行操作；"操作条件"是用谓词公式表示的逻辑表达式，只有满足此条件的元组才能进行操作，可选项，默认表示无条件执行规定的操作。

2.4.2 域关系演算语言

1．域关系演算

关系演算的另一种形式是域关系演算。域关系演算以元组变量的分量（即域变量）作为谓词变元的基本对象。域关系演算的表达式形式如下：

$$\{t_1,t_2,\cdots,t_n|F(t_1,t_2,\cdots,t_n)\}$$

其中，$t_1,t_2,\cdots,t_n$ 代表域变量，F 表示原子构成的公式。其含义为，这是一个域集合，其中每个域变量的取值关系满足公式 F 所规定的条件。

下面用域关系演算进行数据库的查询操作。

【例2-20】 查询所有'男'教师的工号、姓名和职称。

解：

$$\{t_1,t_2,t_4|(\exists t_1)(\exists t_2)(\exists t_4)(T(t_1,t_2,t_3,t_4,t_5,t_6,t_7)\wedge t_3='男')\}$$

教师关系需要 7 个变量，每个变量依次覆盖各属性的域。在这 7 个变量中，首先指定请求属性工号、姓名和职称。其中，t_1 对应工号、t_2 对应姓名、t_4 对应职称；然后在竖线后指定选择元组的条件。即赋予变量 $t_1\sim t_7$ 的值序列应是关系教师的一个元组，并且 t_3 的值为'男'。

2．QBE 语言

1975 年，由 M.M. Zloof 提出的 QBE（Query By Example）就是典型的域关系演算语言，于 1978 年在 IBM370 上得以实现。QBE 也称为示例查询，最突出的特色是操作方式。QBE 是一种高度非过程化的基于屏幕表格的查询语言，用户通过终端屏幕编辑程序，以填写表格的方式构造查询要求，而查询结果也是以表格形式显示，因此非常直观、易学易用。

小　结

关系数据库系统是本书的重点，因为关系数据库系统是目前使用最广泛的数据库系统。本章首先介绍了关系模型的数据结构及其形式化定义，包括域、笛卡儿积、关系等概念，同时介绍了关系的性质和规范化关系的特点，阐述了关系模式、关系数据库模式等内容。

其次介绍了关系的码与关系的完整性，给出了候选码、全码、超码、外码的定义，重点讲述了两类关系完整性约束（实体完整性、参照完整性）。

再次介绍了关系代数，分别从传统的集合运算和专门的关系运算两方面出发，介绍关系代数运算及其运算符，并结合实例详细讲解了运算的过程。

最后介绍了元组关系演算语言和域关系演算语言的基本概念和使用方法。

读者应重点掌握关系的性质、关系的完整性、关系代数运算等相关内容。

习　题　2

一、选择题

1．现实世界中事物在某方面的特性在信息世界中称为（　　　）。

A．实体　　　　B．实体值　　　　C．属性　　　　D．信息

2．关系代数运算是以（　　　）为基础的运算。

A．关系运算　　B．谓词运算　　　C．集合运算　　D．代数运算

3．（　　　）运算不是关系代数的运算。

A. 连接   B. 投影   C. 笛卡儿积   D. 映射

4. 在关系运算中，不要求关系 R 与 S 具有相同的目（属性及个数）运算是（   ）。

A. $R \times S$ B. $R \cup S$ C. $R \cap S$ D. $R - S$

5. 从关系模式中指定若干属性组成新的关系的运算被称为（   ）。

A. 连接   B. 投影   C. 选择   D. 排序

6. 若两个关系没有公共属性，则它们自然连接所做的操作为（   ）。

A. 等值连接   B. 笛卡儿积   C. 空   D. 无法操作

7. 关系演算是以（   ）为基础的运算。

A. 关系运算   B. 谓词运算   C. 集合运算   D. 代数运算

8. 设有如下关系表：

R		
A	B	C
1	1	2
2	2	3

S		
A	B	C
3	1	3

T		
A	B	C
1	1	2
2	2	3
3	1	3

则下列操作中正确的是（   ）。

A. $T = R \cup S$ B. $T = R \cap S$ C. $T = R \times S$ D. $T = R / S$

9. 设有如下关系表：

R		
A	B	C
a	b	c
b	a	f
c	b	d

S		
A	B	C
b	a	f

W		
A	B	C
a	b	c
c	b	d

则下列操作中正确的是（   ）。

A. $W = R \cap S$ B. $W = R \cup S$ C. $W = R - S$ D. $W = R \times S$

10. 设有一个学生档案的关系数据库，关系模式是 $S(\text{Sno}, \text{Sn}, \text{Sex}, \text{Age})$，其中 Sno、Sn、Sex、Age 分别表示学生的学号、姓名、性别、年龄，则"从学生档案数据库中检索学生年龄大于 20 岁的学生的姓名"的关系代数式是（   ）。

A. $\sigma_{\text{Sn}}\left(\prod_{\text{Age}>20}(S)\right)$ B. $\prod_{\text{Sn}}\left(\sigma_{\text{Age}>20}(S)\right)$

C. $\prod_{\text{Sn}}\left(\prod_{\text{Age}>20}(S)\right)$ D. $\sigma_{\text{Sn}}\left(\sigma_{\text{Age}>20}(S)\right)$

11. 有两个关系 R 和 S，分别含有 15 个和 10 个元组，则在 $R \cup S$、$R - S$ 和 $R \cap S$ 中不可能出现的元组数据的情况是（   ）。

A. 15, 5, 10   B. 18, 17, 7   C. 21, 11, 4   D. 25, 15, 0

12. 已知职工(职工号, 姓名, 工资, 商店号)和商店(商店号, 商店名, 地址)，其外码是（   ）。

A. 职工关系中的职工号   B. 商店关系的商店号

C. 职工关系的商店号   D. 商店关系的商店名

13. 若有关系 $R(X, Y, Z)$，则码中包含（   ）属性时称为全码。

A. X B. Y C. X, Y D. X, Y, Z

14．在关系代数中，连接运算是由（　　　）组合而成的。

A．并和笛卡儿积 　　　　　　　　　B．交和笛卡儿积

C．投影和笛卡儿积 　　　　　　　　D．选择和笛卡儿积

15．设 R、S 为两个关系，R 的元数为 4，S 的元数为 5，则与 $R \underset{3<2}{\infty} S$ 等价的操作是（　　　）。

A．$\sigma_{3<6}(R \times S)$ 　　　B．$\sigma_{3<2}(R \times S)$ 　　　C．$\sigma_{3>6}(R \times S)\sigma$ 　　　D．$\sigma_{7<2}(R \times S)$

二、填空题

16．关系模型由关系数据结构、关系操作集合和_____组成。

17．在关系运算中，查找满足一定条件的元组的运算被称为_____。

18．在关系代数中，从两个关系中找出相同元组的运算被称为_____运算。

19．传统集合运算"并""差""交"施加于两个关系时，这两个关系必须_____。

20．在关系代数中，专门的关系运算有选择、_____、_____、除运算等。

21．关系运算分为_____和_____。

22．在一个关系中，列必须是_____的，即每列中的分量是同类型的数据，来自同一域。

23．设有关系模式为：系(系编号，系名称，电话，办公地点)，则该关系模型的主码是_____，主属性是_____，非主属性是_____。

24．实体完整性规则是对_____的约束，参照完整性规则是对_____的约束。

25．关系演算分为_____演算和_____演算。

三、判断题（请在后面的括号中填写"对"或"错"）

26．候选码和主码不同，不能唯一标识一个记录。　（　　　）

27．按照实体完整性规则，外部关键字应该和关联表中字段值保持一致。　（　　　）

28．关系表中的每一行称为一个元组。　（　　　）

29．在关系代数中，连接运算是由笛卡儿积和投影运算组合而成的。　（　　　）

30．经过投影运算后，所得关系的元组数小于原关系的元组数。　（　　　）

31．用二维表格结构来表示实体之间联系的模型称为层次模型。　（　　　）

32．关系操作的特点是集合操作。　（　　　）

33．在关系运算中，传统的集合运算都需要满足相同的定义。　（　　　）

34．关系模型由关系数据结构、关系操作集合和关系完整性约束三部分组成。　（　　　）

35．在关系中，如果某属性（属性组）是另一个关系的主码，就称该属性（或属性组）为这个关系的外码。外码的值可以有两种选择：一是来源于所参照关系的主码，二是为空值。　（　　　）

四、简答题

36．关系模型的完整性规则有哪几类？

37．简述实体完整性和参照完整性的内容。

38．简述等值连接与自然连接的区别和联系。

39．解释下列概念：笛卡儿积、域、关系模式、关系数据库模式、关系数据库、关系数据库的型与值。

五、操作题

40．已知关系 R、S、T 如下所示，写出下列关系代数的运算结果。

R	
A	B
a1	7
a2	3
a4	1
a4	5

S	
A	B
a2	3
a4	5
a5	4

T	
B	C
3	c1
4	c2
7	c3
8	c4

（1）$R \cap S$　　（2）$R \cup S$　　（3）$R-S$　　（4）$R \times S$

（5）$\prod_{A} R$　　（6）$R \underset{R.B>S.B}{\infty} S$　　（7）$S \infty T$　　（8）$\sigma_{A='a4'}(R) \infty S$

41．以第 1 章的表 1-2～表 1-6 所示教学数据库为例，用关系代数表达式表示以下查询要求。

（1）查询工号为'21003'的教师的工号、姓名和职称。

（2）查询年龄大于 22 岁的女同学的学号、姓名和所在系。

（3）查询'杨小明'老师所讲授课程的课程号、课程名和学分。

（4）查询'赵峰'同学的选修课程的课程号、课程名和成绩。

（5）查询'王丽丽'同学未选修的课程号和课程名。

（6）查询全部学生都选修了的课程的课程号和课程名。

（7）查询至少选修了'程序设计'和'数据结构'课程的学生学号和姓名。

第3章
关系数据库标准语言

DB

    SQL（Structured Query Language，结构化查询语言）是关系数据库的标准操作语言，也是目前应用最广的关系数据库语言，包括数据查询、数据定义、数据操纵和数据控制等功能。本章主要介绍 SQL 的使用方法和人大金仓数据库管理系统（KingbaseES）的应用。

    通过本章的学习，读者应了解 SQL 的特点，掌握 SQL 的基本功能，重点掌握数据查询功能；结合 KingbaseES，加深对数据库管理系统数据查询、数据定义、数据操纵和数据控制功能实现的理解。

3.1 SQL 概述

第 2 章介绍的关系代数提供了一种表示查询的形式化的表示方法，这种表示方法虽然简洁，但实际应用的数据库系统需要一种对用户更加友好的查询语言。本章将介绍实际应用中广泛使用的关系数据库查询语言——SQL（Structured Query Language，结构化查询语言）。

3.1.1 SQL 的发展及标准化

课程思政

SQL 最初由 IBM 的 San Jose 实验室开发并发表在 ACM 会议上，当时称为 SEQUEL（Structured English Query Language，结构化英语查询语言），简写为 SQL。由于 SQL 具有功能强大、使用灵活，简洁易用的突出优点，一经推出就受到了学术界和产业界的高度重视和广泛响应。

1986 年 10 月，ANSI（American National Standard Institute，美国国家标准化协会）将 SQL 作为关系数据库语言的美国标准并颁布了第一个标准 SQL-86，并于 1987 年 6 月被 ISO（International Organization for Standardization，国际标准化组织）采纳为国际标准。随后在 1989 年、1992 年、1999 年多次对标准进行了修订，增加了许多新的功能，颁布了 SQL89、SQL92、SQL99。目前，最新版本的 SQL 标准是 2016 年 ISO/IEC 颁布的 ISO/IEC 9075:2016 标准。

3.1.2 SQL 体系结构

SQL 支持数据库的三级模式，如图 3-1 所示。其中，外模式对应视图，模式对应基本表，内模式对应存储文件。

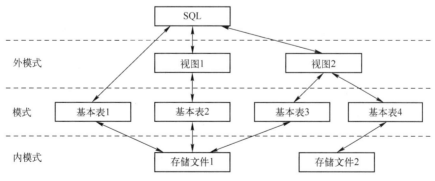

图 3-1 SQL 对三级模式的支持

① 外模式：视图。视图是从一个或多个基本表导出的虚拟的表。数据库中只存放视图的定义而不存放视图对应的数据，这些数据仍存放在导出视图的基本表中。由于是虚表，当基本表中的数据发生变化时，从视图查询出来的数据也随之改变。SQL 可以对视图和部分基本表进行查询或其他操作，组成数据库的外模式。

② 模式：基本表。一个关系对应一个基本表，基本表包含实实在在的数据，是独立存在的。一个表可以带若干索引。

③ 内模式：存储文件。一个或多个基本表对应保存在一个存储文件中，基本表的多个索引也存放在存储文件中。存储文件的结构组成了数据库的内模式，其内部结构对终端用户是屏蔽的。

3.1.3　SQL 的特点

SQL 是通用的、综合的、功能极强且简单易学的语言，具有以下特点。

① 综合统一：SQL 集数据定义、数据查询、数据操纵、数据控制等功能于一体，风格统一，可以独立完成数据库生命周期中的全部操作活动。

② 高度非过程化：用户只需让 SQL 清楚"做什么"，而不需关注具体的操作过程，也不必了解数据的存取路径，系统会自动完成全部工作。

③ 面向集合的操作方式：SQL 采用集合操作方式，不但操作对象、操作结果可以是一个或多个关系，而且一次插入、删除、更新操作的对象也可以是关系的集合。

④ 一种语法两种使用方式：SQL 既是自含式语言，能独立使用交互命令，适用于终端用户、应用程序员和 DBA；又是嵌入式语言，能嵌入高级语言进行混合编程，供应用程序员开发应用程序。在这两种使用方式下，SQL 语法结构基本一致，为用户提供了极大的方便。

⑤ 语言简洁，易学易用：SQL 是类似英语的自然语言，语法简单，完成数据定义、数据查询、数据操纵、数据控制功能只用了 9 个动词。

本章各例均采用第 1 章所示的基本表，后文不再赘述。

3.2　人大金仓 KingbaseES 简介

KingbaseES 数据库管理系统（简称 KingbaseES）是北京人大金仓信息技术股份有限公司（简称"人大金仓"）经过多年努力自主研发的、具有自主知识产权的商用关系数据库管理系统（RDBMS）。KingbaseES 面向事务处理类应用，兼顾各类数据分析类应用，可以作为管理信息系统、业务及生产系统、决策支持系统、多维数据分析、全文检索、地理信息系统、图片搜索等的承载数据库。

3.2.1　KingbaseES 的发展和版本

KingbaseES 广泛用于电子政务、军工、电力、金融、电信、教育及交通等行业，是一个标准化和本土化程度高、兼容性强、完全可用、够用、易用的数据库产品，能够满足绝大多数应用需求。

KingbaseES V8.3 是 KingbaseES V8.2 的增强版本，在可靠性、可用性、性能和兼容性等方面进行了重大改进。针对不同类型的客户需求，KingbaseES V8.3 设计并实现了标准版、企业版、安全版等版本，全部构建于同一数据库引擎内。在不同平台上，这些版本完全兼容且支持各版本之间的平滑升级。

❖ 企业版：KingbaseES V8.3 的核心产品，面向企业级的关键业务应用，具有大型通用、运行稳定、"三高"（高可靠、高性能、高安全）和"两易"（易管理、易使用）等特点。

❖ 标准版：主要支撑互联网应用及中小企业业务，拥有较高的性价比。

❖ 安全版：主要从数据访问、存储、传输等方面整体增强数据库安全特性，已通过公安部四级安全认证。

除了上述版本，KingbaseES V8.3 还为特殊用户提供了定制版，重点是在数据库性能、安全、应用编程接口或客户端工具等方面实现定制。

3.2.2 KingbaseES 的客户端工具

启动数据库后，可以使用 KingbaseES 提供的管理工具来管理服务器，KingbaseES V8.3（本书以下均以此版本为例进行讲解）数据库提供的工具如下。

① 数据库对象管理工具：KingbaseES V8.3 提供的新的集成环境，是基于 Java 语言开发的能运行在不同操作系统平台上的图形工具，用于访问、配置、控制和管理 KingbaseES 数据库服务器。

② 数据库部署工具：采用 Java 语言编写，主要用于集群的部署和状态监控。用户仅需知道所需部署服务器的 IP、PORT 等信息，在工具的引导下，输入集群脚本的关键参数等，即可部署一套完整的集群服务。部署完成后，用户可实时监控集群状态，修改集群参数等以达到最好的状态，并提供日志用于错误分析等。

③ 逻辑同步（Syslogical）工具：扩展功能，使用发布/订阅模型对数据选择性复制，比物理同步更灵活、更高效；利用 JDBC 连接服务器，与目标操作平台无关，不但可以实现不同服务器的数据同步，而且可以在同一服务器的不同数据库、模式、表等之间进行同步。

④ 控制台工具：为服务器开发的可视化管理工具，提供物理备份和服务管理等功能。物理备份以图形化的方式进行物理备份和还原，能够比较直观地完成全量备份、增量备份和备份恢复等工作；服务管理以图形化的方式管理服务进程，注册服务后即可快速地启动和安全地停止服务器进程。控制台工具可以使服务端的管理更加方便和高效。

⑤ 数据迁移工具：跨平台的数据交换和迁移工具，支持 X86/X86-64 以及国产龙芯、飞腾等平台，支持 Windows（32/64 位）、Linux 以及国产统信、中标麒麟和银河麒麟操作系统。

3.2.3 数据库对象管理工具

数据库对象管理工具主要用于管理和配置 KingbaseES 数据库服务器、管理 KingbaseES 数据库对象、进行 KingbaseES 数据库的安全管理、调用查询分析器执行和测试 SQL 语句等。数据库对象管理工具包含标题栏、主菜单、导航树、细节视图，单击"数据库导航"窗格中的"连接"按钮，可进行实例注册（如图 3-2 所示）。

在 KingbaseES 数据库管理系统中，数据库由包含数据的表集合和其他对象（如视图、存储过程和触发器）组成，目的是为执行与数据有关的活动提供支持。存储在数据库中的数据

图 3-2　实例注册

通常与特定的主题或过程（如企业仓库的库存信息、商品信息等）相关。通常，每个数据库对象（表，函数等）属于且只属于一个数据库。更准确地说，在 KingbaseES 数据库服务器中，一个数据库是多个模式的集合，而模式包含表、视图、函数等。

因此，完整的对象导航树（如图 3-3 所示）包括：数据库服务器，数据库，模式，数据库对象（表、视图等）。

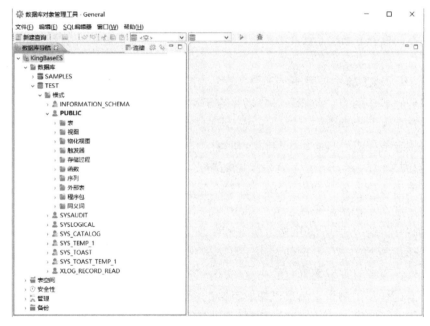

图 3-3　对象导航树

3.3　创建和使用数据库

3.3.1　KingbaseES 数据库的结构

1. 总体架构

KingbaseES V8.3 的技术架构如图 3-4 所示。底层是存储管理层，主要实现数据存储管

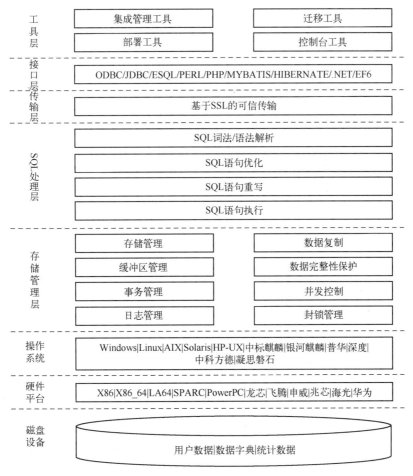

图 3-4　KingbaseES V8.3 的技术架构

理、数据复制、数据完整性保护、封锁、并发控制、事务管理、缓存管理、日志空间管理等；存储层之上是 SQL 处理层，主要负责 SQL 接口底层（函数、索引、数据字典、存储过程、触发器）的实现、解析、优化、执行和缓存处理等；SQL 处理层之上是传输层，主要实现基于 SSL 的可信传输；传输层之上为接口层，提供各种常见数据库的访问接口（ODBC、JDBC、ESQL、PERL、PHP、MYBATIS、HIBERNATE、.NET、EF6）及其驱动程序的实现；最上面是工具层，提供了大量便捷高效的数据库管理工具和开发工具。

KingbaseES 的安全防护手段和策略贯穿以上各层，提供特权分立、访问控制、存储加密等安全组件和功能，为数据库管理系统提供内核级的层层安全防护。

2．架构基础

KingbaseES 使用客户/服务器（Client/Server，C/S）模型。一次 KingbaseES 会话由如下进程组成：

① 一个服务器进程：管理数据库文件，接受来自客户端应用与数据库的连接并代表客户端在数据库上执行操作。该数据库服务器程序被称为 Kingbase。

② 若干需要执行数据库操作的用户的客户端（前端）应用：客户端应用可能本身就是多种多样的，可以是面向文本的工具，也可以是图形界面的应用、通过访问数据库来显示网页

的网页服务器，或者是一个特制的数据库管理工具。一些客户端应用是与 KingbaseES 一起提供的，但绝大部分是用户开发的。

与典型的 C/S 应用一样，这些客户机和服务器可以在不同的主机上，它们通过 TCP/IP 网络进行通信。注意，在客户机上可以访问的文件未必能够在数据库服务器机器上访问（或者只能用不同的文件名进行访问）。

KingbaseES 服务器可以处理来自客户机的多个并发请求，因此为每个连接启动（Fork）一个新的进程。从这时开始，客户机和新服务器进程就不再经过最初的 Kingbase 进程的干涉进行通信。因此，主服务器进程总是在运行并等待着客户机连接，而客户机与相关联的服务器进程则是不断启停。

3．实例架构

KingbaseES 数据库管理系统由数据库文件和 KingbaseES 实例组成。

① 数据库文件：存储用户数据和元数据的一组磁盘文件。元数据为描述数据库结构、配置和控制有关的信息。

② KingbaseES 实例：包含若干用于操作存储数据的数据库服务进程，还包括分配和管理内存、统计各种信息以及实现各种协调工作的后台进程。一台设备上可以同时运行多个实例。实例注册成实例服务后，会由唯一的名字来标志。KingbaseES 实例在操作系统上表现为一个 KingbaseES 进程，可以由控制器启动，也可以单独用命令行启动。KingbaseES 实例管理多个逻辑上的数据库，启动后，用户可以访问到这个实例所管理的任意数据库。

4．存储结构

KingbaseES 数据库初始化时会创建一个数据库实例并自动创建 5 个数据库：TEMPLATE0、TEMPLATE1、TEMPLATE2、SAMPLES 和 TEST。其中，TEMPLATE0～TEMPLATE2 为系统数据库，不允许用户修改，亦不在数据库对象管理工具中呈现。每个数据库可以包含多个数据库对象，如表、索引、序列等。KingbaseES 实例管理的所有数据在物理上都以操作系统文件的方式存放在磁盘上。

在 KingbaseES 数据库中，数据文件被组织成一个个页面（Page），页面大小为 8 KB。对数据文件空间的分配、回收、组织和管理等功能都是以页面为单位进行的。

数据库与表空间在逻辑上是多对多的关系，可以根据业务需求，指定数据库中对象（如表、索引等）所使用的表空间。所有的数据库对象都存放在指定的表空间中，但主要存放的是表，所以被称为表空间。用户可以创建自己的表空间，可以根据业务需求、运维标准进行调整；用户可以自行删除空的表空间，但是系统自带表空间和非空表空间则不允许删除。

传统上，数据库集簇使用的配置和数据文件都被一起存储在集簇的数据目录，常用的目录名为 data。由不同数据库实例所管理的多个集簇可以在同一台机器上共存。data 目录包含几个子目录和一些控制文件。除了这些必要的，kingbase.conf、sys_hba.conf 和 sys_ident.conf 通常存储在 data 中，也可以存放在其他地方。

3.3.2　创建用户数据库

创建用户数据库主要有两种方法：一是通过数据库对象管理工具创建，二是通过 SQL 语句创建。

1. 通过数据库对象管理工具创建数据库

在 KingbaseES V8.3 的数据库对象管理工具中，按下列步骤创建用户数据库。

① 在数据库对象管理工具界面中，右击"数据库"节点，在弹出的快捷菜单中选择"新建 → 数据库"命令，即可打开新建数据库窗格（如图 3-5 所示）。

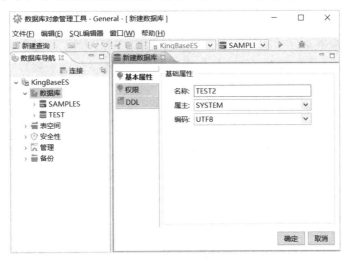

图 3-5　新建数据库

② 在"基本属性"选项卡的"名称"文本框中输入数据库的名称，在"属主"和"编码"下拉框中指定数据库的属主和编码方式。

③ 单击"确定"按钮，创建一个新的数据库。

2. 通过 SQL 语句创建数据库

创建数据库的用户必须是超级用户或者具有特殊的 CREATEDB 特权。

CREATE DATABASE 语句用于创建 KingbaseES 数据库，语法格式如下：

```
CREATE DATABASE name
    [[WITH] [OWNER [=] user_name]
    [TEMPLATE [=] template]
    [ENCODING [=] encoding]
    [LC_COLLATE [=] lc_collate]
    [LC_CTYPE [=] lc_ctype]
    [TABLESPACE [=] tablespace_name]
    [ALLOW_CONNECTIONS [=] allowconn]
    [CONNECTION LIMIT [=] connlimit]
    [IS_TEMPLATE [=] istemplate]]
```

参数说明如下。

name：创建的数据库名。

user_name：拥有新数据库的用户的角色名，或者用 DEFAULT 来使用默认值（执行该命令的用户）。如果需要创建一个被另一个角色拥有的数据库，就必须是该角色的一个直接或间接成员，或者是一个超级用户。

template：创建的新数据库的模板名称，或者用 DEFAULT 来使用默认模板（TEMPLATE1）。

encoding：在新数据库中使用的字符集编码，指定一个字符串常量（如'SQL_ASCII'），或者一个整数编码编号，或者通过 DEFAULT 来使用默认的编码（即模板数据库的编码）。

lc_collate：指定新数据库使用的排序规则顺序，主要影响字符串的排序顺序和文本列上索引所使用的顺序，默认是使用模板数据库的排序规则顺序。

lc_ctype：指定在新数据库中使用的字符分类，主要影响字符的类别，如小写、大写和数字，默认是使用模板数据库的字符分类。

tablespace：与新数据库关联的表空间名称，或通过 DEFAULT 使用模板数据库的表空间。

allow_connections：布尔类型，默认为真，表示允许连接（除了被其他机制约束），若为假，则没有用户能连接到这个数据库。

connection_limit：新数据库允许的并发连接数，默认值为-1，表示没有限制。

is_template：布尔类型，若为真，则任何具有 CREATEDB 特权的用户都可以从这个数据库克隆；若为假（默认），则只有超级用户或者该数据库的拥有者可以克隆它。

可选的参数可以被写成任何顺序，不用按照上面说明的顺序。

【例 3-1】 用 SQL 命令创建一个教学数据库 TEACH。

```
CREATE DATABASE  TEACH;
```

【例 3-2】 创建一个支持 ISO-8859-1 字符集的数据库 TEACH。

```
CREATE DATABASE  TEACH  ENCODING 'LATIN1'  TEMPLATE TEMPLATE0;
```

在上例中，TEMPLATE TEMPLATE0 子句只有在 TEMPLATE1 的编码不是 ISO-8859-1 时需要。注意，改变编码时，需选择新的 LC_COLLATE 和 LC_CTYPE 设置。

3.3.3 修改用户数据库

与创建数据库的方法类似，修改数据库也有两种方法。

1. 通过数据库对象管理工具修改数据库

在数据库对象管理工具界面中，右击要修改的数据库，在弹出的快捷菜单中选择"编辑→ 数据库"命令，即可打开编辑数据库窗格，对基本属性、权限等进行修改。

2. 用 SQL 语句修改数据库

ALTER DATABASE 语句可以更改数据库的属性，语法格式如下：

```
ALTER DATABASE  name  [[WITH] option [···]]
ALTER DATABASE  name  RENAME TO new_name
ALTER DATABASE  name  OWNER TO {new_owner | CURRENT_USER | SESSION_USER}
ALTER DATABASE  name  SET TABLESPACE new_tablespace
ALTER DATABASE  name  SET configuration_parameter {TO | = } {value | DEFAULT}
ALTER DATABASE  name  SET configuration_parameter FROM CURRENT
ALTER DATABASE  name  RESET configuration_parameter
ALTER DATABASE  name  RESET ALL
```

注意，只有数据库拥有者或者超级用户才可以更改每个数据库的设置（第一种形式）、重命名数据库（第二种形式）、更改数据库的拥有者（第三种形式）、更改数据库的默认表空间

（第四种形式），以及更改运行时配置变量的会话默认值（其余形式）。

对各参数的使用可以参考创建数据库时的说明，新增的 value 参数用于将数据库指定配置参数的会话默认值设置为给定值。如果 value 是 DEFAULT，或者等效地使用了 RESET，那么数据库相关的设置会被移除，因此系统范围的默认设置将在新会话中继承。RESET ALL 语句可以清除所有数据库相关的设置。SET FROM CURRENT 会保存该会话的当前参数值作为数据库相关的值。

【例 3-3】　在数据库 TEST 中默认禁用索引扫描。

```
ALTER DATABASE TEST  SET enable_indexscan  TO off;
```

3.3.4　删除用户数据库

1．通过数据库对象管理工具删除数据库

在数据库对象管理工具界面中，右击要删除的数据库，在弹出的快捷菜单中选择"删除"命令，即可删除数据库。

2．通过 SQL 语句删除数据库

DROP DATABASE 语句用于删除数据库，可以一次删除一个或多个数据库。同样，只有数据库拥有者或者超级用户能够使用此命令。DROP DATABASE 语句的语法格式如下：

```
DROP DATABASE [IF EXISTS] name
```

其中，IF EXISTS 是指在该数据库不存在时不发出错误信息，仅发出一个提示。

使用该语句删除数据库后，与该数据库关联的系统目录项和包含数据的文件目录都会被删除。删除数据库操作只能由数据库拥有者执行。如果目标数据库已经被连接，那么它不能被执行。

注意，DROP DATABASE 执行后不能被撤销。请谨慎使用！

【例 3-4】　删除数据库 TEACH。

```
DROP DATABASE  TEACH;
```

3.4　创建和使用数据表

数据表是数据库中最重要的对象之一。表是存储数据的场所，是数据的集合，是用来存储数据和操作数据的逻辑结构。在设计数据库时，需要确定数据库所需的表，确定每个表中的数据类型以及可以访问每个表的用户。

3.4.1　数据类型

关系数据库中的表与文本上的表非常类似：由行和列组成。表中的每列都属于同一种数据类型，数据类型约束着可以分配给列的可能值。数据类型为列中存储的数据赋予了语义。

例如，一个被声明为数值类型的列将不会接受任何文本串，而存储在这样一列中的数据可以用来进行数学计算；相反，一个被声明为字符串类型的列将接受几乎任何一种数据，可以进行如字符串连接的操作，但不允许进行数学计算。

KingbaseES 提供了很多内置数据类型，每种数据类型都有一个由其输入和输出函数决定的外部表现形式，如表 3-1 所示，"别名"列出的可选名字大部分是因历史原因被 KingbaseES 在内部使用过的名字，还有一些内部使用的或者废弃的类型，但并未在此处列出。

表 3-1　KingbaseES 内置普通数据类型

数据类型	别　名	描　述
bigint	int8	有符号的 8 字节整数
boolean	bool	逻辑布尔值（真/假）
bytea		二进制数据（字节数组）
character [(n[char | byte])]	char [(n [char | byte])]	定长字符串
character varying [(n [char |byte])]	varchar [(n [char | byte])] varchar2 [(n [char | byte])] nvarchar [(n [char | byte])] nvarchar2 [(n[char | byte])]	变长字符串
date		日历日期（年、月、日）
double precision	float8，double	双精度浮点数（8 字节）
integer	int, int4	有符号 4 字节整数
interval [fields] [(p)]		时间段
money		货币数量
numeric [(p, s)]	decimal [(p, s)]	
number [(p, s)]	可选择精度的精确数字	
real	float4	单精度浮点数（4 字节）
smallint	int2	有符号 2 字节整数
text		变长字符串
time [(p)] [without time zone]		一天中的时间（无时区）
time [(p)] with time zone	timetz	一天中的时间，包括时区
timestamp [(p)] [without timezone]		日期和时间（无时区）
timestamp [(p)] with time zone	timestamptz	日期和时间，包括时区

下面对表 3-1 中的数据类型进行说明。

1．数值类型

数值类型由 1 字节、2 字节、4 字节或 8 字节的整数以及 4 字节或 8 字节的浮点数和可选精度小数组成，具体包括整数类型、任意精度数字、浮点类型。

常用的整数类型是 integer，因为它在范围、存储空间和性能之间保持了最佳平衡。一般，只有在磁盘空间紧张的时候才使用 tinyint 和 smallint 类型，只有在 integer 类型的范围不够时才使用 bigint 类型。

任意精度数字类型（number 或 numeric）可以存储非常多位的数字，一般用于货币金额和其他要求计算准确数量的情况。numeric 类型的算术运算虽然能得到准确的结果，但运算速度较慢。

浮点类型（double、double precision，real）是不准确的、变精度的数值类型。在大部分平台上，real 类型的范围是至少-10^{+37}～+10^{+37}，精度至少是 6 位小数。double precision 类型的范围是通常为-10^{+308}～+10^{+308}，精度是至少 15 位数字。

2．货币类型

货币类型 money 存储固定小数精度的货币数字，小数的精度由数据库的 lc_monetary 设置决定。money 类型可接受的输入格式很多，包括整数和浮点数文字，以及常用的货币格式，如 "$1,000.00"。money 类型的输出一般是常用的货币格式，但与区域相关。

3．字符类型

SQL 定义了两种基本的字符类型 character varying(n [char | byte])和 character(n [char | byte])，都可以存储最多 n（正整数）个字符长的串。但是，试图存储更长的串到这些类型的列会产生错误（除非超出长度的字符都是空白，那么该字符串将被截断为最大长度）。如果存储的串比声明的长度短，类型为 character 的值将用空白填满；而类型为 character varying 的值将只是存储短一些的串。

4．二进制数据类型

KingbaseES 的二进制数据类型 bytea 数据类型允许存储二进制串，明确允许存储零值的字符和其他不可打印的字符（通常是 ASCII 值为 32～126 之外的字符）。

5．日期/时间类型

KingbaseES 的日期/时间类型包括：用于描述日期和时间的 timestamp，只显示日期不显示时间的 date，一天中的时间 time，以及时间间隔 interval。

6．布尔类型

KingbaseES 的布尔类型 boolean 可以有多个状态：true（真）、false（假）和 unknown（未知，用 SQL 空值表示）。

3.4.2　创建数据表

表是数据库中最重要的数据库对象，也是数据库中数据存储的逻辑结构。每个表具有一个表名。创建数据表的过程实质是定义数据表的列的过程，有以下两种方法创建数据表。

教学微视频

1．通过 SQL 语句创建数据表

CREATE TABLE 语句可以在当前数据库中创建一个新的表,该表将由发出该命令的用户所拥有。CREATE TABLE 语句创建数据表的语法格式如下：

```
CREATE TABLE table_name ([
    {column_name data_type [column_constraint […]] | table_constraint}
])
```

参数说明如下。

table_name：被创建表的名称。

column_name：被创建列的名称。

data_type：列的数据类型。

column_constraint：列受到的约束（在 3.4.3 节详细介绍）。

table_constraint：表受到的约束。

【例 3-5】 用 SQL 语句在数据库 TEACH 中建立一个学生表 S。

```
CREATE TABLE S (
    Sno    CHAR(7),
    Sn     VARCHAR(18),
    Sg     CHAR(3),
    Sb     DATE,
    Dp     CHAR(9)
);
```

右击代码，在弹出的快捷菜单中选择"执行 → 执行 SQL"命令，即可创建学生表 S。表 S 包括 5 个字段，分别为 Sno、Sn、Sg、Sb 和 Dp，其数据类型和精度分别为 CHAR(7)、VARCHAR(18)、CHAR(3)、DATE 和 CHAR(9)。

2．通过数据库对象管理工具创建数据表

① 打开 KingbaseES V8.3 的数据库对象管理工具，选择需创建表的数据库（如 TEACH），展开数据库，在其"PUBLIC"下的"表"结点处右击，然后在弹出的快捷菜单中选择"新建 → 表"命令，即可打开新建表的对话框（如图 3-6 所示）。

② 在"基础属性"的"名称"处输入表名，如 S。在"字段"下单击"新增"按钮，即可添加表的不同列。在"名称"栏中输入各字段的名称，如 Sno、Sn 等；在"类型"栏中选择相应的数据类型，如 VARCHAR、DATE 等；在"精度"栏中指定数字的位数，如 7、18 等；在"精度"栏中指定小数点后的数字位数，默认为 0；"是否空"栏的状态表明该字段是否允许"空值"。

③ 单击"确定"按钮，出现"生成表成功"的提示，表明创建成功。

注意：在数据库对象管理工具的图像化展示中，系统会自动将所有字段名称（包括数据库名、数据表名、属性列名、约束名、视图名等）均改为大写字符，如图 3-6 所示。书中后面出现的数据库对象管理工具截图均是如此。

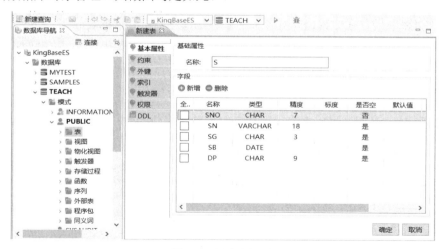

图 3-6　新建表设置

3.4.3 定义数据表的约束

数据类型是一种限制能够存储在表中数据类别的方法。但是对于很多应用来说，数据类型提供的约束太粗糙。例如，一个包含学生成绩的列应该只接受 0～100 的数值，但是没有任何一种标准数据类型只接受这样的取值。另一个问题是可能需要根据其他列或行来约束一个列中的数据。例如，在一个包含学生信息的表中，对于每个学生学号应该只有一行。解决此类问题的办法是定义约束，约束让用户能够根据自己的需求来控制表中的数据。

约束是 KingbaseES 提供的自动保持数据库完整性的一种方法，通过限制字段中的数据、记录中数据和表之间的数据来保证数据的完整性。在 KingbaseES 中，对于基本表的约束分为列约束和表约束。列约束是对某特定列的约束，包含在列定义中，直接跟在该列的其他定义后，用空格分隔，不必指定列名；表约束用于对多个列的约束定义，定义表约束时必须指出要约束的那些列的名称。列约束也可以被写成表约束，列约束只是一种当约束只影响一列时的方便定义方法。

完整性约束的基本语法格式为：

```
[CONSTRAINT <约束名> ] <约束类型>
```

约束名：约束不指定名称时，系统会给定一个名称。使用约束名会使得错误消息更为清晰，同时方便用户在需要时更改约束。

约束类型：在定义完整性约束时必须指定完整性约束的类型。KingbaseES V8.3 可以定义 5 种类型的完整性约束，下面分别介绍。

1．检查约束（CHECK）

检查约束 CHECK 是最普通的约束类型，用来指定一个特定列中的值必须满足一个布尔表达式。一个检查约束由关键字 CHECK 以及其后包含在"( )"中的表达式组成，当表达式为真或空值时满足。因为当任何操作数为空时，大部分表达式将计算为空值，所以它们不会阻止被约束列中的空值。

教学微视频

CHECK 约束分为两种：① 用于列约束，即对基本表中的单个属性列设置限定条件，定义时，直接写在属性列名及其数据类型后；② 用于表约束，即对基本表中多个属性列设置限定条件，定义时，写在所有属性列后。其语法格式如下：

```
[CONSTRAINT <约束名>] CHECK (<条件>)
```

【例 3-6】 建立一个选修表 E，约束成绩的取值范围为 0～100。

```
CREATE TABLE E (
    Sno  CHAR(7),
    Cno  CHAR(3),
    Gr  NUMERIC(4,1) CONSTRAINT Gr_Chk CHECK (Gr>=0 AND Gr<=100)
);
```

建立 E 表后，当执行插入（INSERT）、更新（UNDATE）操作时，CHECK 约束将自动验证数据的正确性，若不满足约束条件，系统则会给出错误信息。

【例 3-7】 建立一个学生表 S，定义表约束 Sg_Chk，约束学生的性别只能是'男'或'女'。

```
CREATE TABLE S (
    Sno  CHAR(7),
```

```
    Sn  VARCHAR(18),
    Sg  CHAR(3),
    Sb  DATE,
    Dp  CHAR(9),
    CONSTRAINT  Sg_Chk CHECK (Sg = '男' OR Sg = '女')
);
```

2. 非空约束 (NOT NULL)

NULL 不是 0，也不是空白，更不是填入字符串"NULL"，而是表示"不知道""不确定"或"没有数据"的意思。一个非空约束总是被写成一个列约束，指定一个列中不允许有空值，其语法格式如下：

```
[CONSTRAINT <约束名>] [NULL | NOT NULL]
```

【例 3-8】 建立一个课程表 C，对课程号进行 NOT NULL 约束。

```
CREATE TABLE C (
    Cno  CHAR(3)  CONSTRAINT C_CONS NOT NULL,
    Cn  VARCHAR(21),
    Cr  NUMERIC(3,1),
    Cp  CHAR(3)
);
```

其中，C_CONS 为用户指定的约束名称。在 NOT NULL 的约束下，针对 C 表执行插入 (INSERT)、更新 (UNDATE) 操作时，如果 Cno 为空，系统会自动提出错误信息。对于无 NOT NULL 约束的其他属性列，如果字段值为空，默认为 NULL。

代码中也可以不加约束名称 C_CONS，直接写约束类型。在这种情况下，系统会分配一个约束名。

3. 唯一约束 (UNIQUE)

唯一约束保证在一列中或者一组列中保存的数据在表中所有行间是唯一的。定义了 UNIQUE 约束的那些列称为唯一键，系统会在约束中列出的列或列组上自动创建一个唯一索引，从而保证唯一键的唯一性。

UNIQUE 约束既可用于列约束，即对基本表中的单个属性列设置限定条件，定义时列约束直接写在属性列名及其数据类型后，语法格式如下：

```
[CONSTRAINT <约束名>] UNIQUE
```

UNIQUE 约束也可用于表约束，即对基本表中多个属性列设置限定条件，定义时表约束写在所有属性列之后。使用 UNIQUE 约束的字段允许为 NULL 值，但至多出现一个，语法格式如下：

```
[CONSTRAINT <约束名>] UNIQUE (<列名>[{, <列名>}])
```

【例 3-9】 建立一个学生表 S，定义表约束 S_UNIQ，设置 Sn+Sg 为唯一键，约束同一性别的学生没有重名。

```
CREATE TABLE S (
    Sno  CHAR(7),
    Sn  VARCHAR(18),
    Sg  CHAR(3),
```

```
    Sb  DATE,
    Dp  CHAR(9)  CONSTRAINT S_UNIQ UNIQUE(Sn, Sg)
);
```

教学微视频

4. 主键约束 (PRIMARY KEY)

主键约束用于表示表中一个列或者一组列是唯一且非空的。增加一个主键将自动在主键中列出的列或列组上创建一个唯一索引，并且强制这些列被标记为 NOT NULL，以此来保证实体的完整性。

PRIMARY KEY 与 UNIQUE 约束类似，但它们存在着很大的差别。

① 一个表最多只能有一个 PRIMARY KEY 约束，但可以有任意数量的 UNIQUE 约束。

② 对于指定为 PRIMARY KEY 的一个列或多个列的组合，其中任何一个列都不能出现 NULL 值，而对于 UNIQUE 所约束的唯一键，则允许为 NULL。

③ 不能为同一个列或一组列既定义 UNIQUE 约束，又定义 PRIMARY KEY 约束。

PRIMARY KEY 既可定义为列约束，也可定义为表约束。用于列约束的语法格式如下：

```
[CONSTRAINT <约束名>] PRIMARY KEY
```

用于表约束的语法格式如下：

```
[CONSTRAINT <约束名>] PRIMARY KEY (<列名>[{,<列名>}])
```

【例 3-10】 建立一个课程表 C，定义课程号为 C 的主键；再建立教师表 T，定义工号为 T 的主键。

定义课程表 C：

```
CREATE TABLE C (
    Cno  CHAR(3)  CONSTRAINT C_Prim PRIMARY KEY,
    Cn   VARCHAR(21),
    Cr   NUMERIC(3, 1),
    Cp   CHAR(3)
);
```

定义教师表 T：

```
CREATE TABLE T (
    Tno  CHAR(5)  CONSTRAINT T_Prim PRIMARY KEY,
    Tn   VARCHAR(18),
    Tg   CHAR(3),
    Tp   VARCHAR(15),
    Ts   MONEY,
    Tb   DATE,
    Dp   CHAR(9)
);
```

【例 3-11】 建立一个选修表 E，定义 Sno+Cno 为 E 的主键。

```
CREATE TABLE E (
    Sno  CHAR(7),
    Cno  CHAR(3),
    Gr   NUMERIC(4, 1),
    CONSTRAINT E_Prim PRIMARY KEY(Sno, Cno)
);
```

5. 外键约束 (FOREIGN KEY)

一个外键约束指定一列（或一组列）中的值必须是另一个表中某列的值，进而维持两个关联表之间的参照完整性。其中，包含外部键的表称为从表，包含被引用的主键或唯一键的表称为主表。为保证两表间的参照完整性，从表在外部键上的取值必须是主表中某一个主键值或唯一键值，或者取空值。一个表可以有超过一个的外键约束，从而实现表之间的多对多关系。FOREIGN KEY 既可用于列约束定义，也可用于表约束定义，其语法格式如下：

```
[CONSTRAINT <约束名>] FOREIGN KEY(<列名>[{, <列名>}]) REFERENCES <主表名> (<列名>[{, <列名>}])
```

【例 3-12】 建立一个授课表 L。

```
CREATE TABLE L (
    Cno CHAR(3),
    Tno CHAR(5),
    CONSTRAINT L_Prim PRIMARY KEY(Cno, Tno),
    CONSTRAINT C_Fore FOREIGN KEY(Cno) REFERENCES C(Cno),
    CONSTRAINT T_Fore FOREIGN KEY(Tno) REFERENCES T(Tno)
);
```

【例 3-13】 创建一个包含完整性定义的学生表 S_6。

```
CREATE TABLE S_6(
    Sno  CHAR(7) PRIMARY KEY,
    Sn  VARCHAR(18) NOT NULL,
    Sg  CHAR(3) DEFAULT '男',
    Sb  DATE CHECK((EXTRACT(YEAR FROM CURRENT_DATE)-(EXTRACT(YEAR FROM Sb)) BETEEN 15 AND 35),
    Dp  CHAR(9) NOT NULL,
    CONSTRAINT S_UNIQ UNIQUE(Sn, Sg)
);
```

与例 3-5 相比，例 3-13 创建的学生表的每列都增加了完整性约束定义。具体包括：指定 Sno 为主键，指定 Sn、Dp 列不能为空，指定 Sg 默认值为'男'，指定学生的年龄为 15～35。其中，EXTRACT(type FROM date)函数用于从日期中提取部分信息。

3.4.4 修改数据表

当已经创建了一个表并意识到有错或者应用需求发生改变时,可以移除表并重新创建它。但如果表中已经被填充数据或者被其他数据库对象引用（如有一个外键约束），这种做法就显得很不方便。因此，KingbaseES 提供了一些命令对已有的表的结构进行修改，如增加列和约束、修改原有的列和约束等。

1. 用 SQL 命令修改数据表

修改数据表的操作都由 ALTER TABLE 命令完成，有如下 4 种修改方式。

（1）ADD 方式

ADD 方式用于增加列和约束，定义方式与 CREATE TABLE 语句的定义方式相同，其语法格式为：

```
ALTER  TABLE <表名> ADD <列定义> | <完整性约束定义>
```

【例 3-14】 在教师表 T 中增加一个住址列。

```
ALTER  TABLE T
ADD
Address  VARCHAR(30)
```

注意：此方式增加的新列自动填充 NULL 值，故不能为增加的新列指定 NOT NULL 约束。

【例 3-15】 在教师表 T 中增加完整性约束定义，指定教师年龄为 25～65。

```
ALTER  TABLE T
ADD
CONSTRAINT  Tb_Chk CHECK(EXTRACT(YEAR FROM CURRENT_DATE)-(EXTRACT(YEAR FROM Tb)) BETWEEN 25 AND 65)
```

（2）ALTER 方式

ALTER 方式用于修改某些列，如修改列的默认值、更改列的数据类型等，其语法格式为：

```
ALTER  TABLE <表名>
ALTER  COLUMN <列名> <数据类型> [NULL | NOT NULL]
```

【例 3-16】 把学生表 S 中的 Sg 列的默认值改为'女'。

```
ALTER  TABLE S
ALTER  COLUMN Sg SET DEFAULT '女',
```

教学微视频

ALTER 方式对基本表进行修改时，需要注意不能将含有空值的列的定义修改为 NOT NULL 约束；若列中已有数据，则不能减少该列的宽度，也不能改变其数据类型。

（3）DROP 方式

DROP 方式可以用于删除完整性约束定义，其语法格式为：

```
ALTER  TABLE <表名>
DROP  CONSTRAINT <约束名>
```

也可以用于移除一个列，其语法格式为：

```
ALTER  TABLE <表名>
DROP  COLUMN <列名>
```

【例 3-17】 删除授课表 L 中的外键约束 C_Fore。

```
ALTER  TABLE S
DROP  CONSTRAINT C_Fore
```

【例 3-18】 删除教师表 T 中的所在系一列。

```
ALTER  TABLE T
DROP  COLUMN Dp
```

（4）RENAME 方式

RENAME 方式可对表名、列名和约束名进行重命名，其语法格式如下。

重命名基本表：

```
ALTER TABLE <表名>
RENAME  TO <新表名>
```

重命名属性列：

```
ALTER  TABLE <表名>
RENAME  COLUMN <列名> TO <新列名>
```

教学微视频

重命名约束：

```
ALTER  TABLE <表名>
RENAME  CONSTRAINT  <约束名> TO <新约束名>
```

【例 3-19】 将课程表 C 重命名为 C_1，将其中学分列重命名为 Cr_1，将其中主键约束 C_Prim 重命名为 C_1_Prim。

```
ALTER  TABLE C
RENAME  TO C_1;
ALTER  TABLE C_1
RENAME  COLUMN Cr TO Cr _1;
ALTER  TABLE C_1
RENAME  CONSTRAINT C_Prim TO C_1_Prim
```

2．用数据库对象管理工具修改数据表的结构

① 在数据库对象管理工具的"数据库导航"栏下展开"数据库"节点，选择需修改表所在的数据库。

② 在"模式"→"PUBLIC"下选择要修改的数据表，右击数据表，从弹出的快捷菜单中选择"编辑"→"表"命令，弹出如图 3-7 所示的编辑表对话框，从中可以修改列的名称、数据类型等属性，可以新增或删除列，也可以指定表的主关键字约束。

图 3-7　修改数据表

③ 单击"确定"按钮，保存后退出。

3.4.5　查看数据表

1．查看数据表中的数据

右击要操作的表，从弹出的快捷菜单中选择"查看表数据"命令，则显示表的所有数据。

2．查看数据表的属性

KingbaseES V8.3 没有提供专门查看数据表属性功能，可借助"编辑 → 表"命令完成，即在数据库对象管理工具中右击要查看的表，从弹出的快捷菜单中选择"编辑 → 表"命令，在弹出的对话框中选择"基本属性""约束""外键""索引""触发器""权限"等选项卡进行查看。

3.4.6 删除数据表

当某基本表不再使用时，可以被删除。删除后，该表的数据和在此表上所建的索引都被删除，建立在该表上的视图不会删除，系统将继续保留其定义，但已无法使用。如果恢复该表，这些视图可重新使用。

1．用 SQL 命令删除数据表

删除表可以使用 DROP TABLE 命令：

```
DROP TABLE <表名>
```

【例 3-20】 删除学生表 S。

```
DROP TABLE S
```

注意：只能删除自己建立的表，不能删除其他用户所建的表。

教学微视频

2．用数据库对象管理工具删除数据表

在数据库对象管理工具中右击要删除的表，从弹出的快捷菜单中选择"删除"命令，弹出"删除对象"对话框，单击"是"按钮即可。

3.5 数据操纵

SQL 提供的数据操纵语言（Data Manipulation Language，DML）包括添加数据、修改数据和删除数据三类语句。

3.5.1 添加数据

添加数据是把新的记录添加到一个已存在的表中。

1．用数据库对象管理工具添加数据

在数据库对象管理工具中可实现少量数据的添加。右击需要添加数据的表，在弹出的快捷菜单中选择"查看表数据"命令，打开"数据"窗格，在工具栏中单击"➕"后会自动在选中行上出现空白行（如图 3-8 所示），输入一条记录。添加完毕，单击"保存"按钮即可。

2．用 SQL 命令添加数据

添加数据使用 INSERT INTO 命令，可分为以下几种情况。

（1）添加单个元组。

添加一行新记录的语法格式为：

```
INSERT  INTO <表名>[(<列名 1>[, <列名 2> …)])] VALUES(<常量 1>[, <常量 2> …])
```

其中，<表名>指要添加新元组的表，<列名>是可选项，指定待添加数据的列，VALUES 子句指定添加到属性列的具体值，将常量 1、常量 2 等为属性列 1、属性列 2 等赋值。列名的排列顺序不要求与表定义时的顺序一致，但当指定列名时，VALUES 子句中值的排列顺序必须与

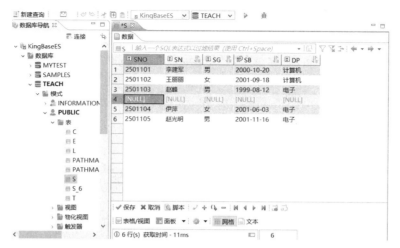

图 3-8　添加数据

列名表中的列名排列顺序一致，个数相等且数据类型一一对应。

【例 3-21】 在表 S 中添加一条学生记录：学号，2501101；姓名，李建军；性别，男；出生日期，2000-10-20；所在系，计算机。

```
INSERT  INTO S(Sno, Sn, Sg, Sb, Dp)
VALUES('2501101', '李建军', '男', '2000-10-20', '计算机')
```

注意：必须用"，"将各数据分开，字符型数据要用"'"括起来。

```
INSERT INTO S
VALUES ('2501101', '李建军', '男', '2000-10-20', '计算机')
```

如果 INTO 子句中没有指定列名，那么新添加的记录必须在每个属性列上均有值，且 VALUES 子句中值的排列顺序要与表中各属性列的排列顺序一致。

【例 3-22】在表 C 中添加一条课程记录('101', '高等数学', '5')。

```
INSERT  INTO E (Cno, Cn, Cr) VALUES('101', '高等数学', '5')
```

对一条记录的部分数据赋值时，将按照 INTO 子句中指定列名的顺序添加到表中，对于未赋值的记录，这些值将赋 NULL 值，如本例的 Cp 即赋 NULL 值。但在表定义时有 NOT NULL 约束的属性列不能取 NULL 值，插入时必须给其赋值。

（2）添加多个元组。

【例 3-23】 向表 E 中同时添加三条选课记录。

```
INSERT  INTO E
VALUES('2501101', '302', '78'), ('2501101', '605', '82'), ('2501101', '912');
```

注意：必须用"，"将各添加元组分开。本例中，每个元组中值的排列顺序要与表中各属性列的排列顺序一致，最后一个元组的 Gr 列未赋值，则会插入 NULL 值。

3.5.2　修改数据

1. 用数据库对象管理工具修改数据

在数据库对象管理工具中可实现少量数据的添加。打开"查看表数据"

教学微视频

选项，双击要修改的记录，向其中输入新数据即可，这样原数据就能被新数据覆盖。修改完毕，需要单击"保存"按钮，并在该表处右击，然后选择"刷新"功能。

2．用SQL命令修改数据

修改数据使用 UPDATE 命令对表中的一行或多行记录的某些列值进行修改，其语法格式如下：

```
UPDATE  <表名>
SET  <列名>=<表达式> [, <列名>=<表达式>] …
[WHERE  <条件>]
```

其中，<表名>指定要修改的表，SET 子句给出要修改的列及其修改后的值。WHERE 子句指定待修改的记录应当满足的条件，WHERE 子句省略时，则修改表中的所有记录。

（1）修改一行。

【例 3-24】 在学生表中把'王丽丽'同学转到'电子系'。

```
UPDATE  S
SET  Dp = '电子'
WHERE  Tn = '王丽丽'
```

（2）修改多行。

【例 3-25】 将所有教师的工资增加 500 元。

```
UPDATE  T
SET  Ts = Ts+500
```

【例 3-26】 把教师表中工资小于或等于'3500'元的讲师工资提高 20%。

```
UPDATE  T
SET  Ts = 1.2*Ts
WHERE  (Tp = '讲师') AND (Ts <= 3500)
```

3.5.3 删除数据

1．通过数据库对象管理工具删除数据

在查看数据表的数据时不仅可以添加数据，还可以删除数据，这种方式适合删除少量记录等简单情况。

教学微视频

删除数据的方法是：打开待删除记录的数据表，单击右键，在弹出的快捷爱的中选择"查看表数据"命令，在弹出的表数据窗格中选择一条或多条记录，在工具栏中单击" "，然后单击"保存"按钮。

2．通过 SQL 命令删除数据

使用 SQL 的 DELETE 命令可以删除表中的一行或多行记录，其语法格式如下：

```
DELETE
    FROM  <表名>
    [WHERE  <条件>]
```

其中，<表名>是指要删除数据的表；WHERE 子句指定待删除的元组应当满足的条件，若省略，则删除表中的所有元组。

（1）删除一行记录

【例 3-27】 删除'赵芳芳'老师的记录（结果如图 3-9 所示）。

```
DELETE  FROM T
WHERE  Tn = '赵芳芳'
```

	TNO	TN	TG	TP	TS	TB	DP
1	21001	杨小明	男	副教授	4,200	1975-11-25	计算机
2	21002	陈建设	男	教授	5,500	1969-07-25	计算机
3	21003	李丽华	女	教授	5,000	1985-04-28	计算机
4	21004	王东强	男	副教授	4,100	1986-06-07	电子
5	21005	赵芳芳	女	讲师	3,500	1992-09-26	电子

	TNO	TN	TG	TP	TS	TB	DP
1	21001	杨小明	男	副教授	4,200	1975-11-25	计算机
2	21002	陈建设	男	教授	5,500	1969-07-25	计算机
3	21003	李丽华	女	教授	5,000	1985-04-28	计算机
4	21004	王东强	男	副教授	4,100	1986-06-07	电子

图 3-9　删除一行数据前后变化

（2）删除多行记录

【例 3-28】 删除所有教师的授课记录。

```
DELETE
FROM L
```

该语句执行后，会删除 L 表中的所有数据，但是表定义仍存在数据字典中。

3.6　数据查询

数据查询是数据库中最常用的操作。所谓查询，就是根据客户端的要求，数据库服务器搜寻出用户所需要的信息资料，并按用户规定的格式进行整理后返回给客户端。KingbaseES 提供了强大而完善的数据查询功能，可以查询一个表或多个表，可以对查询列进行筛选、计算，可以对查询进行分组、排序，甚至可以在一个 SELECT 语句中嵌套另一个 SELECT 语句。数据查询主要包括单表查询、连接查询、子查询等。

3.6.1　SELECT 命令的格式与基本使用

使用 SELECT 命令查询数据的一般格式为：

```
SELECT  [ALL|DISTINCT] <列名> [AS 别名1] [{, <列名> [AS 别名2]}]
FROM <表名> [[AS] 表别名]
[WHERE  <检索条件>]
[GROUP BY <列名1> [HAVING <条件表达式>]]
[ORDER BY <列名2> [ASC|DESC]]
```

各子句的功能和使用方法如下：SELECT 子句指定要显示的属性列，ALL 和 DISTINCT 为二选一参数，ALL 表示输出所有满足条件的元组，DISTINCT 表示去掉重复的元组，默认 ALL 选项；FROM 子句指定查询对象（基本表或视图）；WHERE 子句指定查询条件；GROUP BY 子句对查询结果按指定列的值分组（属性列值相等的元组为一个组）；HAVING 子句使得只有满足指定条件的组才会被输出；ORDER BY 子句对查询结果表按指定列值的升序或降序排序。

SELECT 语句的执行过程是，根据 WHERE 子句的检索条件，从 FROM 子句指定的基本表或视图中选取满足条件的元组，再按照 SELECT 子句中指定的列，投影得到结果表。如果有 GROUP 子句，就将查询结果按照与<列名 1>相同的值进行分组。如果其后还有 HAVING 子句，就只需输出满足 HAVING 条件的元组。如果有 ORDER 子句，查询结果还要按照 ORDER 子句中<列名 2>的值进行排序。由此可见，在 SELECT 查询语句中，各子句之间的顺序非常重要。虽然有些可选子句可以省略，但一旦使用就必须按照适当的顺序来安排它们。

3.6.2 投影查询

投影查询是指只包含"SELECT…FROM"的查询，使用 SELECT 子句指定表中的某些列，各列名之间要以","分隔。

【例 3-29】 查询全体学生的学号、姓名和出生日期。

```
SELECT  Sno, Sn, Sb
FROM  S;
```

在 KingbaseES 的数据库对象管理工具的快捷工具中单击"新建查询"，弹出新建查询语句的编辑窗口，从中输入上述查询语句，单击"▶"按钮执行，即可得到如图 3-10 所示的查询结果界面。

【例 3-30】 查询全部的课程信息。

```
SELECT  *  FROM  C;
```

用"*"表示表中的所有列，按照用户创建表时声明列的顺序来显示所有的列。

【例 3-31】 查询学生表的所在系名称，滤掉重复行。

```
SELECT  DISTINCT  Dp  FROM  S;
```

DISTINCT 的作用是使查询结果中重复的行被去掉，查询结果如图 3-11 所示。

SNO	SN	SB
2501101	李建军	2000-10-20
2501102	王丽丽	2001-09-18
2501103	赵峰	1999-08-12
2501104	伊萍	2001-06-03
2501105	赵光明	2001-11-16

图 3-10　投影查询

	DP
1	计算机
2	电子

图 3-11　去除重复行的查询结果

本例的查询结果与关系代数中的投影操作 $\prod_{Dp}(S)$ 的结果相同。关系代数的投影结果会自动消去重复行，但在 SQL 中必须使用保留字 DISTINCT 才会消除重复行。

【例 3-32】 查询教师表中所有教师的工号、姓名和职称，结果中各列的标题分别指定为中文的工号、姓名和职称。

```
SELECT  Tno AS 工号, Tn AS 姓名, Tp AS 职称
FROM  T;
```

或

```
SELECT  Tno 工号, Tn 姓名, Tp 职称
FROM  T;
```

注意：列标题别名只在定义的语句中有效，即只是显示标题，对原表中的列名没有任何影响，并且别名不能被用在该查询的剩余部分。

3.6.3　条件查询

教学微视频

如果查询表中满足某些条件的行，就需要使用 WHERE 子句指定查询条件。WHERE 子句中的条件通常由如下三部分来描述：列名、比较运算符、常数。常用的比较运算符如表 3-2 所示。

表 3-2　常用的比较运算符

查询条件	谓　词	查询条件	谓　词
比较大小	=, >, <, >=, <=, !=, <>, !<, !>	字符匹配	LIKE(%,_)，NOT LIKE(%,_)
确定范围	BETWEEN AND，NOT BETWEEN AND	空值	IS NULL，IS NOT NULL
确定集合	IN，NOT IN	多重条件	AND，OR，NOT

下面通过具体的例题来熟悉不同的条件查询方法。

（1）比较大小

【例 3-33】　查询选修表中课程成绩高于 80 分的学生的学号、课程号和成绩。

```
SELECT  Sno, Cno, Gr
FROM  E
WHERE  Gr > 80;
```

查询结果与关系代数的选取操作 $\sigma_{Gr>80}(E)$ 的结果相同。

（2）多重条件查询

在 WHERE 子句中可以使用 AND、OR 和 NOT 运算符把若干搜索条件合并，组成复杂的复合搜索条件，其优先级由高到低为 NOT、AND、OR，用户可以使用括号改变优先级。

【例 3-34】　查询学生表中所有计算机系的女生的信息。

```
SELECT  *
FROM  S
WHERE  (Sg = '女') AND (Dp = '计算机');
```

（3）确定范围

BETWEEN 关键字可以更方便地限制查询数据的范围。

【例 3-35】　查询选修表中成绩为 80～90 的学生的学号、课程号和成绩。

```
SELECT  *
FROM  E
WHERE  Gr BETWEEN 80 AND 90;
```

等价于

```
SELECT  *
FROM  E
WHERE  Gr >= 80 AND Gr <= 90;
```

【例 3-36】　查询选修表中成绩不是 80～90 的学生的学号、课程号和成绩。

```
SELECT  *
FROM  E
WHERE  Gr NOT BETWEEN 80 AND 90;
```

（4）确定集合

同 BETWEEN 关键字一样，IN 也是为了更方便地限制检索数据的范围。

【例 3-37】 查询在 6、7 月份出生的学生信息。

```
SELECT *
FROM S
WHERE EXTRACT(MONTH FROM Sb) IN (6, 7);
```

【例 3-38】 查询职称不是'教授'和'副教授'的教师信息。

```
SELECT *
FROM T
WHERE Tp NOT IN ('教授', '副教授');
```

（5）模糊查询

上述例子均属于完全匹配查询，用户知道要查询的精确内容。然而在一些情况下，用户不知道完全精确的值，这时可以使用 LIKE 或 NOT LIKE 进行部分匹配查询。LIKE 关键字搜索与指定字符串进行匹配。字符串中包含各种通配符的任意组合，搜索条件中可用的通配符如表 3-3 所示。

表 3-3　常用的通配符

通配符	含　义	示　　例
%	代表 0 个或多个字符	'ab%'，返回以'ab'开始的任意字符串
_ （下画线）	代表一个字符	'a_b'，返回'a'与'b'之间有一个任意字符的字符串

【例 3-39】 查询姓名中第二个汉字是'建'的学号和姓名。

```
SELECT Sno, Sn
FROM S
WHERE Sn LIKE '_建%';
```

【例 3-40】 查询所有不姓'赵'的学号和姓名。

```
SELECT Sno, Sn
FROM S
WHERE Sn NOT LIKE '赵%';
```

（6）空值查询

查询空值是指查询那些没有输入任何值的字段,如某些学生选修了课程但没有参加考试，这会造成数据表中有选课记录，但没有考试成绩，考试成绩就为空值。空值不同于零和空格，因此成绩为空值与成绩是 0 分完全不同。在 WHERE 子句中不能使用比较运算符对空值进行判断，只能用空值表达式来判断某个列值是否为空值。

【例 3-41】 查询没有考试成绩的学生的学号和相应的课程号。

```
SELECT Sno, Cno
FROM E
WHERE Gr IS NULL;
```

3.6.4　常用库函数及统计汇总查询

为了进一步方便用户，KingbaseES 提供了一系列统计函数用对查询得到的数据集合进行汇总或求平均值等各种运算，常用的统计函数如表 3-4 所示。

表 3-4　常用的统计函数

函数名称	功　能
AVG([DISTINCT|ALL] <列名>)	计算某列值的平均值（此列必须是数值型）
SUM([DISTINCT|ALL] <列名>)	计算某列值的总和（此列必须是数值型）
MAX([DISTINCT|ALL] <列名>)	求某列值中的最大值
MIN([DISTINCT|ALL] <列名>)	求某列值中的最小值
COUNT([DISTINCT|ALL] <列名>)	计算某列值个数
COUNT(*)	计算记录个数

其中，ALL 为默认值，表示不取消重复值；指定 DISTINCT 短语，表示在计算时要取消指定列中的重复值。

【例 3-42】　求选修'302'号课程的总分和平均分。

```
SELECT  SUM(Gr) AS SumScore, AVG(Gr) AS AvgScore
FROM  E
WHERE  (Cno = '302');
```

查询结果如图 3-12 所示。

上述查询语句中 AS 后的 SumScore 和 AvgScore 是别名，别名会显示在查询结果中，以便使用者能清楚地知道查询内容所表示的含义。若不加别名，则查询结果中会显示函数名称。

【例 3-43】　求计算机系教师的总数。

```
SELECT  COUNT(Tno)
FROM  T
WHERE  Dp = '计算机';
```

或

```
SELECT  COUNT(*)
FROM  T
WHERE  Dp = '计算机';
```

本例的 COUNT(*)用来统计元组的个数，不消除重复行。查询结果如图 3-13 所示。

图 3-12　使用统计函数查询课程成绩结果

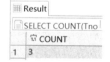

图 3-13　使用统计函数查询教师人数结果

【例 3-44】　求学校中共有多少个系。

```
SELECT  COUNT(DISTINCT Dp) AS TotalDept
FROM  T;
```

本例中，DISTINCT 关键字消去 Dp 的重复行，从而计算出学校的系总数。

【例 3-45】　统计有成绩同学的人数。

```
SELECT  COUNT(Gr)
FROM  E;
```

本例中，COUNT 函数不计算没有成绩（空值）的学生，但会计算成绩是 0 的学生。

3.6.5 分组查询

KingbaseES 中的 GROUP BY 子句可以实现分组查询，将查询结果按某一列或多列的值分组，值相等的为一组。使用 GROUP BY 的目的是细化统计函数的作用对象，如果未对查询结果分组，统计函数将作用于整个查询结果，如例 3-42～例 3-45。分组后统计函数将作用于每组，即每组都有一个函数值。

（1）简单分组

【例 3-46】 查询学生表中男生和女生的人数。

教学微视频

```
SELECT  Sg AS 性别, COUNT(*) AS 人数
FROM  S
GROUP BY  Sg;
```

本例中，GROUP BY 子句按 Sg 的值分组，所有具有相同 Sg 的元组为一组，之后对每组使用函数 COUNT 进行计算，统计不同性别的学生人数。当完成数据结果的查询和统计后，可以使用 HAVING 关键字来对查询和统计结果进行进一步的筛选。

【例 3-47】 查询教授两门以上（含两门）课程的教师的工号和授课门数。

```
SELECT  Tno AS 工号, COUNT(*) AS 门数
FROM  L
GROUP BY  Tno
HAVING  (COUNT(*) >= 2);
```

本例中，GROUP BY 子句分组后又由 HAVING 子句指定了筛选条件，最后只输出满足 COUNT(*)>=2 的组。

当在一个 SQL 查询中同时使用 WHERE 子句、GROUP BY 子句和 HAVING 子句时，其顺序是 WHERE→GROUP BY→HAVING。WHERE 与 HAVING 子句的根本区别是作用对象不同。WHERE 子句作用于基本表或视图，从中选择满足条件的元组；HAVING 子句作用于组，选择满足条件的组且必须用于 GROUP BY 子句后，但 GROUP BY 子句可以没有 HAVING 子句。

（2）分组集分组

在 GROUP BY 子句中，关键字 CUBE 或者 ROLLUP 用于定义分组集。

【例 3-48】 查询学生表中各专业男生人数、女生人数、各专业的学生人数，以及所有学生总人数。

```
SELECT  Dp AS 系别, Sg AS 性别, COUNT(*) AS 人数
FROM  S
GROUP BY  CUBE(Dp, Sg);
```

或

```
SELECT  Dp AS 系别, Sg AS 性别, COUNT(*) AS 人数
FROM  S
GROUP BY  ROLLUP(Dp,Sg);
```

查询结果如图 3-14(a) 和 (b) 所示。

在 GROUP BY 子句中使用 CUBE 或者 ROLLUP，不仅包含由 GROUP BY 提供的行，还包含汇总行。GROUP BY 汇总行针对每个可能的组和子组组合在结果集内返回。GROUP BY 汇总行在结果中显示为 NULL，用来表示所有值。本例中，使用 CUBE 或者 ROLLUP，结果

系别	性别	人数
电子	女	1
电子	男	2
电子	[NULL]	3
计算机	女	1
计算机	男	1
计算机	[NULL]	2
[NULL]	[NULL]	5
[NULL]	女	2
[NULL]	男	3

(a) CUBE

系别	性别	人数
电子	女	1
电子	男	2
电子	[NULL]	3
计算机	女	1
计算机	男	1
计算机	[NULL]	2
[NULL]	[NULL]	5

(b) ROLLUP

图 3-14　分组集分组后的结果

集中均包含各专业的学生人数汇总与所有学生总人数汇总，但是 ROLLUP 结果集中没有针对性别人数的汇总。

3.6.6　查询结果的排序

ORDER BY 子句用于对查询结果进行排序，必须出现在其他子句后。排序方式可以指定，DESC 为降序，ASC 为升序，默认为升序。在 KingbaseES 中，当排序列含空值时，ASC 使排序列为空值的元组最后显示，DESC 使排序列为空值的元组最先显示。

【例 3-49】　查询选修'302'号课程的学生学号和成绩，并按成绩降序排列。

```
SELECT  Sno, Gr
FROM  E
WHERE (Cno = '302')
ORDER BY  Gr DESC;
```

【例 3-50】　查询选修'302'、'605'、'810'或'912'号课程的学号、课程号和成绩，查询结果按学号升序排列，学号相同再按成绩降序排列。

```
SELECT  Sno, Cno, Gr
FROM  E
WHERE  Cno IN('302', '605', '810', '912') ORDER BY  Sno, Gr DESC;
```

3.6.7　数据表连接及连接查询

前述查询都是针对一个表进行的。当用户需要组合、提取多个表中的数据为自己所用时，还需要使用连接查询。连接查询同时涉及两个以上的表，是关系数据库中最主要的查询，包括内连接查询、外连接查询、交叉查询和自连接查询。

教学微视频

1．内连接查询

内连接是一种常用的连接方式，是把两个表中的数据连接生成第三个表，第三个表中仅包含那些满足连接条件的数据行。内连接查询的语法格式如下：

```
SELECT  <列名1>[, 列名2, …]
FROM  表名1  INNER JOIN  表名2  ON  连接条件
```

或：

```
SELECT  <列名1>[, 列名2, …]  FROM  表名1, 表名2  WHERE  连接条件
```

连接条件语法格式如下：

```
[<表名1.>] <列名1> <比较运算符> [<表名2.>] <列名2>
```

其中，比较运算符主要有=、>、<、>=、<=、!=（或<>）等。当比较运算符为"="时，称为等值连接，使用其他运算符时称为非等值连接。

【例3-51】 查询所有选课学生的姓名、课程号及成绩。

```
SELECT  Sn, Cno, Gr
FROM  S, E
WHERE  S.Sno = E.Sno;
```

或

```
SELECT  Sn, Cno, Gr
FROM  S  INNER JOIN E  ON S.Sno = E.Sno;
```

S.Sno = E.Sno 为连接条件，Sno 称为连接字段。上述语句是将 S 表中的 Sno 与 E 表中的 Sno 相等的行进行连接，接着在 Sn、Cno、Gr 列上进行投影。

【例3-52】 查询每门课程的课程号、课程名和平均分。

```
SELECT  C.Cno, Cn, AVG(Gr)
FROM  C,E
WHERE  C.Cno = E.Cno  GROUP BY  C.CNo
```

在本例的 SELECT 子句和 WHERE 子句中，属性名前都加上了表名前缀。这是因为两个表中存在列名相同的属性列，必须用表名前缀来确切说明所指列属于哪个表，以避免混淆。如果属性名在参加连接的各表中是唯一的，就可以省略表名前缀，如例 3-51 所示。

【例3-53】 查询'计算机'系学生选修每门课程的课程号、课程名和平均分。

```
SELECT  C.Cno, Cn, AVG(Gr)
FROM  C  INNER JOIN E  ON  C.Cno = E.Cno  INNER JOIN S  ON  E.Sno = S.Sno  AND Dp = '计算机'
GROUP BY  C.Cno
```

本例涉及三个表，ON 子句有两个连接条件，还有一个查询条件"Dp = '计算机'"，来选取'计算机'系学生的行。

2．外连接查询

在通常的连接操作中，只有满足连接条件的元组才能作为查询结果输出。如例 3-51 的查询结果不包括'李建军'同学的信息，这是因为'李建军'没有选课记录，在 E 表中没有相应的元组，导致学生表 S 中的元组在连接时被舍弃。如果仍需要保留'李建军'同学的信息，此时应当使用外连接查询。在外连接查询中可以只限制一个表，而对另一个表不加限制，即所有的行都出现在结果集中。具体而言，符合连接条件的数据将直接返回到结果集中，不符合连接条件的列将被填上 NULL 值，再返回到结果集中（bit 数据类型不允许有 NULL 值，因此 bit 类型的列将会填上 0 值，再返回到结果集中）。

参与外连接的表有主从之分，以主表的每行数据去匹配从表的数据列。当主表在左边时称为左外部连接 LEFT（OUTER）JOIN，当主表在右边时称为右外部连接 RIGHT（OUTER）JOIN,当主表中不符合条件的数据行也以 NULL 显示时称为全部连接 FULL（OUTER）JOIN。

【例 3-54】查询所有学生的姓名、选课号及成绩（没有选课的同学的选课信息显示为空）。

	SN	CNO	GR
1	李建军	[NULL]	[NULL]
2	王丽丽	302	85
3	王丽丽	810	68
4	赵峰	302	76
5	赵峰	605	[NULL]
6	伊萍	605	93
7	伊萍	810	75
8	赵光明	302	52
9	赵光明	912	63
10	赵光明	605	80

图 3-15　外连接查询的查询结果

```
SELECT  Sn, Cno, Gr
FROM  S
LEFT OUTER JOIN  E  ON  S.SNo = E.SNo;
```

查询结果如图 3-15 所示，没有选课的'李建军'同学也显示在结果集中，但该同学的选课信息记录显示为 NULL。

3．交叉查询

交叉连接即进行笛卡尔乘积，用于将一个表的每个记录与另一个表的每个记录匹配成新的数据行，返回两个表的成绩。交叉查询的检索结果集包含所连接的两个表中所有行的全部组合。

【例 3-55】　查询所有学生可能的选课情况。

```
SELECT  S.Sno, Sn, Cno, Cn
FROM  S CROSS JOIN  C;
```

4．自连接查询

连接操作不仅可以在不同的表上进行，还可以在同一张表内进行自身连接。自连接可以看作一张表的两个副本之间的连接。在自连接中，必须为表指定两个别名，使其在逻辑上成为两张表。

【例 3-56】查询每一门课的直接先修课和间接先修课（即先修课的先修课）。

```
SELECT  X.Cno, X.Cp AS 直接先修课, Y.Cp AS 间接先修课
FROM  C AS X, C AS Y
WHERE  X.Cp = Y.Cno;
```

或

```
SELECT  X.Cno, X.Cp AS 直接先修课, Y.Cp AS 间接先修课
FROM  C AS X  INNER JOIN C AS Y  ON  X.Cp = Y.Cno;
```

查询结果如图 3-16 所示。

由于只有'605'、'708'、'810'这三门课程是有直接先修课的，所以在连接结果中有这三门课程的信息，而另外两门课程由于没有直接先修课，所以无法完成自连接。如果使用如下查询语句，就可显示完整的课程信息，包括没有先修课的课程信息。

```
SELECT  X.Cno, X.Cp AS 直接先修课, Y.Cp AS 间接先修课
FROM  C AS X LEFT OUTER JOIN  C AS Y  ON  X.Cp = Y.Cno;
```

查询结果如图 3-17 所示。

	CNO	直接先修课	间接先修课
1	605	302	[NULL]
2	708	605	302
3	810	912	[NULL]

图 3-16　自连接查询的查询结果（一）

	CNO	直接先修课	间接先修课
1	302	[NULL]	[NULL]
2	605	302	[NULL]
3	708	605	302
4	810	912	[NULL]
5	912	[NULL]	[NULL]

图 3-17　自连接查询的查询结果（二）

3.7 子查询

一个查询语句嵌套在另一个查询语句的 WHERE 或 HAVING 子句中,内嵌的 SELECT 语句称为子查询(Subquery)或嵌套查询(Nested Query)。包含子查询的语句称为父查询或外部查询。子查询可以多层嵌套,以层层嵌套的方式构造查询充分体现了 SQL 结构化的特点。

子查询的 SELECT 语句中不能使用 ORDER BY 子句,ORDER BY 子句只能对最终查询结果进行排序。

子查询通常按查询条件是否依赖于父查询分为不相关子查询和相关子查询两类。

不相关子查询的查询条件不依赖于父查询,子查询可以独立运行,并且只执行一次,执行完毕将值传递给外部查询;反之,则称为相关子查询(Correlated Subquery)。

相关子查询的查询条件依赖于父查询,子查询不能独立运行,必须依靠父查询数据,并且外部查询执行一行,子查询就执行一次。

根据返回的结果,子查询又可以分为单行子查询、多行子查询和多列子查询。

3.7.1 不相关子查询

教学微视频

不相关子查询是指子查询不依赖于父查询,其求解方法是由里向外逐层处理。在不相关子查询中,每个子查询在上一级查询处理之前先求解,但不显示。子查询的结果用于建立父查询的查找条件,直接传递给父查询,然后执行父查询。

注意,在使用子查询时,子查询返回的结果必须与上一级查询引用列的值在逻辑上具有可比性。

1. 返回一个值的子查询

当子查询的结果只有一个值时,可以使用=、!=或<>、<、>、<=、>=等比较运算符将父查询与子查询连接起来,实现一个表达式的值与子查询返回的单值进行比较。如果比较运算的结果为 TRUE,那么比较测试也返回 TRUE。

【例 3-57】查询与教师'杨小明'职称相同的工号和姓名。

```
SELECT  Tno AS 工号, Tn AS 姓名  FROM T
WHERE  Tp = (SELECT  Tp
             FROM  T
             WHERE Tn = '杨小明') AND Tn <> '杨小明';
```

其中,内层查询块"SELECT Tp FROM T WHERE Tn = '杨小明'"嵌套在外层查询块"SELECT Tno AS 工号, Tn AS 姓名 FROM T WHERE Tp ="的 WHERE 子句中。执行过程是:先执行子查询(结果为'副教授'),再执行父查询。

2. 带有 IN 谓词的子查询

在嵌套查询中,子查询的结果往往是一个集合。如果子查询的返回值不止一个,而是一个集合,就不能直接使用比较运算符。IN 是嵌套查询中使用最频繁的谓词。其处理过程是:

父查询通过 IN 谓词将父查询中的一个表达式与子查询返回的结果集进行比较，如果表达式的值等于子查询结果集中的某个值，那么父查询中的条件表达式返回真（TRUE），否则返回假（FALSE）。还可以在 IN 前加上关键字 NOT，其功能与 IN 相反。

【例 3-58】 查询选修了'数据结构'或'数据库原理'课程的学生的学号和姓名。

```
SELECT  Sno AS 学号, Sn AS 姓名
FROM  S
WHERE  Sno IN (SELECT Sno
               FROM  E
               WHERE Cno IN (SELECT  Cno
                             FROM  C
                             WHERE  Cn = '数据结构' OR Cn = '数据库原理'));
```

本例涉及三个属性 Sno、Sn 和 Cn。Sno 和 Sn 存放在学生表 S 中，课程名存放在课程表 C 表中，两个表通过选修表 E 建立联系，所以本例涉及三个表。

① 在 C 表中找到'数据结构'或'数据库原理'课程的课程号，结果为'605'或'708'。

② 在 E 表中找到选修了'605'或'708'课程的学生的学号，结果为'2501103'、'2501104'、'2501106'。

③ 在 S 表中取出学号为'2501103'、'2501104'、'2501106'的 Sno（学号）和 Sn（姓名）。

例 3-58 也可用连接查询实现，代码如下，执行结果相同。

```
SELECT  S.Sno AS 学号, Sn AS 姓名
FROM  S, E, C
WHERE  S.Sno = E.Sno AND E.Cno = C.Cno AND (Cn = '数据结构' OR Cn = '数据库原理');
```

3．带有 ANY 或 ALL 谓词的子查询

子查询返回多值时，也可以使用比较运算符，但在比较运算符与子查询之间需要插入 ANY（也可用 SOME，SOME 与 ANY 表示的含义相同）或 ALL 谓词。其含义如表 3-5 所示。

表 3-5　ANY 或 ALL 表达式及含义

表达式	含　　义
>（>=）ANY	大于（大于等于）子查询结果中的某个值
<（<=）ANY	小于（小于等于）子查询结果中的某个值
=ANY	等于子查询结果中的某个值
!=（或<>）ANY	不等于子查询结果中的某个值
>（>=）ALL	大于（大于等于）子查询结果中的所有值
<（<=）ALL	小于（小于等于）子查询结果中的所有值
=ALL	等于子查询结果中的所有值（无意义）
!=（或<>）ALL	不等于子查询结果中的任何一个值

带有 ANY 或 ALL 谓词的子查询的处理过程是：父查询通过 ANY 或 ALL 谓词将父查询中的一个表达式与子查询返回结果集中的某个值进行比较，如果表达式的值与子查询结果相比为真，那么父查询中的条件表达式返回真（TRUE），否则返回假（FALSE）。

【例 3-59】 查询讲授课程号为'605'的教师的姓名。

```
SELECT  Tn AS 姓名
FROM  T
```

```
WHERE (Tno = ANY (SELECT Tno
                  FROM L
                  WHERE Cno = '605'));
```

先执行子查询,找到讲授课程号为'605'的工号,工号为一组值构成的集合(21001,21002);再执行父查询,查询教师号为(21001,21002)的教师的姓名。

本例也可以使用前面所介绍的连接操作来实现,代码如下:

```
SELECT  Tn AS 姓名
FROM T, L
WHERE  T.Tno = L.Tno AND L.Cno = '605';
```

本例还可以 IN 谓词来实现,代码如下:

```
SELECT  Tn AS 姓名
FROM T
WHERE (Tno IN (SELECT Tno FROM L WHERE Cno = '605'));
```

【例 3-60】 查询非'计算机'系比'计算机'系任意学生年龄都小的学生。

```
SELECT *
FROM S
WHERE Sb > ANY (SELECT  Sb
                FROM S
                WHERE  Dp = '计算机') AND Dp != '计算机';
```

本例也可使用常用库函数(集函数)查询来实现,代码如下:

```
SELECT *
FROM S
WHERE  Sb > (SELECT  MIN(Sb)
             FROM S
             WHERE  Dp = '计算机') AND Dp != '计算机';
```

ANY 或 ALL 谓词有时可以使用库函数(集函数)来实现,比直接使用 ANY 或 ALI 谓词的查询效率高,因为通常使用集函数能够减少比较次数。ANY 或 ALL 谓词与集函数的对应关系如表 3-6 所示。

表 3-6 ANY、ALL 与集函数的对应关系

谓　词	比较运算符					
	=	<>或!=	<	<=	>	>=
ANY	IN		<MAX	<=MAX	>MIN	>=MIN
ALL		NOT IN	<MIN	<=MIN	>MAX	>=MAX

【例 3-61】 查询非'计算机'系比'计算机'系所有学生年龄都小的学生。

```
SELECT  *
FROM S
WHERE  Sb > ALL (SELECT  Sb
                 FROM S
                 WHERE  Dp = '计算机') AND Dp != '计算机';
```

本例也可使用常用库函数(集函数)查询来实现,代码如下:

```
SELECT  *
FROM S
```

```
WHERE Sb > (SELECT MAX(Sb)
            FROM  S
            WHERE  Dp = '计算机') AND Dp != '计算机';
```

3.7.2　相关子查询

前面所讲的子查询的查询条件不依赖于父查询，并且每个子查询都只执行一次，但是有时子查询的查询条件需要引用父查询表中的属性值，通常将这类查询称为相关子查询。

相关子查询主要通过[NOT] EXISTS 谓词实现。EXISTS 代表存在量词，相当于测试子查询的结果集是否存在满足父查询的匹配（连接列）数据，带有 EXISTS 谓词的子查询不返回任何实际数据，只产生逻辑值真（TRUE）和假（FALSE）。

使用 EXISTS 谓词，若子查询结果为非空，则父查询 WHERE 子句为真（TRUE），否则为假（FALSE）。使用 NOT EXISTS 谓词，若子查询结果为空，则父查询 WHERE 子句为真，否则为假。

因为带有 EXISTS 的子查询只返回 TRUE 或 FALSE，所以由 EXISTS 引出的子查询要选择的字段通常用"*"表示，给出列名也无实际意义。

相关子查询其处理过程是：取出父查询指定表中的第一条记录，根据它与子查询相关的属性值处理子查询，若子查询的 WHERE 子句返回真值，则把该条记录放入结果集，再取父表的第二条记录；重复以上过程，直至父表全部处理完毕为止。

【例 3-62】　查询所有选修了 605 号课程的学生的姓名。

本查询涉及学生表 S 和选课表 E，可以在 S 表中依次取每个元组的 Sno 值，并在 E 表中查询，若 E 表中存在这样的元组，即 E.Sno 值等于用来查询的 S.Sno 值且 E.Cno = '605'，则取此 S.Sn 送入结果集。代码如下：

```
SELECT  Sn AS 姓名
FROM  S
WHERE EXISTS (SELECT  *
              FROM  E
              WHERE  Sno = S.Sno AND Cno = '605');
```

根据例 3-62，可以总结出相关子查询的一般处理过程如下：

① 取父查询中指定表的第一条记录。

② 根据本记录与子查询相关的属性值来处理子查询，若子查询结果集为空，则 WHERE 子句的值为 FALSE，否则为 TRUE。

③ 若 WHERE 子句为 TRUE，则取父表的此记录指定属性（或表达式）放入结果集。

④ 若父表没有结束，则取父表的下一个记录，返回第②步，否则继续相关子查询。

带有 EXISTS 谓词的嵌套查询也可用复合连接条件实现，例 3-62 用复合连接条件实现的代码如下：

```
SELECT  Sn AS 姓名
FROM  S, E
WHERE  S.Sno = E.Sno AND Cno = '605';
```

【例 3-63】　查询没有讲授课程号为'708'的教师信息。

```
SELECT  *
FROM  T
WHERE (NOT EXISTS (SELECT  *
                   FROM  L
                   WHERE  Tno = T.Tno AND Cno = '708'));
```

注意：

① 与 EXISTS 相对应的是 NOT EXISTS 谓词，使用 NOT EXISTS 谓词后，若子查询结果为空，则父层的 WHERE 子句返回 TRUE，否则返回 FALSE。

② 有些使用 EXISTS 或 NOT EXISTS 谓词的子查询不能被其他形式的子查询等价替换，但使用比较运算符和谓词 IN、ANY、ALL 的子查询，都可以被使用 EXISTS 或 NOT EXISTS 谓词的子查询等价替换。

③ 由于使用 EXISTS 或 NOT EXISTS 谓词的相关子查询只关心内层查询是否有返回值，并不需要查具体值，因此其效率并不一定低于其他查询。

【例 3-64】 查询所有选修了全部课程的学生情况。

这个查询实际上是一个带有全称量词∀（For all）的查询，然而 SQL 中没有全称量词。为此可以将带有全称量词的谓词转换为等价的带有存在量词的谓词：

$$(\forall x)P \equiv \neg(\exists x(\neg P))$$

$$(\forall 课程\, x)该学生选修\, x \equiv \neg(\exists 课程\, x\,(\neg 该学生选修\, x))$$

这样就可以用双嵌套的 NOT EXISTS 来实现带全称量词的查询。通过以上分析，上述查询可以这样表述：查询这样的学生，没有一门课是他不选修的。因此实现代码如下：

```
SELECT  *  FROM  S
WHERE (NOT EXISTS (SELECT  *
                   FROM  C
                   WHERE  NOT EXISTS (SELECT  *
                                      FROM  E
                                      WHERE  Sno = S.Sno AND CNo = C.Cno)));
```

3.7.3 数据操纵中使用子查询

3.5 节介绍了使用 INSERT 语句、UPDATE 语句和 DELETE 语句对表中元组进行数据操纵的方法，实际上，这些语句可以使用子查询 SELECT 子句完成相应的数据插入、修改和删除。使用子查询进行表数据操纵有 3 种：向表中添加若干元组数据、修改表中的若干元组数据和删除表中的若干元组数据。

（1）INSERT 语句使用子查询

子查询不仅可以嵌套在 SELECT 语句中，也可以嵌套在 INSERT 语句中，用于生成要插入的批量数据。在子查询嵌套在 INSERT 语句中，先通过子查询来生成要插入的批量数据，再用 INSERT 语句插入指定的表。其语法格式如下：

```
INSERT INTO  <表名>[(<列名1>[, <列名2> …])]
Query
```

注意：此处插入的元组由 Query 查询语句提供。

【例 3-65】 创建一个表 S2，其结构与表 S 一致，将表 S 中的数据全

教学微视频

部插入表 S2。

```
INSERT INTO S2
SELECT *
FROM S
```

（2）UPDATE 语句使用子查询

子查询可以嵌套在 UPDATE 语句中，用于构造修改的条件。

【例 3-66】 把讲授'302'号课程的教师岗位津贴增加 500 元。

```
UPDATE T
SET Ts = Ts + 500
WHERE (Tno IN (SELECT L.Tno
               FROM T, L
               WHERE T.Tno = L.Tno AND L.Cno = '302'))
```

子查询的作用是查得讲授'302'号课程的教师工号。

【例 3-67】 将所有教师的工资增加平均工资的 20%。

```
UPDATE T
SET Ts = Ts+ (SELECT 0.2 * AVG(Ts)
              FROM T )
```

增加评价工资的 20%的前后对照如图 3-18 所示。

	TNO	TN	TG	TP	TS	TD	DP
1	21002	陈建设	男	教授	5,500	1969-07-25	计算机
2	21003	李丽华	女	教授	5,000	1985-04-28	计算机
3	21004	王东强	男	副教授	4,000	1986-06-07	电子
4	21005	赵芳芳	女	讲师	3,500	1992-09-26	电子
5	21001	杨小明	男	教授	4,200	1975-11-25	计算机

	TNO	TN	TG	TP	TS	TD	DP
1	21002	陈建设	男	教授	6,388	1969-07-25	计算机
2	21003	李丽华	女	教授	5,888	1985-04-28	计算机
3	21004	王东强	男	副教授	4,888	1986-06-07	电子
4	21005	赵芳芳	女	讲师	4,388	1992-09-26	电子
5	21001	杨小明	男	教授	5,088	1975-11-25	计算机

图 3-18 增加平均工资的 20%的前后对照

（3）DELETE 语句用使用子查询

子查询可以嵌套在 UPDATE 语句中，用于构造修改的条件。

【例 3-68】 删除教师'赵芳芳'的授课记录。

```
DELETE
FROM L
WHERE (Tno = (SELECT Tno
              FROM T
              WHERE Tn = '赵芳芳'))
```

3.8 其他类型查询

3.8.1 集合运算查询

SQL 采用集合操作模式，其操作对象和查询结果均为元组的集合，因此每个 SELECT 语句的结果都是一个元组的集合。有时需要对多个 SELECT 语句的结果进行并（UNION）、交（INTERSECT）和差（EXCEPT）集合操作。KingbaseES 支持这三种集合操作。

1. 联合查询

联合查询是指将两个或两个以上 SELECT 语句通过并 UNION 运算符连接起来的查询,可以将两个或更多查询的结果组合为单个结果集,该结果集包含联合查询中的所有查询的全部行。

并运算符 UNION 的基本规则是:所有查询中的列数和列的顺序必须相同,数据类型必须兼容。

【例 3-69】使用 UNION 查询学号为'2501102'和'2501104'同学的学号和平均分。

实现代码如下:

```
SELECT  Sno AS 学号, AVG(Gr) AS 平均分
FROM  E
WHERE  Sno ='2501102'  GROUP BY  Sno
UNION
SELECT Sno AS 学号, AVG(Gr)  AS 平均分 FROM  E  WHERE Sno = '2501104'  GROUP BY Sno;
```

2. INTERSECT 和 EXCEPT 查询

INTERSECT 查询返回由 INTERSECT 运算符左侧和右侧的查询都返回的所有非重复值。

EXCEPT 查询返回由 EXCEPT 运算符左侧的查询返回,而又不包含在右侧查询所返回的值中的所有非重复值。

INTERSECT 和 EXCEPT 的基本规则与 UNION 相同。

【例 3-70】 使用 INTERSECT 查询既选修了'302'号又选修了'605'号课程的学生的学号。

```
SELECT  Sno AS 学号
FROM  E
WHERE  Cno='302'
INTERSECT
SELECT  Sno AS 学号  FROM  E  WHERE  Cno='605';
```

【例 3-71】 使用 EXCEPT 查询'计算机'系没有选修'程序设计'课程的学生的学号和姓名。

```
SELECT  Sno AS 学号 , Sn AS 姓名
FROM  S
WHERE  Dp = '计算机'
EXCEPT
SELECT E.Sno AS 学号, Sn AS 姓名  FROM  E, S
WHERE E.Sno=S.Sno AND (Dp='计算机') AND Cno IN (SELECT Cno  FROM C WHERE Cn='程序设计');
```

3.8.2 查询结果存至表中

如果需要将查询结果存入新表,可以通过在 SELECT 语句中使用 INTO 子句。用户在执行一个带有 INTO 子句的 SELECT 语句时,必须拥有在目标数据库上创建表的权限。

SELECT…INTO 语句的语法格式如下。

```
SELECT  select_list
INTO  new_table
FROM  table_source
[WHERE  search_condition]
```

其中, new_table 为要新建的表的名称。新表中包含的列由 SELECT 子句中的 select_list 决定, 新表中包含的行数则由 WHERE 子句指定的搜索条件 search_condition 决定。

【例 3-72】 将查询的学生姓名、学号、课程名、成绩的相关数据存放在 SCORE 表中。

```
SELECT  Sn, S.Sno, Cn, Gr
INTO  SCORE
FROM  S, E, C
WHERE  S.Sno = E.Sno AND C.Cno = E.Cno;
```

3.9 视图

视图（View）是关系数据库系统提供给用户以多种角度观看数据库中数据的重要机制。用户视图从看基本表就像一个窗口，可以看到数据库中感兴趣的数据。

3.9.1 视图概述

视图是一种数据库对象，是基于 SQL 语句结果集的可视化的表，其内容由查询定义，同真实的表一样，视图包含一系列带有名称的列和行数据。但是视图是从一个或者多个数据表或视图中导出的虚表，视图对应的数据并不真正存储在视图中，而是存储在所引用的数据表中，视图的结构和数据是对数据表进行查询的结果。

视图可以被查询，但在修改、插入或删除时具有一定的限制。例如，当在视图上执行的操作影响了视图的基本表中的数据时，该操作将受到基本表的完整性约束和触发器的限制。

对视图的设计和使用是更好地操作数据库的关键。视图可以极大地简化用户对数据的操作，允许用户封装表的结构细节，这样可以避免表结构随着应用的进化而改变。视图几乎可以用在任何可以使用表的地方，甚至可以在其他视图的基础上创建视图。

1. 视图的优点

① 简化数据操作：对于经常使用的查询或分散在多个表中的数据，通过视图定义，屏蔽了数据库的复杂性，用户不必为以后的操作每次指定全部的条件，也不必输入复杂的查询语句，只需针对此视图做简单的查询即可。

② 保证数据的逻辑独立性：对于视图的操作，如查询只依赖于视图的定义，当构成视图的基本表需要修改时，只需修改视图定义中的子查询部分，而基于视图的查询不用改变。视图允许用户以不同方式查看数据，也允许重新组织数据以便输出给其他应用程序。

③ 提高了数据的安全性：视图提供了一个简单而有效的安全机制，可以定制不同用户对数据的访问权限。

④ 着重于特定数据：不必要的数据或敏感数据可以不出现在视图中。

⑤ 提供向后兼容性：可以在表的架构更改时为表创建向后兼容接口。

2. 视图和查询的区别

视图和查询都用到 SQL 的 SELECT 语句，这是它们相同的地方，但视图和查询有着本质区别。

① 归属不同：视图是已经编译好的 SQL 语句并以数据库的对象保存在数据库中，不是一个独立的文件；而查询文件是一个独立的文件，不属于数据库。

② 更新限制不同：因为视图来自表，所以可以间接对表进行更新，而查询的数据记录不能修改。

③ 输出去向不同：视图为查看数据表的一种方法，只能当类似表使用，而查询可以选择如表、图表、报表等多种输出方式。

④ 使用方法和方式不同：视图可以作为数据源被引用，而查询不能被引用。只有视图所属的数据库被打开时才能使用。而查询可以在数据库对象管理工具或类似工具中执行。

3．视图的状态和分类

在 KingbaseES 中，视图有无效和有效两种状态。使用一个无效视图时，若该无效视图经过重新编译依然无效，将抛出错误信息。创建视图时，若编译成功，则创建为一个有效视图。创建视图（不带参数 FORCE），若编译检查失败，则创建视图将失败。

在 KingbaseES 中有普通视图和物化视图（Materialized View）两类。普通视图是虚表，任何对视图的查询都要被转换为 SQL 语句的查询。物化视图是一种特殊的物理表，是相对普通视图而言的，物化视图将数据转换为一个表，实际存储数据，这样查询数据时，不用关联多个基本表。

3.9.2　创建视图

在 KingbaseES 中，创建视图有两种方法：一是通过数据库对象管理工具创建，二是通过 SQL 语句创建。

教学微视频

1．用数据库对象管理工具创建视图

① 在数据库对象管理工具的"数据库导航"窗格中，选择操作的数据库的"模式"，打开具体模式节点。

② 找到"视图"节点，单击右键，在弹出的快捷菜单中选择"新建 → 视图"命令，出现"新建视图"对话框，在相应选项卡中选择或添加相应的内容，单击"确定"按钮即可。

2．使用 SQL 语句创建视图

使用 SQL 语句创建视图的语法格式为：

```
CREATE [OR REPLACE ][TEMP | TEMPORARY] [RECURSIVE] [FORCE] VIEW name [(column_name [, …])]
As query
[WITH [CASCADED | LOCAL] CHECK OPTION]
```

其中，主关键字 CREATE VIEW 表示创建视图，name 是新建视图的名称，column_name 是视图中的列名，用于视图列的名称列表，可选，未选则列名根据查询导出。

各主要参数说明如下：

① TEMP | TEMPORARY：如果被指定，视图被创建为一个临时视图，在当前会话结束时会自动删掉临时视图。如果视图引用的任何表是临时的，视图将被创建为临时视图（不管

有没有指定 TEMPORARY）。

② RECURSIVE：创建一个递归视图。

③ FORCE：创建一个 FORCE 视图，则无论视图是否编译成功都能创建视图。编译成功，创建一个有效视图，否则为一个无效视图。

④ query：提供视图的行和列的 SELECT 命令。

⑤ WITH [CASCADED | LOCAL] CHECK OPTION：控制自动可更新视图的行为。选项被指定时，将检查该视图上的 INSERT 和 UPDATE 命令以确保新行符合视图的规定条件。如果新行不满足条件，拒绝更新。若没有选 CHECK OPTION，则 INSERT 和 UPDATE 命令在视图上创建的行不可见。CASCADED 和 LOCAL 为可选参数。CASCADED 为默认值，表示更新视图时要满足所有相关视图和表的条件；LOCAL 表示更新视图时，满足该视图本身定义的条件即可。

【例 3-73】 创建计算机系教师包含学号、姓名和职称信息的视图 V_3_73。

```
CREATE VIEW  V_3_73 AS
    SELECT  Tno, Tn, Tp
    FROM  T
    WHERE  Dp = '计算机';
```

说明：

① 视图名字为 V_3_73，省略了视图字段列表。视图由子查询中的三列 Tno、Tn 和 Tp 组成。视图创建后，对视图 V_3_73 的数据的访问只限制在'计算机'系内，且只能访问 Tno、Tn 和 Tp 三列的内容，从而达到了不必要的数据或敏感数据不出现的目的。

② 视图创建后，只在数据字典中存放视图的定义，而其中的子查询 SELECT 语句并不执行。只有当用户对视图进行操作时，才按照视图的定义将数据从基本表中取出。

例 3-73 可列出视图的列名，实现的代码如下：

```
CREATE VIEW  V_3_73_1(工号, 姓名, 职称) AS
    SELECT  Tno, Tn, Tp
    FROM  T
    WHERE  Dp = '计算机';
```

上述代码创建的视图，查询视图时的列名为"工号 姓名 职称"。

在 KingbaseES 中，通过生成该视图的 DDL，以及使用数据库对象管理工具的"编辑 →视图"命令发现，其中的 SELECT 语句为：

```
SELECT  T.Tno AS 工号, T.Tn AS 姓名, T.Tp AS 职称
FROM  T
WHERE  T.Dp = '计算机'::BPCHAR;
```

即在创建视图中指定视图的列名，也是通过在 SELECT 语句中用别名来指定视图的列名。

【例 3-74】 创建包含学号、姓名、所选课程名和课程成绩的学生情况视图 V_3_74。

```
CREATE VIEW  V_3_74 AS
    SELECT  S.Sno AS 学号, S.Sn AS 姓名, C.Cn AS 课程名, E.Gr AS 成绩
    FROM  S, C, E
    WHERE  ((S.Sno = E.Sno) AND (E.Cno = C.Cno));
```

在本例中，视图由三个表连接得到。

【例 3-75】 创建包含学号、姓名和总分的视图 V_sum_3_75。

```
CREATE VIEW V_sum_3_75 AS
    SELECT E.Sno AS 学号, Sn AS 姓名, SUM(Gr) AS 总分
    FROM E, S
    WHERE E.Sno=S.Sno
    GROUP BY E.Sno, Sn ;
```

在本例中，子查询使用了集函数，因此必须指定 GROUP BY E.Sno, Sn 子句。

【例 3-76】 使用例 3-74 创建的视图 V_3_74，创建包含学号、姓名和平均成绩的学生平均成绩视图 V_Avg_3_76。

```
CREATE VIEW V_Avg_3_76 AS
    SELECT 学号, 姓名, AVG(成绩) AS 平均成绩
    FROM V_3_74
    GROUP BY 学号, 姓名;
```

也可以在视图上创建视图。在本例中，视图 V_Avg_3_76 是在视图 V_3_74 上创建的。

3.9.3　查询视图

视图创建后，就可以像对基本表进行查询一样对视图进行查询了。前面介绍的基本表的查询操作一般都可以用于视图。

对视图的查询与对基本表的查询过程不同。系统对视图查询时，首先会进行有效性检查。检查涉及的基本表、视图等是否在数据库中存在，若存在，则从数据库的数据字典中取出视图定义，将视图中定义的查询与用户对视图的查询结合起来，转换成等价的对基本表的查询，再执行修正后的查询，这个转换过程称为视图消解（View ReSQLution）。

【例 3-77】 查询例 3-73 创建的视图 V_3_73 中职称为副教授的教师工号和姓名。

```
SELECT Tno AS 工号, Tn AS 姓名
FROM V_3_73
WHERE Tp = '副教授';
```

此查询的执行过程是：先从数据库的数据字典中找出视图 V_3_73 的定义，再将此视图的定义和此查询组合，转换成等价的对基本表 T 的查询，相当于执行以下查询：

```
SELECT T Tno AS 工号, Tn AS 姓名
FROM T
WHERE Dp = '计算机' AND Tp = '副教授';
```

【例 3-78】 查询学生的学号、姓名和总分。

```
SELECT *
FROM V_sum_3_75;
```

相当于执行以下查询：

```
SELECT E.Sno AS 学号, Sn AS 姓名, SUM(Gr) AS 总分
FROM E, S
WHERE E.Sno = S.Sno
GROUP BY E.Sno, Sn ;
```

可以看出，当需要对一个基本表进行复杂的查询时，可以先对基本表建立视图，再借助视图对基本表进行查询，这样就不必输入复杂的查询语句，从而简化查询语句的输入。

3.9.4　修改视图

当视图的定义与需求不符合时，可以对视图进行修改。修改视图的方法有两种：一是通过数据库对象管理工具修改，二是通过语句修改。在 KingbaseES 中，CREATE OR REPLACE VIEW 语句用于替换同名视图，ALTER VIEW 语句用于更改一个视图的多种辅助属性。

1. 用数据库对象管理工具编辑视图

① 在数据库对象管理工具的"数据库导航"窗格中，选择操作的数据库的"模式"，打开具体模式节点。

② 找到相应视图，单击右键，在弹出的快捷菜单中选择"编辑 → 视图"命令，出现"编辑视图"窗格，在相应的标签中选择或编辑相应的内容，单击"确定"按钮即可。

2. 用 CREATE OR REPLACE VIEW 语句修改视图

在 KingbaseES 中修改视图可以使用 CREATE OR REPLACE VIEW 语句，语法格式与创建视图的语句类似。当视图已经存在时，修改语句对视图进行修改。当视图不存在时，创建视图。视图中的新查询必须产生与原有视图查询相同的列（也就是相同的列序、相同的列名、相同的数据类型），但是可以在列表的末尾加上额外的列。

【例 3-79】 修改视图 V_3_74 为选修了 302 课程的学生情况。

```
CREATE OR REPLACE VIEW  V_3_74 AS
    SELECT  S.Sno AS 学号, S.Sn AS 姓名, C.Cn AS 课程名, E.Gr AS 成绩
    FROM  S, C, E
    WHERE  ((S.Sno = E.Sno) AND (E.Cno = C.Cno)) AND  E.Cno = '302';
```

3. 用 ALTER VIEW 语句更改视图定义

ALTER VIEW 语句是 KingbaseES 提供的另一种修改视图的辅助属性的方法，语法格式如下：

```
ALTER VIEW [IF EXISTS] name  ALTER  [COLUMN] column name SET DEFAULT  expression
ALTER VIEW [IF EXISTS] name  ALTER [COLUMN] column name DROP DEFAULT
ALTER VIEW [IF EXISTS] name  OWNER TO {new owner | CURRENT_USER SESSION_USER}
ALTER VIEW [IF EXISTS] name  RENAME TO new name
ALTER VIEW [IF EXISTS] name  SET  SCHEMA  new_schema
ALTER VIEW [IF EXISTS] name  SET (view option name [= view_option_value][, …])
ALTER VIEW [IF EXISTS] name  RESET (view option name [, …])
```

由于篇幅限制，具体参数在此就不一一解释了，读者有需要，可以参考《人大金仓数据库 SQL 和 PLSQL 速查手册》。

【例 3-80】 使用 ALTER 语句为视图 V_3_74 的课程名列添加默认值"数据库原理"，代码如下：

```
ALTER  VIEW V_3_74 ALTER COLUMN  课程名  SET DEFAULT  '数据库原理';
```

3.9.5　更新视图

更新视图是指通过视图来插入、修改、删除表中的数据，由于视图不实际存储数据，因

此对视图的更新最终要转换为对基本表的更新。

为了防止用户更新不属于视图范围内的数据，可以在定义视图时加上 WITH CHECK OPTION 子句。加上该子句后，用户更新视图时，系统会检查视图定义中的条件，若不满足该条件，则拒绝执行该操作。

在利用视图更新数据（包括 INSERT、UPDATE、DELETE 语句）时，并不是所有的视图都可以进行数据更新。KingbaseES 在下列情况下不能通过视图更新基本表中的数据。

❖ 视图中包含有基本表中没有定义的列。

❖ 视图中包含有通过计算得到值的列和有函数的列。

❖ 创建视图的 SELECT 语句中包含 GROUP BY 子句。

❖ 视图基于两个及以上的基本表。

针对什么样的视图可以更新，不同的系统有不同的规定，因此在对视图进行更新前，应该仔细研究数据库管理系统所附带的手册。

1．插入（INSERT）

【例 3-81】 向视图 V_3_73 插入一条记录：工号，21006；姓名，李阳阳；职称，讲师。

```
INSERT INTO  V_3_73 (Tno, Tn, Tp) VALUES('21006', '李阳阳', '讲师');
```

系统在执行此语句时，首先从数据字典中找到视图 V_3_73，然后将此视图定义与添加操作合并，转换成等价的对基本表 T 的插入。相当于执行以下操作：

```
INSERT INTO  T (Tno, Tn, Tp) VALUES('21006', '李阳阳', '讲师');
```

2．修改（UPDATE）

【例 3-82】 将视图 V_3_73 中'杨小明'的职称改为"教授"。

```
UPDATE  V_3_73  SET Tp = '教授'  WHERE  Tn = '杨小明';
```

转换成对基本表的修改操作为：

```
UPDATE  T  SET Tp = '教授'  WHERE  Dp = '计算机' AND Tn = '杨小明' ;
```

3．删除（DELETE）

【例 3-83】 删除视图 V_3_73 中'杨小明'老师的记录。

```
DELETE  FROM  V_3_73  WHERE  Tn = '杨小明' ;
```

转换成对基本表的删除操作：

```
DELETE  FROM  T  WHERE  Dp = '计算机'  AND Tn = '杨小明';
```

3.9.6 删除视图

视图建立好后，如果导出此视图的基表被删除了，该视图将失效，但不会自动删除。删除视图就是删除其定义和赋予它的全部权限。删除视图的方法有两种：一是利用数据库对象管理工具删除，二是通过 DROP VIEW 语句删除。

1．用数据库对象管理工具删除视图

① 在数据库对象管理工具的"数据库导航"窗格中，选择操作的数据库的"模式"，打

开具体模式节点。

② 找到相应视图，单击右键，在弹出的快捷菜单中选择"删除"命令，在出现的"删除对象"对话框中单击"是"按钮即可。

2．用 DROP VIEW 语句删除视图

在 KingbaseES 中，DROP VIEW 语句删除视图的语法格式如下：

```
DROP VIEW [IF EXISTS] name [, …] [CASCADE | RESTRICT]
```

主要参数说明如下。

CASCADE：级联删除，自动删除依赖于该视图的对象（如其他视图），然后删除所有依赖于那些对象的对象。

RESTRICT：若有对象依赖于该视图，则拒绝删除。此为默认值。

【例 3-84】 删除例 3-73 创建的'计算机'系教师情况的视图 V_3_73。

```
DROP VIEW V_3_73;
```

3.10　索　引

索引（Index）是一种与表有关的数据结构，作用类似一本书的目录。为表创建索引后，插入、修改或删除记录时，数据库服务器就能更快地找到表中的数据，而不需要扫描全表。本节主要介绍索引的概念、作用和使用方法。

3.10.1　索引概述

1．索引的概念

索引是一种可以加快数据的查询速度的数据结构，目的是提高数据库管理系统的性能，加快数据的查询速度和减少系统的响应时间。索引包含从表的一列或多列生成的键，以及映射到指定数据存储位置的指针。良好的索引可以显著提高表中数据的访问速度。对于包含大量数据的表来说，索引可以大大提高操作效率，还可以强制表中的行具有唯一性，从而确保数据的完整性。

索引一旦创建，将由数据库管理系统自动管理和维护。对表进行数据增、删、改时，数据库管理系统会自动更新表中的索引。编写 SQL 查询语句时，有索引的表与没有索引的表在使用方法上是一致的。

虽然索引具有诸多优点，但要避免在一个表中创建大量的索引，否则会影响插入、删除、更新数据的性能，增加系统负担，从而影响系统的性能。

2．索引的作用和优点

① 快速高效地提高数据检索速度，是创建索引的最重要原因。

② 通过创建唯一性索引，可保证表中每行数据具有唯一性。

③ 可以加速表之间的连接，有利于提高实现数据的参照完整性。

④ 利用分组和排序子句进行数据检索，可显著减少查询中分组和排序的时间。

⑤ 在检索数据中，利用索引可使用优化器,提高系统性能。

3．使用索引的代价

增加索引也有不利的方面，主要表现如下。

（1）创建和维护索引耗费时间

创建索引和维护索引要耗费时间，并且随着数据量的增加所耗费的时间也会增加。

（2）索引需要占据一定物理空间（不宜过多）

索引需要占用磁盘空间，除了数据表占数据空间之外，每个索引都会占用一定的物理空间，如果创建大量的索引，甚至索引文件可能比数据文件更快达到最大文件尺寸。

（3）更新操作时，降低数据的动态维护速度

当对表进行数据增删改时，索引要动态地维护，这样就降低了数据的维护速度。

因此，为表建立索引时要根据实际情况，在适当的表上选择适当的列创建适当数量的索引。在一个表上创建索引的数量不是越多越好。

3.10.2　索引的类型

KingbaseES 支持在表中任何列（包括计算列）上定义索引。索引可以是唯一的，即索引列不会有两行记录相同，这样的索引称为唯一索引。索引也可以不唯一，即索引列上可以有多行记录相同。如果索引是根据单列创建的，这样的索引称为单列索引，根据多列组合创建的索引则称为复合索引。KingbaseES 提供了采用不同算法的多种索引类型，包括 B-tree、Hash、GiST、SP-GiST 和 GIN。每种索引类型使用了不同的算法来适应不同类型的查询。默认情况下，CREATE INDEX 命令创建适合大部分情况的 B-tree 索引。

① B-tree 索引：平衡多路查找树（B-Tree）。KingbaseES 的 B-tree 索引适合所有的数据类型，支持排序，支持大于、小于、等于、大于或等于、小于或等于运算，且支持存储 NULL 值，利用 B-tree 索引也能够实现前模糊、后模糊查询的功能。

② Hash 索引：基于哈希表实现，只有精确匹配索引所有列的查询才有效。

③ GiST（Generalized Search Trees，通用搜索树）索引：GIST 是一种平衡的、树状结构的访问方法，适用于多维数据和集合数据类型，可以作为位置搜索。

④ SP-GiST 索引：空间划分（Space-partitioned）GiST 的简称，支持划分搜索树，可用于开发许多各种不同的非平衡数据结构。

⑤ GIN（Generalized Inverted Index，通用倒排索引）：主要用于包含多个组合值的查询，如数组、全文检索等。

3.10.3　创建索引

在 KingbaseES 中，创建索引有两种方法：一是通过数据库对象管理工具创建，二是通过 SQL 语句创建。

1. 用数据库对象管理工具创建索引

① 在数据库对象管理工具的"数据库导航"窗格中,选择操作的数据库的"模式"和"表",打开表节点。

② 找到需要创建索引的表,单击右键,在弹出的快捷菜单中选择"编辑 → 表"命令,出现"编辑表"对话框。

③ 单击导航栏的"索引",在打开的"索引"对话框中单击"新增"按钮,然后在"名称"栏中输入索引名(也可取系统给的默认名);在"类型"栏中选择索引的类型(默认为"B-tree 索引");在"是否唯一"栏中选择"是"或"否"。

④ 在"列"栏中单击,出现"[...]"按钮,单击之,打开"索引"对话框,在"选择列"框中选择要建立的列,单击"加"按钮;在"确认列"框中选择要取消的列,单击"减"按钮将取消创建索引的列;单击"确定"按钮,完成创建索引的列的选择。

⑤ 在"表空间"栏中选择相应表空间。

⑥ 上述各项准备后,单击"编辑表"对话框的"确定"按钮,即可完成索引的创建。

2. 用 CREATE INDEX 语句创建索引

在 KingbaseES 中,可以使用 CREATE INDEX 语句创建索引,其语法格式如下:

```
CREATE [UNIQUE] INDEX [CONCURRENTLY] [[IF NOT EXISTS] name] ON table_name [USING method]
({column_name |(expression)} [COLLATE collation] [opclass][ASC | DESC] [NULLS {FIRST| LAST}], …])
[WITH (storage parameter = value, …)])]
[TABLESPACE tablespace_name]
[WHERE predicate]
```

其中,主关键字 CREATE INDEX 表示创建索引;name 是要创建的索引名称,如果省略,KingbaseES 将基于基表名称和被索引列名称选择一个合适的名称;table_name 是要被索引的表的名称。

其他各主要参数说明如下。

① UNIQUE:建立唯一索引。唯一索引会导致重复项的数据插入,或者更新尝试将产生一个错误。

② method:要使用的索引方法的名称,可以选择 btree、hash、gist、spgist、gin 和 brin,默认是 btree。

③ column_name:一个表列的名称。

④ expression:基于一个或者多个表列的表达式。表达式通常必须被写在"( )"中。如果该表达式是一个函数调用的形式,那么"( )"可以省略。

⑤ collation:用于该索引的排序规则的名称。默认索引使用被索引列的排序规则或者被索引表达式的结果排序规则。

⑥ NULLS FIRST:指定把空值排序在非空值前面。在指定 DESC 时,为默认行为。

⑦ NULLS LAST:指定把空值排序在非空值前面。在指定 DESC 时,为默认行为。

由于篇幅限制,更多的参数在此就不一一解释。读者如有需要,可以参考《人大金仓数据库 SQL 和 PLSQL 速查手册》。

【例 3-85】用 B-Tree 方法为 C 表的 Cn 列创建唯一索引。

```
CREATE UNIQUE INDEX  IDX_C_CN2 ON C  USING btree (Cn);
```

【例 3-86】 为表 E 在 Sno 和 Cno 上建立复合索引。

```
CREATE INDEX IDX_E_SNO_CNO ON E USING btree (Sno, Cno);
```

注意：① USING btree 应放在列名前；② 列名无论是单个还是多个，用"( )"括起来；③ 改变表中的数据（如增加或删除记录）时，索引将自动更新；④ 索引建立后，在查询使用该列时，系统将自动使用索引进行查询；⑤ 索引越多，更新数据的速度越慢。仅用于查询的表可以多建索引，数据更新频繁的表则应少建索引。

3.10.4 更改索引定义

在 KingbaseES 中，更改一个索引的定义的语法格式如下：

```
ALTER INDEX [IF EXISTS] name  RENAME TO new_name
ALTER INDEX [IF EXISTS] name  SET TABLESPACE tablespace_name
ALTER INDEX name  DEPENDS ON EXTENSTON extension_name
ALTER INDEX [IF EXISTS] name  SET(storage_parameter = value [, …])
ALTER INDEX [IF EXISTS] name  RESET(storage_parameter [, …])
ALTER INDEX ALL  IN TABLESPACE name [OWNED BY role_name [, …]]
SET TABLESPACE new_tablespace [NOWAIT]
```

由于篇幅限制，具体参数在此就不一一解释了。读者如有需要，可以参考《人大金仓数据库 SQL 和 PLSQL 速查手册》。

【例 3-87】 更改 C 表中的索引 IDX_C_CN 名称为 C_Index。

```
ALTER INDEX IF EXISTS IDX_C_CN RENAME TO C_Index;
```

3.10.5 删除索引

建立索引的目的是提高查询的效率，减少查询操作所需的时间，但如果数据增删改等操作非常频频繁，那么系统需要花费很多时间维护索引，此时可删除一些不必要的索引，从而减少系统维护索引所需要的开销。删除索引的方法有两种：一是用数据库对象管理工具删除，二是通过 DROP INDEX 语句删除。

1. 用数据库对象管理工具删除索引

① 在数据库对象管理工具的"数据库导航"窗格中，选择操作的数据库的"表式"，打开具体表节点。

② 找到相应表，单击右键，在弹出的快捷菜单中选择"编辑 → 表"命令，出现"编辑表"对话框，单击导航栏的"索引"，然后选中需要删除的索引，单击"删除"按钮。

③ 回到"编辑表"对话框，单击"确定"按钮，即可完成索引的删除。

2. 用 DROP INDEX 语句删除索引

在 KingbaseES 中，DROP INDEX 语句删除索引的语法格式如下：

```
DROP INDEX [CONCURRENTLY] [IF EXISTS] name [, …] [CASCADE | RESTRICT]
```

其中主要参数说明如下。

① CONCURRENTLY：删除索引并且不阻塞在索引基表上的并发选择、插入、更新和删除操作。普通的 DROP INDEX 会要求该表上的排他锁，这样会阻塞其他访问直至索引删除完成。这个选项的作用是等待，直至冲突事务完成。

② CASCADE：级联删除，自动删除依赖于该索引的对象，然后删除所有依赖的对象。

③ RESTRICT：若有对象依赖于该索引，则拒绝删除，为默认值。

【例 3-88】 删除索引 C_Index。

```
DROP INDEX C_Index;
```

小　结

SQL 是关系数据库语言的工业标准。大部分数据库管理系统产品支持 SQL92，但是许多数据库系统只支持 SQL99、SQL2008 和 SQL2011 的部分特征。

SQL 可以分为数据定义、数据查询、数据更新、数据控制四部分。SQL 数据定义语言有三个命令：CREATE、DROP 和 ALTER，用于定义数据模式,包括数据库、表、视图和索引等。SQL 数据操纵语言有三个命令：INSERT、DELETE 和 UPDATE，用于对表中数据进行操纵。SQL 数据控制语言有两个命令：GRANT 和 REVOKE，用于数据库的自主存取控制。

通过本章学习，读者可以了解 SQL 的功能和特点，掌握基本表、视图、索引等的定义和管理操作，重点掌握采用 SELECT 语句实现表的查询操作。SELECT 语句是 SQL 的核心语句，其语句成分多样，功能丰富和复杂，尤其是选取字段和条件表达式可以有多种可选形式。SELECT 语句非常重要，初学者掌握起来有一定困难，可通过多上机练习来掌握。

习　题　3

一、选择题

1. SQL 是（　　）的语言。

A. 过程化　　　　B. 非过程化　　　　C. 格式化　　　　D. 导航化

2. SQL 集数据查询、数据操纵、数据定义和数据控制功能于一体，语句 ALTER TABLE 用于实现（　　）功能。

A. 数据查询　　　B. 数据操纵　　　　C. 数据定义　　　D.数据控制

3. 若用如下 SQL 语句在 KingbaseES 中创建了一个表 S：

```
CREATE TABLE S(Sno  CHAR(6) NOT NULL,
               Sname  CHAR(6) NOT NULL,
               Sex  CHAR(3),
               Age  INTEGER)
```

现向表 S 插入如下行，则（　　）可以被插入。

A. ('991001', '李明芳', '女', 23)　　　　　B. ('990746', '张为', NULL, NULL)

C. (NULL, '陈道一', '男', 32)   D. ('992345', NULL, '女', 25)

4. 已知学生、课程和成绩三个关系如下：

学生(学号，姓名，性别，班级)

课程(课程名称，学时，性质)

成绩(课程名称，学号，分数)

若打印学生成绩单，包括学号、姓名、课程名称和分数，应该对这些关系进行（   ）操作。

A. 并   B. 交   C. 乘积   D. 连接

5. 为数据表创建索引的目的是（   ）。

A. 提高查询的检索性能   B. 创建唯一索引

C. 创建主键   D. 归类

6. 在 SQL 中，（   ）语句可以实现实体完整性。

A. PRIMARY KEY   B. FOREIGN KEY

C. NOT NULL   D. UNIQUE

7. 可以在 SQL 查询时去掉重复数据的是（   ）。

A. ORDER BY   B. DESC   C. GROUP BY   D. DISTINCT

8. SELECT 语句中的 WHERE 子句的基本功能是（   ）。

A. 指定需查询的表的存储位置   B. 指定输出列的位置

C. 指定行的筛选条件   D. 指定列的筛选条件

9. 在模糊查询中，可以代表任何字符串的通配符是（   ）。

A. *   B. @   C. %   D. #

10. 下列有关 SQL 的描述中，不正确的是（   ）。

A. SQL 是高度非过程化的语言

B. SQL 是面向集合的语言

C. SQL 既可以交互使用，又可以嵌入高级语言使用

D. SQL 可以定义索引，但不能定义视图

二、填空题

11. 在 Student 表的 Sn 列上建立一个唯一索引的 SQL 语句为：_____。

12. SQL 语句中，用于授权的语句是_____。

13. 数据库中只存放视图的_____，不存放视图对应的_____。

14. SQL 提供_____、_____、_____等功能。

15. 在 SQL 中，删除基本表的语句是_____，删除数据的语句是_____。

16. _____是一个或几个基本表导出来的表，它本身不独立存储在数据库中。

17. 在同一个数据库中的多个表，若想建立表间的关联关系，就必须给表中的某字段建立_____。

18. 表的设计视图包括字段输入区和字段属性区两部分，前者用于定义_____、字段类型，后者用于设置字段的_____。

19. 如果表中一个字段不是本表的主关键字，而是另一个表的主关键字或候选关键字，那么这个字段称为_____。

20. 用于建立量表之间的关联的两个字段必须具有相同的_____，但_____可以不相同。

三、判断题（请在后面的括号中填写"对"或"错"）

21. 设置外键可以保证数据的完整性。（　　）

22. SQL 使用 REVOKE 语句为用户授予系统权限或对象权限。（　　）

23. DDL 可以实现数据库操纵功能。（　　）

24. 数据的完整性是指保证数据库中数据的正确性、有效性和相容性，防止错误的数据进入数据库。（　　）

25. SQL 的 ADD 语句可以用来增加新行。（　　）

26. DELETE 语句可以表中的删除主键。（　　）

27. 逻辑运算符的优先级是 NOT、AND、OR。（　　）

28. COUNT 函数既可以对 NULL 进行运算，也可以对 0 进行运算。（　　）

29. 在进行普通子查询时，可以使用 ANY 代替 IN。（　　）

30. 使用视图可以加快查询语句的执行速度。（　　）

四、简答题

31. SQL 有什么特点？

32. 什么是视图？在对数据库进行操作的过程中，设置视图机制有什么优点？它与数据表有什么区别？

33. 索引的作用是什么，它的优点和缺点分别是什么？

34. 什么是主键？什么是外键？

35. 创建关系时应该遵循哪些原则？

五、设计题

36. 现需要为某图书馆建立一个数据库，其中包括两个表：

图书(书号，书名，类型，出版社号，作者，书价，数量)
出版社(出版社号，出版社名，地址，电话)

请用 SQL 实现图书馆管理者的下列要求。

（1）建立图书表（主键书号）和出版社表（主键出版社号）。

（2）查询书名中有'计算机'一词的图书的书名及作者。

（3）在图书表中增加'出版时间'项，其数据类型为日期型。

（4）查询比'电子工业出版社'出版的'数据库'一书出版时间晚的图书的书名及类型。

（5）在图书表中以'作者'建立一个索引。

37. 现需要为某医院建立一个数据库，其中包括 4 个表：

病人(病例号，姓名，性别，年龄，主管医生，病房号)

病房(病房号，所属科室，地址)

医生(工号，姓名，性别，年龄，职称，所属科室)

科室(科室名，地址，联系电话)

请用 SQL 语句实现图书馆管理者的下列要求。

（1）建立病人表（主键病历号）、病房表（主键病房号）、医生表（主键工号）和科室表（主键科室名）。

（2）查询由医生'张欣'主管的病人信息，包括病人姓名、性别和病房号。

（3）创建'小儿科'科室所属医生的视图，属性列包括工号、姓名、性别和职称。

（4）统计'肿瘤科'科室医生主管的病人数量。

实　验

实验 3.1

一、实验目的

（1）掌握使用数据库对象管理工具创建和删除数据库。

（2）掌握使用 SQL 命令创建和删除数据库。

（3）掌握使用 SQL 命令创建、修改和删除数据表的方法。

（4）掌握使用 SQL 命令增加、修改、删除数据表中的数据。

二、实验内容

给定如表 1、表 2、表 3 和表 4 所示的授课信息。

表 1　教师表

字段名	数据类型（长度）	完整性约束说明
工号	CHAR(4)	主键
姓名	VARCHAR(12)	非空
性别	CHAR(3)	默认值'男'
职称	VARCHAR(15)	…
联系电话	CHAR(11)	…

表 2　课程表

课程号	课程名	学分	学时	考核方式
G001	线性代数	3	48	考试
R003	数据结构	3	48	考试
R009	离散数学	3	48	考试
S023	嵌入式系统与编程实验	1	32	考查
G012	大学物理	4	64	考试

表 3　班级表

班级号	班级名	年级	学院	班级人数
0211801	软件 18 级 1 班	18 级	软件	37
0211903	软件 19 级 3 班	19 级	软件	35
0211705	软件 17 级 5 班	17 级	软件	38
0131901	机械 19 级 1 班	19 级	机械	37

表 4　教师授课表

课程号	工号	班级号	开课学期	教室
G001	0078	0211903	1	A101
G001	0078	0131901	1	A101
R003	0118	0211801	2	S001
R009	0213	0211903	2	S002
S023	0193	0211801	1	S001
G012	0030	0131901	2	B003

1. 在 KingbaseES V8.3 中使用数据库对象管理工具和 SQL 命令创建教师授课管理数据库，数据库的名称由学生姓名简拼和学号组成，如张三（20182501001）的数据库名为：ZS20182501001。

（1）使用数据库对象管理工具创建数据库，给出重要步骤的截图。

（2）用 SQL 命令删除第（1）步创建的数据库，再使用 SQL 命令创建数据库，写出 SQL 语句。

2. 下列给出表 1～表 4 中各字段的属性定义和说明，如表 5～表 8 所示。

表 5　教师表说明

字段名	数据类型（长度）	完整性约束说明
工号	CHAR(4)	主键
姓名	VARCHAR(30)	非空
性别	CHAR(3)	默认值'男'
职称	VARCHAR(15)	
联系电话	CHAR(11)	

表 6　课程表说明

字段名	数据类型（长度）	完整性约束说明
课程号	CHAR(4)	主键
课程名	VARCHAR(30)	非空
学分	TINYINT	约束取值范围为 1~10
学时	INTEGER	
考核方式	CHAR(6)	

表 7　班级表说明

字段名	数据类型（长度）	完整性约束说明
班级号	CHAR(7)	主键
班级名	VARCHAR(21)	唯一键
年级	CHAR(5)	
学院	VARCHAR(30)	
班级人数	TINYINT	约束取值范围为 15~40

表 8　教师授课表说明

字段名	数据类型（长度）	完整性约束说明
课程号	CHAR(4)	外键，主键（课程号+工号+班级号）
工号	CHAR(4)	外键，主键（课程号+工号+班级号）
班级号	CHAR(7)	外键，主键（课程号+工号+班级号）
开课学期	TINYINT	
教室	CHAR(18)	

3. 按照上述定义，在创建的教师授课管理数据库中建立教师表、课程表、班级表和教师授课表。

（1）使用数据库对象管理工具创建教师表，给出重要步骤的截图。

（2）使用 SQL 命令创建课程表、班级表和教师授课表，给出创建数据表的 SQL 语句。

4. 练习在教师表中添加教师的电子邮箱和办公地点两列，给出实现数据表修改的 SQL 语句。

字段名	数据类型（长度）	完整性约束说明
电子邮箱	VARCHAR(40)	
办公地点	VARCHAR(40)	

添加成功后，再删除'电子邮箱'和'办公地点'这两列，给出实现数据表修改的 SQL 语句。

5．在各表中录入表 1～表 4 中的相应数据内容，给出实现数据表中数据添加的 SQL 语句。

6．完成以下任务，每一个任务都要给出 SQL 语句，并且展示完成任务后的数据表内容。

（1）在班级表中添加一条班级记录，其中，班级号为'0051807'，班级名为'电气 18 级 7 班'，年级为'18 级'，学院为'电气'，班级人数为 38。

（2）大学物理课程的考核方式发生了改变，从原先"考试"改为"考查"。

（3）新学年开始，'17 级'的班级已毕业，从班级表中删除'17 级'的班级信息。

（4）新学年开始，有 3 名同学转专业进入'软件 19 级 3 班'，更新班级人数。

实验 3.2

一、实验目的

（1）掌握无条件查询的使用方法。

（2）掌握条件查询的使用方法。

（3）掌握库函数及汇总查询的使用方法。

（4）掌握分组查询的使用方法。

（5）掌握查询的排序方法。

（6）掌握连接查询的使用方法。

（7）掌握嵌套查询（子查询）的使用方法。

（8）掌握集合查询的使用方法。

（9）掌握存储查询结果到表中的使用方法。

二、实验内容

根据实验 3.1 中创建的教师授课管理数据库以及其中的教师表、班级表、课程表和教师授课表，进行以下查询操作。

单表查询：

（1）查询课程的全部信息。

（2）查询各位教师的工号、姓名和性别。

（3）查询数据库中有哪些学院。

（4）查询职称为副教授的教师的工号和姓名。

（5）查询姓杨的老师的工号、姓名和职称。

（6）查询每个教师的工号及其任课的班级数。

（7）查询软件学院学生的总数。

（8）查询软件学院班级的班号、班级名和人数，并按人数升序排列。

多表查询：

（1）查询参加了'G001'课程的学生人数（使用两种连接查询的方式）。

（2）查询'杨梅'老师讲授的课程，要求列出教师号、教师姓名和课程号（使用两种连接查询的方式）。

（3）查询'18 级'所有班级的上课信息，要求列出课程号、班级号、开课学期和教室名（使用连接查询和子查询方式）。

（4）查询比'软件 19 级 3 班'人数多的班级上课信息，要求列出课程号、班级号和教师工号（使用连接查询和子查询方式）。

（5）查询参加课程号为'G001'班级的班级号、班级名（使用连接查询、普通子查询、使用 EXISTS 关键字的相关子查询）。

（6）从班级表中查询'18 级'的总人数，再从班级表查询'19 级'的总人数，然后将两个查询结果合并成一个结果集，并存放到一个新的数据表的'年级人数'中（使用集合查询）。

实验 3.3

一、实验目的

（1）掌握创建视图、索引的方法。
（2）掌握删除视图、索引的方法
（3）掌握修改视图、索引的方法。
（4）掌握查询视图、索引的方法。

二、实验内容

根据实验 3.1 中创建的教师授课管理数据库以及其中的教师表、班级表、课程表和教师授课表，进行以下操作。

（1）创建软件学院班级上课情况视图 C_S（班级名、课程名、教师号）。

（2）查询视图 C_S 中的班级名和课程名。

（3）删除班级上课情况视图 C_S。

（4）创建一个副教授职称的教师视图 T_Sub（工号、姓名、性别和职称）。

（5）向 T_Sub 的教师视图中添加一条记录，其中工号为'0296'，姓名为'赵梦'，性别为'女'，职称为'副教授'（除了 T_Sub 的教师视图发生变化，看看教师表中发生了什么变化？）。

（6）将 T_Sub 的教师视图中'赵梦'的职称改为'教授'（除了 T_Sub 的教师视图发生变化，看看教师表中发生了什么变化？）。

（7）删除 T_Sub 的教师视图中教师'张云'的记录（除了 T_Sub 的教师视图发生变化，看看教师表中发生了什么变化？）。

（8）为教师表在姓名列上建立 B-Tree 索引 TI。

（9）将索引 TI 重命名为 TTI。

（10）为教师授课表在教师号上建立唯一索引 TCI。

（11）分别查看教师表和教师授课表的索引信息。

（12）删除索引 TI 和 TCI。

第 4 章
关系规范化理论

DB

关系模型是目前应用最广泛的一种数据模型，通过需求分析，可以抽象出概念模型，再转换成逻辑模型；或者通过需求分析直接定义关系模型。得到关系模型后，面临一个关键问题：如何通过调整优化关系模型的结构，设计合理、性能优良的关系模式。这就需要根据数据之间的依赖关系对关系模式进行规范化处理，改进和优化关系模式，设计合理的关系模式。

本章主要介绍关系规范化理论的基本概念，以及如何运用规范化理论完善关系模式。通过本章学习，读者可以了解关系规范化理论主要内容，掌握关系模式的规范化方法和关系模式分解的方法，为后续数据库设计奠定基础。

4.1 规范化问题

课程思政

4.1.1 规范化理论的主要内容

现实世界中的事物之间总是存在着联系，一个事物内部的各属性之间也存在着联系，如通过一个学生的学号，可以确定这个学生的入学年份、所属院系等信息。关系数据库就是以关系模型为基础的数据库，利用关系来描述现实世界。关系既可以用来描述一个实体或者事物，也可以用来描述实体之间的联系。关系模式是用来定义关系的，一个关系数据库包含一组关系，定义这些关系的所有关系模式就构成了该数据库的模式。

如何设计一个适合的关系数据库系统，关键是关系数据库模式的设计。一个好的关系数据库模式应该包括多少关系模式，而每个关系模式应该包括哪些属性，又如何将这些相互关联的关系模式组建一个适合的关系模型，这些工作决定了整个数据库系统运行的效率，所以必须在关系数据库的规范化理论的指导下逐步完成。

1971 年，E.F. Codd 提出了关系数据库的规范化理论。目前，规范化理论的研究已经有了很大的进展，形成了一套完备的数据库设计理论。关系数据库的规范化理论主要包括三部分内容：函数依赖、范式和模式设计。其中，函数依赖起着重要作用，也是模式分解和模式设计的基础。

4.1.2 不合理的关系模式存在的异常问题

什么是一个好的关系模式？不好的关系模式可能存在哪些问题？下面举例说明。

【例 4-1】 设有一个学生选课关系 SCT(Sno, Sn, Cno, Cn, Gr, Tn, Tp, Dp)，其属性分别表示学生学号、学生姓名、课程号、课程名、成绩、任课教师、教师职称和教师所在系。SCT 关系如表 4-1 所示。

表 4-1 学生选课关系 SCT

Sno （学号）	Sn （学生姓名）	Cno （课程号）	Cn （课程名）	Gr （成绩）	Tn （任课教师）	Tp （职称）	Dp （所在系）
2501102	王丽丽	302	程序设计	85	陈建设	教授	计算机
2501103	赵峰	302	程序设计	76	陈建设	教授	计算机
2501105	赵光明	302	程序设计	52	陈建设	教授	计算机
2501104	伊萍	605	数据结构	93	杨小明	副教授	计算机
2501105	赵光明	605	数据结构	80	杨小明	副教授	计算机
2501202	王丽丽	810	通信原理	68	王东强	副教授	电子
2501104	伊萍	810	通信原理	75	王东强	副教授	电子
2501105	赵光明	912	电路基础	63	赵芳芳	讲师	电子

从表 4-1 中的数据可以看出，该关系存在如下问题：

① 数据冗余。如果一门课程有多个学生选修，那么在关系中这门课程的课程名和任课教师信息（教师姓名、教师职称和所在院系）将重复保存，数据冗余度大，浪费大量存储空间。

② 插入异常。如果需要安排一门新课程，课程号为'708'，课程名为'数据库原理'，由'李丽华'老师讲授。在没有学生选修该课程时，要把这门课程的数据信息插入关系 SCT，主属性 Sno 会出现空值，根据关系型数据库的实体完整性约束，这是无法插入的，即引起插入异常。

③ 删除异常。如果在表 4-1 中要删除'电路基础'的课程元组，将同时删除'赵芳芳'老师的所有信息，'赵芳芳'老师的信息丢失了，这就出现了删除异常。

④ 更新异常。在表 4-1 中，'程序设计'课程有三个学生选修，由'陈建设'老师讲授。如果讲授这门课程的教师更新为'李丽华'老师，那么所有相关元组的信息都要更新，若有一个元组的教师信息未修改，就会造成这门课程的任课教师信息不统一，产生了数据不一致现象。

从上面的分析可以看出，学生选课信息的关系 SCT 形式看上去很简单，但是在实际使用中存在很多问题，因此它并不是一个"好的"关系模式。

针对上面列出的问题，关系 SCT 可以分解成五个关系：教师关系 T，学生关系 S，课程关系 C，选课关系 SC，授课关系 TC。

```
T(Tn, Tp, Dp)
S(Sno, Sn)
C(Cno, Cn)
SC(Sno, Cno, Gr)
TC(Tn, Cno)
```

分解后的结果如表 4-2 所示。

表 4-2　分解后的关系 T、S、C 和 SC

(a) 教师关系 T

Tn（教师姓名）	Tp（职称）	Dp（所在系）
陈建设	教授	计算机
杨小明	副教授	计算机
王东强	副教授	电子
赵芳芳	讲师	电子

(b) 学生关系 S

Sno（学号）	Sn（学生姓名）
2501102	王丽丽
2501103	赵峰
2501104	伊萍
2501105	赵光明

(c) 课程关系 C

Cno（课程号）	Cn（课程名）
302	程序设计
605	数据结构
810	通信原理
912	电路基础

(d) 选课关系 SC

Sno（学号）	Cno（课程号）	Gr（成绩）
2501102	302	85
2501103	302	76
2501105	302	52
2501104	605	93
2501105	605	80
2501202	810	68
2501104	810	75
2501105	912	63

(e) 授课关系 TC

Tn（教师姓名）	Cno（课程号）
陈建设	程序设计
杨小明	数据结构
王东强	通信原理

以上 5 个关系模式实现了信息的分离，关系 S 存储学生基本信息，与所选课程和教师无关；关系 T 存储教师的有关信息，与学生和讲授课程无关；关系 C 存储课程信息，与授课教师和选课学生无关。

与 SCT 相比，分解为 5 个关系模式后，例 4-1 中提到的冗余明显降低（没有完全消除）。每名学生的基本信息和每名教师的基本信息都只存储一次，即使某门课程还没有学生选修，其课程号和课程名也可存放在关系 C 中。分解是解决冗余的主要方法，也是规范化的一条原则，即"关系模式有冗余问题，就对它进行分解"。同时，由于数据冗余度的降低，数据没有重复存储，从而降低了各类异常情况。

将 SCT 关系模式分解成 S、C、T、SC 和 TC 关系后，得到了一个规范的关系数据库模式。但是需要注意的是，一个好的关系模式并不是在任何情况下都是最优的。比如，查询学生所学课程的课程名和任课教师，就要对多个关系做连接操作，而连接的代价是很大的，在原来 SCT 关系中可直接找到上述结果。那么，到底什么样的关系模式是最优的？标准是什么？如何实现？这些都是本章要讨论的问题。

4.2 函数依赖

数据之间存在的各种联系现象称为数据依赖。数据依赖是一个关系内部属性与属性之间相互依赖、相互制约的约束关系，是现实世界属性间相互联系的抽象，是数据内在的性质，是语义的体现。数据依赖是数据库模式设计的关键。

4.2.1 函数依赖的定义

在数据依赖中，函数依赖（Function Dependency，FD）是最基本的依赖形式，反映了同一关系中属性之间的一种逻辑依赖关系。

例如，在 4.1 节介绍的关系模式 SCT 中，Sno 与 Sn 之间存在一种依赖关系。由于一个 Sno 只能对应一名学生，因此当 Sno 的值确定后，Sn 的值也随之被唯一确定了。这种类似变量之间的单值函数关系可以记为单值函数 $Y = F(X)$，自变量 X 的值可以决定一个唯一的函数值 Y。下面给出函数依赖的形式化定义。

定义 4.1 设关系模式 $R(U)$，U 是属性全集，X 和 Y 是 U 的两个属性子集，如果对于 $R(U)$ 的任意一个可能的关系 r，对于 X 的每个具体值，Y 都有唯一的具体值与之对应，那么称 X 函数决定 Y，或 Y 函数依赖于 X，记作 $X \to Y$，称 X 为决定因素，Y 为依赖因素。当 Y 不函数依赖于 X 时，记作 $X \nrightarrow Y$；当 $X \to Y$ 且 $Y \to X$ 时，则记作 $X \leftrightarrow Y$。

【例 4-2】 设有关系模式 SCD：

```
SCD(Sno, Sn, Cno, Cn, Gr, Dp, Tp)
```

属性分别表示学生学号、学生姓名、课程号、课程名、成绩、学生所在系的系名、学生所在系的系主任。如果规定，每个学号只对应一名学生，每个课程号只对应一门课程，每个系别只有一名系主任，可以得到：

```
U = {Sno, Sn, Cno, Cn, Gr, Dp, Tp}
F = {Sno→Sn, Sno→Dp, Cno→Cn, Dp→Tn, (Sno, Con)→Gr}
```

一个 Sno 有多个 Gr 与之对应，故 Gr 不能函数依赖于 Sno，即 Sno $\nrightarrow$ Gr；同理，Cno $\nrightarrow$ Gr；

但是 Gr 可以被 (Sno, Cno) 唯一确定，所以 (Sno, Cno) → Gr 。

函数依赖与其他数据之间的依赖关系一样，是语义范畴的概念，人们只能根据各属性的实际意义来确定函数依赖。

在关系模式 $R(U)$ 中，对于 U 的子集 X 和 Y ，若存在 $Y \subseteq X$ ，则必有 $X \to Y$ ，则称该函数依赖为平凡函数依赖，否则称为非平凡函数依赖。对于任意一个关系模式，平凡函数依赖不反映新的语义。如果没有特殊声明，后面讨论的函数依赖都是非平凡函数依赖。

1．完全函数依赖与部分函数依赖

定义 4.2 设关系模式 $R(U)$ ，U 是属性全集，X 和 Y 是 U 的两个属性子集，且 $X \to Y$ ，如果对于 X 的任意一个真子集 W 都有 $W \nrightarrow Y$ ，那么称 Y 完全函数依赖于 X ，记为 $X \xrightarrow{f} Y$ ，否则称 Y 部分函数依赖于 X ，记为 $X \xrightarrow{p} Y$ 。

完全函数依赖说明了在函数依赖关系的决定项中没有多余的属性。

例如，在例 4-2 的关系模式中，函数依赖 Sno → Sn、Cno → Cn、(Sno, Cno) → Gr 是完全函数依赖，而 (Sno, Cno) → Sn 就属于部分函数依赖。

完全函数依赖和部分函数依赖可以说明函数依赖和键之间的关系：设关系模式 $R(U)$ ，U 是属性全集，X 是 U 的一个子集。如果 U 完全函数依赖于 X ，那么 X 是 R 的一个候选码；如果 U 部分函数依赖于 X ，那么 X 是 R 的一个超码。

2．传递函数依赖

定义 4.3 设关系模式 $R(U)$ ，U 是属性全集，X、Y 和 Z 是 U 的不同子集，若 $X \to Y$ 且 $Y \nrightarrow X$ ，而 $Y \to Z$ ，则称 Z 传递函数依赖于 X 或 X 传递函数确定 Z ，记为 $X \xrightarrow{t} Z$ 。

例如，在例 4-2 的关系模式 SCD 中，由于存在函数依赖 Sno → Dp 和 Dp → Tn ，因此关系模式 R 的函数依赖 Sno → Tn 是传递函数依赖，记为 $Sno \xrightarrow{t} Tn$ 。

在关系模式的设计中，属性之间存在的函数依赖是产生数据库规范化问题的根本原因。按照属性间相互依赖关系，函数依赖可以分为三类：完全函数依赖、部分函数依赖和传递函数依赖，它们是规范化理论的依据和准则。下面以这些概念作为基础，深入了解数据库规范化理论的相关知识。

4.2.2 函数依赖的逻辑蕴涵

假设已知关系模式 $R(X, Y, Z)$ ，有 $X \to Y$ 和 $Y \to Z$ ，能否从已知的函数依赖中推导出 $XY \to YZ$ ？这种由已知的一组函数依赖判断另一些函数依赖是否成立或者能否推导出一些函数依赖的问题，就是函数依赖的逻辑蕴涵所讨论的内容。

定义 4.4 设 F 是在关系模式 $R(U)$ 上的函数依赖集合，X 和 Y 是 U 的两个属性子集，$X \to Y$ 是一个函数依赖。如果从 F 中能够推导出 $X \to Y$ ，即对于每个满足 F 的关系 r 也满足 $X \to Y$ ，那么称 $X \to Y$ 为 F 的逻辑蕴涵，记为 $F \models X \to Y$ 。

定义 4.5 设 F 是一个关系模式 $R(U)$ 上的函数依赖集合，被 F 逻辑蕴涵的全部函数依赖的集合称为函数依赖集 F 的闭包，记为 F^+ ，即

$$F^+ = \{X \to Y \mid F \models X \to Y\}$$

4.2.3　函数依赖的推理规则及正确性

从已知的一些函数依赖可以推导出另一些函数依赖，这就需要一系列的推理规则。函数依赖的推理规则最早出现在 1974 年 W.W. Armstrong 的论文中，因此被称为 Armstrong 公理。

Armstrong 公理　设 A、B、C、D 是给定关系模式 R 属性集 U 的任意子集，则其推理规则可归结为 3 条。

❖ 自反性（Reflexivity）：若 $B \subseteq A$，则 $A \rightarrow B$。这是一个平凡的函数依赖。

❖ 增广性（Augmentation）：若 $A \rightarrow B$，则 $AC \rightarrow BC$。

❖ 传递性（Transitivity）：若 $A \rightarrow B$ 且 $B \rightarrow C$，则 $A \rightarrow C$。

由 Armstrong 公理可以得到以下推论。

❖ 合并性（Union）：若 $A \rightarrow B$ 且 $A \rightarrow C$，则 $A \rightarrow BC$。

❖ 分解性（Decomposition）：若 $A \rightarrow BC$，则 $A \rightarrow B$ 和 $A \rightarrow C$。

❖ 伪传递性（Pseudotransitivity）：若 $A \rightarrow B$，$BC \rightarrow D$，则 $AC \rightarrow D$。

❖ 复合性（Composition）：若 $A \rightarrow B$ 且 $C \rightarrow D$，则 $AC \rightarrow BD$。

定理 4.1　Armstrong 公理的推理规则是正确的。也就是说，如果 $X \rightarrow Y$ 是从 F 用 Armstrong 公理推导出的，那么 $X \rightarrow Y$ 被 F 逻辑蕴涵，即 $X \rightarrow Y$ 在 F^+ 中。

【**例 4-3**】设有关系模式 $R(X, Y, Z)$ 与它的函数依赖集 $F = \{X \rightarrow Y, Y \rightarrow Z\}$，求函数依赖集 F 的闭包 F^+。

根据关系模式 $R(X, Y, Z)$，理论上可以产生的函数依赖数量为 $2^3 \times 2^3 = 64$ 个。当给定函数依赖集 F 时，通过推理规则，实际只能得到 43 个函数依赖集，有些函数依赖无法通过 F 推理得出，如 $Y \rightarrow X$，因此 F^+ 只有 43 个函数依赖，分别是

$$F^+ = \begin{cases} X \rightarrow \varnothing, XY \rightarrow \varnothing, XZ \rightarrow \varnothing, XYZ \rightarrow \varnothing, Y \rightarrow \varnothing, YZ \rightarrow \varnothing, Z \rightarrow \varnothing, \varnothing \rightarrow \varnothing \\ X \rightarrow X, XY \rightarrow X, XZ \rightarrow X, XYZ \rightarrow X \\ X \rightarrow Y, XY \rightarrow Y, XZ \rightarrow Y, XYZ \rightarrow Y, Y \rightarrow Y, YZ \rightarrow Y \\ X \rightarrow Z, XY \rightarrow Z, XZ \rightarrow Z, XYZ \rightarrow Z, Y \rightarrow Z, YZ \rightarrow Z, Z \rightarrow Z \\ X \rightarrow XY, XY \rightarrow XY, XZ \rightarrow XY, XYZ \rightarrow XY \\ X \rightarrow XZ, XY \rightarrow XZ, XZ \rightarrow XZ, XYZ \rightarrow XZ \\ X \rightarrow YZ, XY \rightarrow YZ, XZ \rightarrow YZ, XYZ \rightarrow YZ, Y \rightarrow YZ, YZ \rightarrow YZ \\ X \rightarrow XYZ, XY \rightarrow XYZ, XZ \rightarrow XYZ, XYZ \rightarrow XYZ \end{cases}$$

F^+ 中各函数依赖可以通过前面介绍过的函数依赖的推理规则推出。空集可以看成任何集合的子集，因此，根据自反性，可以推出第 1 行中所有的函数依赖。其余各行的函数依赖可以根据函数依赖的推导规则推出。

4.2.4　属性集的闭包及其算法

在实际应用中，如果判断一个函数依赖是否成立，可以通过检查函数依赖的闭包 F^+ 得到准确的结果。但是计算 F^+ 是一个相当复杂的过程。为了能尽快确定一个函数依赖是否成立，通常把计算 F^+ 的过程简化为计算属性集的闭包 X^+，如果要判断某个函数依赖 $X \rightarrow Y$ 是否成立，只要找到那些所有由 X 决定的属性集，即 X 的属性集的闭包 X^+ 就能确定。下面给出 X^+

的形式化定义和计算 X^+ 的属性集闭包算法。

定义 4.6 设有关系模式 $R(U)$，属性集为 U，F 是 R 上的函数依赖集，X 是 U 的子集（$X \subseteq U$）。用函数依赖推理规则，可从 F 中推导出函数依赖 $X \rightarrow A$ 中所有 A 的集合，称为属性集 X 关于 F 的闭包，记为 X^+，即

$$X^+ = \{属性 A \mid X \rightarrow A 在 F^+ 中\}$$

算法 4.1　（属性集闭包算法）设有一个关系模式 $R(U)$，属性集为 U，F 是 R 上的函数依赖集，X 是 U 的子集（$X \subseteq U$）。求属性集 X 相对于函数依赖集 F 的闭包 X^+。

设属性集 X 的闭包为 R，其求解算法如下。

输入：属性集 U，U 上的函数依赖集 F，$X \subseteq U$。

输出：X 在 F 上的闭包 X^+。

```
R = X
do {
    if F 中有一个函数依赖 Y→Z 满足 Y⊆R
    then  R=R∪Z
} while (R 有所改变)
```

例如，设属性集 $U = \{X, Y, Z, W\}$，函数依赖集为 $U = \{X \rightarrow Y, Y \rightarrow Z, W \rightarrow Y\}$，利用上述算法，可以得出 $X^+ = \{X, Y, Z\}$，$(XW)^+ = \{X, Y, Z, W\}$，$(YW)^+ = \{Y, Z, W\}$。

由此可见，属性值闭包的算法有如下用途。

① 判断属性集 X 是否为关系模式 R 的码，通过计算 X 的闭包 X^+，查看 X^+ 是否包含了 R 中的全部属性。若 X^+ 包含了 R 的全部属性，则属性集 X 是 R 的一个码，否则不是码。

② 通过检验 $Y \subseteq X^+$ 是否成立，可以验证函数依赖 $X \rightarrow Y$ 是否成立（即某函数依赖 $X \rightarrow Y$ 是否在 F^+ 中）。

③ 该算法给了另一种计算函数依赖集 F 的闭包 F^+ 的方法：对任意的属性子集 X，可以计算其闭包 X^+，对任意的 $Y \subseteq X^+$，输出一个函数依赖 $X \rightarrow Y$。

4.2.5　候选码的求解理论和算法

设有一个关系模式 $R(U)$，属性集为 U，F 是 R 上的函数依赖集，可以将 U 的属性分为以下 4 种。

❖ L 类属性：只在 F 中各函数依赖的左部出现。

❖ R 类属性：只在 F 中各函数依赖的右部出现。

❖ LR 类属性：在 F 中各函数依赖的左部和右部都出现。

❖ N 类属性：不在 F 中的各函数依赖中出现。

L 类和 N 类属性集中的每个属性必定是候选码中的属性，R 类属性集中的每个属性都必定不是候选码中的属性，LR 类属性集中的每个属性可能存在于候选码中。

确定候选码的算法如下。

① 划分属性类别：令 X 为 L 类和 N 类属性集的集合，Y 为 LR 类属性集的集合。

② 基于 F 计算 X^+：若 X^+ 包含 R 的全部属性，则 X 是 R 的唯一候选码，算法结束，否则转③。

③ 逐一取 Y 中的单一属性 A，与 X 组成属性组 XA，若 $(XA)^+ = \{U\}$，则 XA 为候选码，令 $Y = Y - \{A\}$，然后转④。

④ 若已找出所有候选码，则算法结束；否则，依次取 Y 中的任意两个、三个等属性，与 X 组成属性组 XZ，若 $(XZ)^+ = \{U\}$，且 XZ 不包含已求得的候选码，则 XZ 为候选码。

【例 4-4】 设有关系模式 $R(A,B,C,D,E,F)$，函数依赖集 $F = \{AB \rightarrow E, AC \rightarrow F, AD \rightarrow B, B \rightarrow C, C \rightarrow D\}$，求 R 的所有候选码。

由 F 可知，L 类型属性为 A，LR 类属性为 B、C、D，那么 $(AB)^+ = \{A,B,C,D,E,F\}$，$(AC)^+ = \{A,B,C,D,E,F\}$，$(AD)^+ = \{A,B,C,D,E,F\}$，所以 R 的所有候选码为 AB、AC、AD。

4.2.6　函数依赖集的等价、覆盖和最小函数依赖集

从蕴含的概念出发，我们引出两个函数依赖集的等价和最小函数依赖集的概念。

1．两个函数依赖集的等价

定义 4.7　如果 $G^+ = F^+$，就说函数依赖集 F 覆盖 G（或 G 覆盖 F），也就是说，F 与 G 等价。

从定义可知，如果想判断 $F \subseteq G^+$，只需逐一对 F 中的函数依赖 $X \rightarrow Y$ 判断 Y 是否属于 G^+ 即可。

【例 4-5】 设有 F 和 G 两个函数依赖集，$F = \{A \rightarrow B, B \rightarrow C\}$，$G = \{A \rightarrow BC, B \rightarrow C\}$，判断它们是否等价。

首先检查 F 中的每个函数依赖是否属于 G^+。

因为 $A^+ = \{A,B,C\}$，$B \subseteq A^+$，所以 $A \rightarrow B \in A^+$。

因为 $B^+ = \{B,C\}$，$C \subseteq B^+$，所以 $B \rightarrow C \in B^+$。

故 $F \subseteq G^+$。

同理可得，$G \subseteq F^+$，所以两个函数依赖集 F 和 G 是等价的。

2．最小函数依赖集

定义 4.8　如果函数依赖集 F 满足以下条件，那么称 F 为一个极小函数依赖集 F_{m}，即最小函数依赖集或最小覆盖（minimal cover）。

① F 中的任一函数依赖的右边仅含有一个属性。

② F 中不存在这样的一个函数依赖 $X \rightarrow A$，X 有真子集 Z，使得 $F - \{X \rightarrow A\} \cup \{Z \rightarrow A\}$ 与 F 等价，即左部无多余属性。

③ F 中不存在这样的一个函数依赖 $X \rightarrow A$，使得 F 与 $F - \{X \rightarrow A\}$ 等价，即无多余的函数依赖。

【例 4-6】 以下函数依赖集中，哪一个是最小函数依赖集？

$$F_1 = \{A \rightarrow D, BD \rightarrow C, C \rightarrow AD\}$$
$$F_2 = \{AB \rightarrow C, B \rightarrow A, B \rightarrow C\}$$
$$F_3 = \{BC \rightarrow D, D \rightarrow A, A \rightarrow D\}$$

在 F_1 中有 $C \rightarrow AD$，即右部没有单一化，所以 F_1 不是最小函数依赖集。

在 F_2 中有 $AB \rightarrow C$，$B \rightarrow C$，即左部存在多余的属性，所以 F_2 不是最小函数依赖集。

F_3 满足最小函数依赖集的所有条件，所以它是最小函数依赖集。

注意，F 的最小函数依赖集不一定是唯一的，与对各函数依赖 F 及 $X \rightarrow A$ 中 X 各属性的处理顺序有关。

【例 4-7】 求函数依赖集 $F = \{A \rightarrow B, B \rightarrow A, B \rightarrow C, C \rightarrow A\}$ 的最小函数依赖集。

F 的最小函数依赖集为：

$$F_{\text{ml}} = \{A \rightarrow B, B \rightarrow C, C \rightarrow A\}$$

因为 $B \rightarrow C$，$C \rightarrow A$，根据传递律，$B \rightarrow A$，是多余的函数依赖。

4.3 关系模式的分解

关系模式的分解过程就是将一个关系模式分解成一组等价的关系子模式的过程。对一个关系模式的分解可能有多种方式，但分解后产生的模式应与原来的模式等价。从关系实例的角度来看，就是用几个小表来替换原来的一个大表，使得数据结构更加合理，避免数据操作时出现的异常情况。

4.3.1 模式分解问题

定义 4.9 设存在关系模式 $R(U)$，$R_1, R_2, \cdots, R_k$ 都是 R 的子集，$R = R_1 \cup R_2 \cup \cdots \cup R_k$，关系模式的集合用 ρ 表示，$\rho = \{R_1, R_2, \cdots, R_k\}$，那么 ρ 代替 R 的过程称为关系模式的分解。

对一个关系模式进行分解有多种方式，但分解后产生的模式应与原来的模式等价。由"等价"的概念形成以下三种定义：分解具有无损连接性（Lossless Join）；分解要保持函数依赖（Preserve Functional Dependency）；分解既要保持函数依赖，又要具有无损连接性。

4.3.2 无损连接分解

定义 4.10 设 $\rho = \{R_1, R_2, \cdots, R_k\}$ 是关系模式 $R(U)$ 的一个分解，如果对于 R 的任一满足 F 的关系 r，都有

$$r = \prod R_1(r) \infty \prod R_2(r) \infty \cdots \infty \prod R_k(r)$$

那么称这个分解 ρ 具有无损连接性，简称 ρ 为无损分解。

【例 4-8】 在关系 $R(A, B, C)$ 中，函数依赖集为 $F = \{A \rightarrow B, A \rightarrow C\}$，有两种分解方式：

$$\rho_1 = \{\prod_{AB}(R), \prod_{AC}(R)\}$$
$$\rho_2 = \{\prod_{AB}(R), \prod_{BC}(R)\}$$

如表 4-3 所示。两种分解方式的自然连接结果如表 4-4 所示，可以看出，分解方式 1 是无损连接，分解方式 2 不是无损连接。

表 4-3 关系 R 中的两种分解方式

（a）关系 R

R		
A	B	C
3	1	2
1	3	1
2	3	3

（b）分解方式 1

$R_1 = \prod_{AB}(R)$		$R_2 = \prod_{AC}(R)$	
A	B	A	C
3	1	3	1
1	3	1	1
2	3	2	3

（c）分解方式 2

$R_1 = \prod_{AB}(R)$		$R_2 = \prod_{BC}(R)$	
A	B	B	C
3	1	1	2
1	3	3	1
2	3	3	3

图 4-4 两种分解方式的自然连接结果

（a）分解方式 1 的自然连接

$\prod_{AB}(R) \infty \prod_{AC}(R)$		
A	B	C
3	1	2
1	3	1
2	3	3

（b）分解方式 2 的自然连接

$\prod_{AB}(R) \infty \prod_{BC}(R)$		
A	B	C
3	1	2
1	3	1
1	3	3
2	3	3
2	3	3
3	1	2

一般直接由定义判断一个分解是否为无损分解是不可能的，下面给出检验一个分解是否为无损分解的算法。

算法 4.2 检验无损连接性的算法。

输入：关系模式 $R\{A_1, A_2, \cdots, A_n\}$，它的函数依赖集 F 以及分解 $\rho = \{R_1, R_2, \cdots, R_k\}$。

输出：确定 ρ 是否具有无损连接性。

步骤：

① 构造一个 n 列 k 行的表，每列对应属性，每行对应分解中的一个关系模式，若 $A_j \in R_i$，则第 j 列第 i 行上放符号 a_i，否则放符号 b_{ij}。

② 逐个检查 F 中的每个函数依赖，并修改表中的元素。取 F 中的一个函数依赖 $X \rightarrow Y$，在 X 的分量中寻找相同的行；然后将这些行中 Y 的分量改为相同的符号，若其中有 a_j，则将 Y 的分量中的 b_{ij} 改为 a_j，否则 Y 的分量均改为 b_{ij}。

③ 如果发现某一行变成了 $a_1, a_2, \cdots, a_n$，那么算法结束，分解 ρ 具有无损连接性；如果 F 中的所有函数依赖都不能再修改表中的内容，且没有发现这样的行，那么分解 ρ 不具有无损连接性。

【例 4-9】 检验例 4-8 中关系 $R(A, B, C)$、函数依赖集为 $F = \{A \rightarrow B, A \rightarrow C\}$ 的两种分解方式是否为无损连接？

$$\rho_1 = \{\prod_{AB}(R), \prod_{AC}(R)\}$$
$$\rho_2 = \{\prod_{AB}(R), \prod_{BC}(R)\}$$

（1）对于分解方式 $\rho_1 = \{\prod_{AB}(R), \prod_{AC}(R)\}$

① 构建初始表。对于 R_1，包括 A、B 两个属性，第 1 行 A、B 列的值分别为 a_1、a_2，没有 C 属性，该行 C 列的值为 b_{13}。对于 R_2，包括 A、C 两个属性，第 1 行 A、C 列的值分别为 a_1、a_3，没有 B 属性，该行 B 列的值为 b_{22}，初始表如表 4-5 所示。

② 检查 $A \to B$ 并对表中元素进行修改。检查 F 中的第 1 个函数依赖 $A \to B$，因为 R_1、R_2 的 A 列相同，所以将 R_2 的 B 列修改为 a_2，如表 4-6 所示。因为第 2 行为全 a，所以 ρ_1 具有无损连接性。

表 4-5 初始表 1

R_1	A	B	C
AB	a_1	a_2	b_{13}
AC	a_1	b_{22}	a_3

表 4-6 检查 $A \to B$ 并对表中元素进行修改

R_1	A	B	C
AB	a_1	a_2	b_{13}
AC	a_1	a_2	a_3

（2）对于分解方式 $\rho_2 = \{\prod_{AB}(R), \prod_{BC}(R)\}$

① 构建初始表。对于 R_1，包括 A、B 两个属性，第 1 行 A、B 列的值分别为 a_1、a_2，没有 C 属性，该行 C 列的值为 b_{13}。对于 R_2，包括 B、C 两个属性，第 1 行 B、C 列的值分别为 a_2、a_3，没有 A 属性，该行 A 列的值为 b_{21}，初始表如表 4-7 所示。

表 4-7 初始表 2

R_1	A	B	C
AB	a_1	a_2	b_{13}
AC	b_{21}	a_2	a_3

② 检查 $A \to B$ 和 $A \to C$ 并对表中元素进行修改：检查 F 中的第 1 个函数依赖 $A \to B$，在表中找不到 A 列相同的行，对表中的元素值不做修改，如表 4-8 所示。检查 F 中第 2 个函数依赖 $A \to C$，也找不到 A 列相同的行，不修改表中的元素值，如表 4-9 所示。因为没有全为 a 的行，所以 ρ_2 不具有无损连接性。

表 4-8 检查 $A \to B$ 并对表中元素进行修改

R_1	A	B	C
AB	a_1	a_2	b_{13}
AC	b_{21}	a_2	a_3

表 4-9 检查 $A \to C$ 并对表中元素进行修改

R_1	A	B	C
AB	a_1	a_2	b_{13}
AC	b_{21}	a_2	a_3

4.3.3 保持函数依赖的分解

保持关系模式等价的另一个重要条件是原模式所满足的函数依赖在分解后的模式中保持不变。换句话说，模式分解的过程还必须保证数据的语义完整性。在进行任何数据输入和修改时，只要每个关系模式本身的函数依赖被满足，就可以确保整个数据库中数据的语义完整性不受破坏。

设 $\rho = \{R_1, R_2, \cdots, R_k\}$ 是关系模式 $R(U)$ 的一个分解，R 的函数依赖集 F 在 R_i 上的函数依赖为 F_i，如果满足

$$\bigcup_{i=1}^{n} F_i^+ = F^+$$

那么称 ρ 具有保持函数依赖性，也称该分解为保持依赖分解。

如例 4-8 中，ρ_1 的分解是保持函数依赖的。这是因为在关系 $R(A,B,C)$ 中，函数依赖集为 $F = \{A \to B, A \to C\}$，分解方式 1 为

$$\rho_1 = \{\prod_{AB}(R), \prod_{AC}(R)\}$$

即
$$F_1 = \{A \rightarrow B\}, \qquad F_2 = \{A \rightarrow C\}$$

显然，$F_1 \cup F_2 \subseteq F$ 且 $F \subseteq (F_1 \cup F_2)$，因此 $(F_1 \cup F_2)^+ = F^+$。

同理可得，ρ_2 的分解不保持函数依赖。

4.4 关系模式的范式

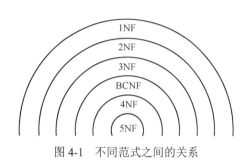

图 4-1　不同范式之间的关系

关系数据库中的关系是要满足一定要求的，满足不同程度的要求称为不同范式。这些范式分为几个等级，逐级严格。满足最低要求的称为第一范式，简称 1NF。在满足第一范式的基础上满足其他的一些要求为第二范式，以此类推。一个低一级范式的关系模式可以通过模式分解转换为更高一级的关系模式的集合，这个过程称为规范化。不同范式之间的关系如图 4-1 所示。

4.4.1 第一范式

定义 4.11　在一个关系模式 R 中，如果 R 的每个属性都是不可再分的数据项，那么称 R 属于第一范式（1NF），记作 $R \in 1NF$。

第一范式是最基本的范式，在关系中，每个属性都是不可再分的简单数据项。

【例 4-10】 第一范式规范化举例，如表 4-10 和表 4-11 所示。

表 4-10　关系 SC

Sno（学号）	Sn（学生姓名）	Cn（课程名）
2501102	王丽丽	程序设计，数据结构
2501103	赵峰	程序设计，数据结构
2501105	赵光明	程序设计，数据结构

表 4-11　关系 SC 转换为 1NF

Sno（学号）	Sn（学生姓名）	Cn（课程名）
2501102	王丽丽	程序设计
2501102	王丽丽	数据结构
2501103	赵峰	程序设计
2501103	赵峰	数据结构
2501105	赵光明	程序设计
2501105	赵光明	数据结构

4.4.2 第二范式

定义 4.12　对于关系模式 $R \in 1NF$，且 R 中的每个非主属性都完全函数依赖于任意一个候选码，则该关系模式 R 属于第二范式，记作 $R \in 2NF$。

第二范式的规范化指将第一范式关系模式通过投影分解，消除非主属性对码的部分函数依赖，转换成 2NF 关系模式的集合。

在分解时遵循"一事一地"的原则，即一个关系模式描述一个实体或实体间的联系，如果多于一个实体或联系，就进行投影分解。

【例 4-11】 第二范式规范化举例。

设关系模式 SCD(Sno, Sn, Cno, Cn, Gr, Dp, Tp)，各属性的含义如例 4-2 所示。(Sno, Cno) 是 SCD 的候选键。

SCD 上有函数依赖：(Sno, Cno)→(Sn, Cn, Dp)，这个函数依赖是局部依赖，因此 SCD 不属于 2NF 模式。此时关系就会出现数据冗余和操作异常等现象。

例如，某门课程有 100 名学生选修，在关系中就会存在 100 个元组，课程名称就会重复 100 次。

如果把 SCD 分解为 R_1(Sno, Sn, Dp, Tn)、R_2(Cno, Cn) 和 R_3(Sno, Cno, Gr)，那么局部依赖 (Sno, Cno)→(Sn, Cn, Dp) 就消失了，分解后的三个关系模式 R_1、R_2 和 R_3 都属于 2NF。此时 R_1 的关系中还会出现数据冗余和异常操作。例如，一个系别包含五名学生，那么关系中会出现 5 个元组，系别的名称和系主任的姓名会重复 5 次。因此，有必要寻找更强的规范条件。

注意：如果 R 的候选码都是单属性，或 R 的全体属性都是主属性，那么 $R \in 2NF$。

4.4.3　第三范式

定义 4.13　若关系模式 $R \in 2NF$，R 中的所有非主属性对任何候选码都不存在传递函数依赖，则称 R 属于第三范式，记作 $R \in 3NF$。

第三范式的规范化是指将第二范式关系模式通过投影分解，消除非主属性对码的传递函数依赖，转换成 3NF 关系模式的集合。

在分解时遵循"一事一地"原则。

【例 4-12】 第三范式规范化举例。

若关系模式 $R \in 3NF$，则必有 $R \in 2NF$。

例 4-11 中的 R_1(Sno, Sn, Dp, Tn) 属于 2NF 模式。R_1 中存在函数依赖 Sno→(Sn, Dp) 和 Dp→Tn，那么 Sno→Tn 就是一个传递依赖，即 R_1 不是 3NF 模式。如果把 R_1 分解成 R_{11}(Sno, Sn, Dp) 和 R_{12}(Dp, Tn) 后，Sno→Tn 就不会出现在 R_{11} 和 R_{12} 中了，这样 R_{11} 和 R_{12} 都属于 3NF 模式。

把关系模式分解到第三范式，可以在相当程度上消除原关系中的操作异常和数据冗余。

4.4.4　BC 范式

定义 4.14　对于关系模式 $R \in 1NF$，若 $X \rightarrow Y$ 且 $Y \not\subseteq X$ 时 X 必含有码，则称 R 属于 BC (Boyce-Codd) 范式，即若 R 中的每个决定因素都包含码，则 $R \in BCNF$。

由 BCNF 的定义可以得到如下结论，满足 BCNF 的关系模式是：① 所有非主属性对每个码都是完全函数依赖；② 所有主属性对每个不包含它的码也是完全函数依赖；③ 没有任何属性完全函数依赖于非码的任何一组属性。

若 $R \in BCNF$，按定义排除了任何属性对码的部分依赖和传递依赖，所以 $R \in 3NF$。但是，若 $R \in 3NF$，则 R 未必属于 BCNF。

BCNF 的规范化指将 3NF 关系模式通过投影分解转换成 BCNF 关系模式的集合。

【例 4-13】 BC 范式规范化举例。

在关系模式 SCT(S, C, T)中，S 表示学生，C 表示课程，T 表示教师。每名教师只教一门课。每门课程有若干教师，某学生选定某门课程，就对应一个固定的教师。由语义可得到如下函数依赖：

$$(S, C) \rightarrow T$$
$$(S, T) \rightarrow C$$
$$T \rightarrow C$$

这里，(S, C)、(S, T)都是候选键。

因为没有任何非主属性对候选键传递函数依赖或部分函数依赖，所以 SCT∈3NF。但 SCT 不属于 BCNF，这是因为函数依赖 $T \rightarrow C$ 的决定项 T 不包含候选键。3NF 和 BCNF 是在函数依赖的条件下对模式分解所能达到的分离程度的测度。一个数据库中的关系模式如果都是 BCNF，那么在函数依赖范畴内，它已经实现彻底的分离，已消除了插入和删除异常。3NF 的"不彻底性"表现在可能存在主属性对键的部分依赖和传递依赖。

4.4.5 多值依赖与第四范式*

函数依赖表示的关系模式中属性间是一对一或一对多联系，不能表示属性间多对多的联系，本节讨论属性间多对多的联系（即多值依赖问题）和第四范式。

1. 多值依赖

【例 4-14】 设一门课程可由多名教师讲授，使用相同的参考书，可以用如表 4-12 所示的非规范关系 CTR 表示课程 C、教师 T 和参考书 R 之间的关系。将 CTR 转换成规范化的关系，如表 4-13 所示。

关系模式 CTR 的码是(C, T, R)，即全码，所以 CTR∈BCNF，但存在如下问题。

① 数据冗余。课程、教师和参考书都被多次存储。

② 插入异常。当课程'程序设计'增加一名教师'赵武'时，必须插入多个元组，即

（程序设计，赵武，程序设计基础）
（程序设计，赵武，C 语言程序设计）
（程序设计，赵武，面向对象程序设计）

③ 删除异常。当课程'通信原理'要去掉一本参考书'通信原理入门'时，必须删除多个元组，即

（通信原理，王东强，通信原理入门）
（通信原理，赵芳芳，通信原理入门）

分析上述关系模式发现，存在一种称为多值依赖（Multi-Valued Dependency，MVD）的数据依赖。

定义 4.15 设 $R(U)$ 是属性集 U 上的一个关系模式，X, Y, Z 是 U 的子集且 $Z = U - X - Y$。如果 R 的任一关系 r，对于给定的 (X, Z) 上的每对值，都存在一组 Y 值与之对应，且 Y 的这组值仅决定于 X 值而与 Z 的值不相关，则称 Y 多值依赖于 X 或 X 多值决定 Y，记为 $X \rightarrow\rightarrow Y$。

若 $X \rightarrow\rightarrow Y$，而 $Z = \varnothing$，则称 $X \rightarrow\rightarrow Y$ 为平凡的多值依赖，否则称 $X \rightarrow\rightarrow Y$ 为非平凡的多值依赖。

图 4-12 非规范关系表

课程 C	教师 T	参考书 R
程序设计	陈建设	程序设计基础
	杨晓明	C 语言程序设计
		面向对象程序设计
通信原理	王东强	通信原理
	赵芳芳	通信原理入门

图 4-13 规范后的关系表

课程 C	教师 T	参考书 R
程序设计	陈建设	程序设计基础
程序设计	陈建设	C 语言程序设计
程序设计	陈建设	面向对象程序设计
程序设计	杨晓明	程序设计基础
程序设计	杨晓明	C 语言程序设计
程序设计	杨晓明	面向对象程序设计
通信原理	王东强	通信原理
通信原理	王东强	通信原理入门
通信原理	赵芳芳	通信原理
通信原理	赵芳芳	通信原理入门

在上例的关系模式 CTR 中，对于给定的 (C, R) 的一对值"（程序设计，程序设计基础）"，对应的一组 T 值为 $\{$陈建设，杨晓明$\}$，这组值仅仅决定于 C 值。对于另一对值（程序设计，C 语言程序设计），对应的一组 T 值仍为 $\{$陈建设，杨晓明$\}$，尽管此时参考书 R 的值已经改变，所以 T 多值依赖于 C，记为 $C \rightarrow\rightarrow T$。

2．4NF

定义 4.16 设 $R(U) \in 1NF$，对于 R 的每个非平凡多值依赖 $X \rightarrow\rightarrow Y$ $(Y \not\subseteq X)$，X 都含有码，那么称 R 属于第四范式，记作 $R(U) \in 4NF$。

由定义可知：

① 4NF 要求每个非平凡的多值依赖 $X \rightarrow\rightarrow Y$ 中的 X 都含有码，则必然是 $X \rightarrow Y$，所以 4NF 允许的非平凡多值依赖实际上是函数依赖。

② 一个关系模式是 4NF，则必是 BCNF，而一个关系模式是 BCNF，不一定是 4NF，所以 4NF 是 BCNF 的推广。

例 4-14 的关系模式 CTR(C, T, R) 是 BCNF，分解后产生 $CTR_1(C, T)$ 和 $CTR_2(C, R)$，因为 $C \rightarrow\rightarrow T$、$C \rightarrow\rightarrow R$ 都是平凡的多值依赖，已不存在非平凡的非函数依赖的多值依赖，所以 $CTR_1 \in 4NF$，$CTR_2 \in 4NF$。

函数依赖和多值依赖是两种最重要的数据依赖。如果只考虑函数依赖，那么属于 BCNF 的关系模式规范化程度已达到最高；如果只考虑多值依赖，那么属于 4NF 的关系模式规范化程度已达到最高。在数据依赖中，除了函数依赖和多值依赖，还有其他数据依赖，如连接依赖。函数依赖是多值依赖的一种特殊情况，而多值依赖是连接依赖的一种特殊情况。如果消除了属于 4NF 的关系模式中存在的连接依赖，那么可以进一步达到 5NF 的关系模式，这里不再讨论。

4.4.6 模式分解的算法

对于模式分解：

❖ 若要求分解具有无损连接性，则模式分解一定可达到 4NF。

❖ 若要求分解保持函数依赖，则模式分解可以达到 3NF，但不一定能达到 BCNF。

❖ 若要求分解既要保持函数依赖，又要具有无损连接性，则模式分解可以达到 3NF，但不一定能达到 BCNF。

算法 4.3 检验转换为 3NF 的保持函数依赖的分解。

① 求出 $R(U)$ 中函数依赖集 F 的最小函数依赖集 F_{min}。

② 找出 F_{min} 中不出现的属性，把这样的属性构成一个关系模式。把这些属性从 U 中去掉，剩余的属性仍记为 U。

③ 若有 $X \rightarrow A$ 且 $XA = U$，则输出 $\rho - \{R\}$（即 R 也为 3NF，不用分解），算法终止。

④ 对 F_{min} 按具有相同左部的原则分组（假设分为 k 组），每组函数依赖 F_i 涉及的全部属性形成一个属性集 U_i，于是 $\rho = \{R_1, R_2, \cdots, R_k\}$ 构成 $R(U)$ 的一个保持函数依赖的分解，R_i 均属 3NF。

⑤ 若 ρ 中没有一个子模式含 R 的候选码 X，则令 $\rho = \rho \cup \{X\}$。

算法 4.4 转换为 3NF 既有无损连接性且保持函数依赖的分解。

① 根据算法 4.3 求出保持函数依赖的分解 $\rho = \{R_1, R_2, \cdots, R_k\}$。

② 选取 R 的主码 X，将主码与函数依赖相关的属性组成一个关系模式 R_{k+1}。

③ 若 $X \subseteq U_i$，则输出 ρ，否则输出 $\rho \cup \{R_{k+1}\}$。

算法 4.5 转换为 BCNF 的无损连接分解。

① 令 ρ 是 $R(U)$ 在函数依赖集 F 上的一个分解。

② 若 ρ 中的所有关系模式都是 BCNF，则算法终止，否则执行步骤③。

③ 若 ρ 中有一个关系模式 R_i 不是 BCNF，则输出 R_i 中必须 $X \rightarrow A$（A 不属于 X），且 X 不是 R_i 的码。设 $S_1 = XA$，$S_2 = U_i - A$，用分解 $\{S_1, S_2\}$ 代替 R_i，返回步骤②。

4.5 关系模式的规范化

目前，规范化理论已经提出了 6 类范式（有关 5NF 的内容本书不再详细介绍）。范式级别可以逐级升高，而升高规范化的过程是逐步消除关系模式中不合适的数据依赖的过程，使模型中的各关系模式达到某种程度的分离。一个低一级范式的关系模式通过模式分解转化为若干高级范式的关系模式的集合，这种分解过程称为关系模式的规范化（Normalization）。

1．关系模式规范化的目的和原则

一个关系只要其分量都是不可分的数据项，就可称为规范化的关系，但这只是最基本的规范化。规范化的目的是使结构合理，消除存储异常，使数据冗余尽量小，便于插入、删除和更新。

规范化的基本原则就是遵循"一事一地"原则，即一个关系只描述一个实体或者实体间的联系，若多于一个实体，就把它"分离"。所谓规范化，实质上是概念的单一化，即一个关系表示一个实体。

2．关系模式规范化的步骤

规范化就是对原关系进行投影，消除决定属性不是候选码的任何函数依赖，具体可以分为以下几步。

① 对 1NF 关系进行投影，消除原关系中非主属性对主码的部分函数依赖，将 1NF 关系转换成若干 2NF 关系。

② 对 2NF 关系进行投影，消除原关系中非主属性对主码的传递函数依赖，将 2NF 关系转换成若干 3NF 关系。

③ 对 3NF 关系进行投影，消除原关系中主属性对码的部分函数依赖和传递函数依赖，也就是说，使决定因素都包含一个候选码，得到一组 BCNF 关系。

④ 对 BCNF 关系进行投影，消除原关系中的非平凡且非函数依赖的多值依赖，得到一组 4NF 的关系。

一般，没有数据冗余、插入异常、更新异常和删除异常的数据库设计是好的数据库设计，一个不好的关系模式也总是可以通过规范化的基本步骤分解成好的关系模式的集合。但是在分解时要全面衡量，综合考虑，视实际情况而定。对于那些只要求查询而不要求插入、删除等操作的系统，不宜过度分解，否则当对系统进行整体查询时，需要更多的表连接操作，这有可能得不偿失。在实际应用中，最有价值的是 3NF 和 BCNF，在进行关系模式的设计时通常分解到 3NF 就足够了。

3．关系模式规范化的要求

关系模式的规范化过程是通过对关系模式的投影分解来实现的，但是投影分解方法不是唯一的，不同的投影分解会得到不同的结果。在这些分解方法中，只有能够保证分解后的关系模式与原关系模式等价的方法才是有意义的。

判断对关系模式的一个分解是否与原关系模式等价可以有三种标准。

❖ 分解要具有无损连接性。

❖ 分解要具有函数依赖保持性。

❖ 分解既要具有无损连接性，又要具有函数依赖保持性。

规范化理论提供了一套完整的模式分解方法，按照这套算法可以做到：如果要求分解既具有无损连接性又具有函数依赖保持性，那么分解一定能够达到 3NF，但不一定达到 BCNF。所以，在 3NF 的规范化中，既要检查分解是否具有无损连接性，又要检查分解是否具有函数依赖保持性。只有这两条都满足才能保证分解的正确性和有效性，才能既不会发生信息丢失，又保证关系中的数据满足完整性约束。

小　结

关系模式的数据冗余、插入异常、更新异常和删除异常问题引发了函数依赖的问题，其中包括完全函数依赖、部分函数依赖和传递函数依赖，这些概念是规范化理论的依据和规范化程度的准则。规范化就是对原关系进行投影，消除决定属性不是候选码的任何函数依赖。一个关系只要其分量都是不可分的数据项，就可称为规范化的关系。

在规范化过程中可逐渐消除存储异常，使数据冗余尽量小，便于插入、删除和更新。规范化的基本原则就是遵循概念单一化的"一事一地"原则，即一个关系只描述一个实体或者实体间的联系。

规范化的投影分解方法不是唯一的；对于 3NF 的规范化，分解既要具有无损连接性，又要具有函数依赖保持性。

习　题　4

一、选择题

1．设计性能较优的关系模式称为规范化。规范化的主要理论依据是（　　）。

A．关系规范化理论　　B．关系运算理论　　C．关系代数理论　　D．数理逻辑

2．规范化理论是关系数据库进行逻辑设计的理论依据。根据这个理论，关系数据库中的关系必须满足：其每个属性都是（　　）。

A．互不相关的　　　　B．不可分解的　　　C．长度可变的　　　D．互相关联的

3．关系数据库规范化是为解决关系数据库的（　　）问题而引入的。

A．插入、删除和数据冗余　　　　　　　B．提高查询速度

C．减少数据操作的复杂性　　　　　　　D．保证数据的安全性和完整性

4．规范化过程主要为了克服数据库逻辑结构中的插入异常、删除异常和（　　）的缺陷。

A．数据的不一致性　　　　　　　　　　B．结构不合理

C．冗余度大　　　　　　　　　　　　　D．数据丢失

5．当关系模式 $R(A,B)$ 已属于 3NF，下列说法中正确的是（　　）。

A．一定消除了插入和删除异常　　　　　B．仍存在一定的插入和删除异常

C．一定属于 BCNF　　　　　　　　　　D．A 和 C 都是

6．在关系数据库中，任何二元关系模式的最高范式必定是（　　）。

A．1NF　　　　　　B．2NF　　　　　　　C．1NF　　　　　　D．BCNF

7．在最小函数依赖集 F 中，下面叙述中不正确的是（　　）。

A．F 中的每个函数依赖的右部都是单属性　B．F 中的每个函数依赖的左部都是单属性

C．F 中的每个函数依赖的左部没有冗余的属性　D．F 中没有冗余的函数依赖

8．两个函数依赖集 F 和 G 等价的充分必要条件是（　　）。

A．$F=G$　　　B．$F^+=G$　　　　　C．$F=G^+$　　　　　D．$F^+=G^+$

9．设有关系模式 $R(X,Y,Z)$ 与它的函数依赖集 $F = \{X \rightarrow Y, Y \rightarrow Z\}$，则 F 的闭包 F^+ 中左部为 XY 的函数依赖有（　　）个。

A．32　　　　　　B．16　　　　　　　C．8　　　　　　　D．4

10．设有关系模式 $R(X,Y,Z,W)$ 与它的函数依赖集 $F = \{XY \rightarrow Z, W \rightarrow X\}$，则属性集 ZW 的闭包为（　　）。

A．ZW　　　　　　B．XZW　　　　　　C．YZW　　　　　　D．XYZW

二、填空题（概念解释）

11．超码的概念是指_____。

12．候选码的概念是指_____。

13．函数依赖的概念是指_____。

14. 非平凡函数依赖的概念是指_____。

15. 完全函数依赖的概念是指_____。

16. 部分函数依赖的概念是指_____。

17. 传递函数依赖的概念是指_____。

18. 无损分解的概念是指_____。

19. BCNF 的概念是指_____。

三、判断题（请在后面的括号中填写"对"或"错"）

20. 消除了非主属性对主码的部分函数依赖的关系模式，称为 3NF 模式。 （　　　）

21. 在关系模式中，任何二元关系模式的最高范式必定为 BCNF。 （　　　）

22. 在规范化过程中，可逐渐消除存储异常，完全消除数据冗余。 （　　　）

23. 一个无损连接分解不一定是保持函数依赖的，一个保持函数依赖的分解也不一定是无损连接的。 （　　　）

24. 当属性集 Y 是属性集 X 的子集（即 $Y \subseteq X$）时，则必然存在这函数依赖 $X \rightarrow Y$，这种类型的函数依赖称为非平凡的函数依赖。 （　　　）

25. 关系模式的操作异常问题往往是由数据冗余引起的。 （　　　）

26. 若关系模式 R 的主码只包含一个属性，则 R 至少属于第二范式。 （　　　）

27. 对关系模式进行规范化的主要目的是维护数据的一致性。 （　　　）

28. 在关系数据库的规范化理论中，在执行分解时必须遵守规范化原则：保持原有的依赖关系和无损连接性。 （　　　）

29. 关系模式的分解是唯一的。 （　　　）

四、简答题

30. 什么是函数依赖？简述完全函数依赖、部分函数依赖和传递函数依赖。

31. 什么是范式？什么是关系模式规范化？关系模式规范化的目的是什么？

32. 什么是函数依赖集 F 的闭包？

33. 什么是最小函数依赖集？简述求最小函数依赖集的步骤。

34. 给出 2NF、3NF 和 BCNF 的形式化定义，并说明它们之间的区别和联系。

35. 什么是关系模式分解？为什么要有关系模式分解？模式分解要遵守什么准则？

36. 简述关系模式规范化的过程。

37. 设关系模式 $R(U, F)$，其中 $U=\{A, B, C, D, E, G\}$，$F=\{AB \rightarrow C, BC \rightarrow D, BE \rightarrow C, CD \rightarrow B, CE \rightarrow AG, CG \rightarrow BD, C \rightarrow A, D \rightarrow EG\}$，求出 R 的所有候选码。

38. 设关系模式 $R(U, F)$，其中 $U=\{A, B, C, D, E, G\}$，$F=\{A \rightarrow C, C \rightarrow A, B \rightarrow AC, D \rightarrow AC\}$：

（1）求出 $(AD)+$，$B+$。

（2）求出 R 的所有候选码。

（3）求出 F 的最小函数依赖集。

（4）判断关系模式 R 属于第几范式，若没有达到 3NF，则将其分解至 3NF，并保持无损连接性和保持函数依赖性。

39. 设关系模式 $R(U, F)$，其中 $U=\{A, B, C, D, E, G\}$，$F=\{D \rightarrow G, E \rightarrow D, E \rightarrow A, BD \rightarrow C\}$，请把 R 分解为 BCNF，并且具有无损连接性。

40. 设关系模式 $R(U, F)$，其中 $U=\{A, B, C, D, E, G\}$，$F=\{B \rightarrow A, C \rightarrow B, D \rightarrow C\}$，将 R 分解为 $\rho=\{AB, BDE, CD\}$。判断 ρ 是否为无损连接性和保持函数依赖性。

第5章
数据库设计

DB

一般，数据库设计是指对于一个给定的应用环境，构造最优的数据库模式，建立数据库及其应用系统，使之能有效地存储数据，满足各种用户的应用需求。

数据库设计的目标是为用户和各种应用系统提供一个信息基础设施和高效的运行环境。如何建立一个高效适用的数据库应用系统是数据库应用领域研究的一个主要课题。在数据库应用初期，数据库往往是凭借设计者的经验、知识和水平设计的，因此设计出的应用系统性能的差别很大。在数据库应用技术发展过程中，数据库工作者经过大量探索和研究，提出了不少设计数据库的方法，如新奥尔良（New Orleans）法、规范化法和基于 E-R 模型的数据库设计方法等。

数据库设计与应用环境联系紧密，应用系统的信息结构复杂，加之数据库系统本身的复杂性，因此数据库设计具有自身的特点，逐渐形成了数据库设计方法学。

通过本章学习，读者可以对如何设计数据库会有初步的印象，学会提取系统的需求并根据需求分析完成数据库的结构设计，以及后期对数据库系统的运维。

5.1 数据库设计概述

5.1.1 数据库设计的任务、内容和特点

1. 数据库设计的任务

数据库设计是指根据用户需求研制数据库结构的过程，具体是指对于一个给定的应用环境（如学校需要存储学生信息、教师信息、课程信息、成绩等），在关系数据库理论的指导下，在数据库管理系统上建立数据库及其应用系统，实现数据的存取，满足用户对数据的需求。换言之，数据库设计就是把描述世界，有具体意义的数据，合理存储在能够实现系统目标的数据库中。数据库设计的任务如图 5-1 所示。

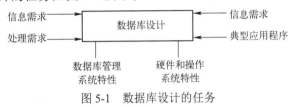

图 5-1　数据库设计的任务

2. 数据库设计的内容

一个数据库的设计主要包括两方面，即结构设计和行为设计，分别描述数据库的静态特性和动态性能。

（1）数据库的结构设计

结构特性的设计是指数据库的结构设计，设计结果能否得到一个合理的数据模型，这是数据库设计的关键。数据库的结构设计是指根据给定的应用环境、用户的数据需求，设计数据库的子模型或模式。结构特性的设计包括数据库的概念设计、逻辑设计和物理设计。数据库模式是各应用程序共享的结构，是静态的、稳定的，一经形成，通常是不容易改变的，所以又被称为静态模型设计，用来设计数据库框架或数据库结构。

结构设计应满足能正确反映现实世界，满足用户要求，减少和避免数据冗余，维护数据的完整性。

（2）数据库的行为设计

数据库的行为设计是指确定数据库用户的行为和动作，在数据库系统中，用户的行为和动作指用户对数据库的操作，根据处理需求，设计数据库查询、事务处理和报表处理等应用程序，所以数据库的行为设计就是应用程序的设计。数据库的内容总是随用户的行为发生变化，所以行为设计是动态的，行为设计又称为动态模型设计。

3. 数据库设计的特点

20 世纪 70 年代末 80 年代初，人们为了研究数据库设计方法学的便利，数据库设计致力于数据模型和数据库建模方法的研究，着重结构特性的设计而忽视了行为设计对结构设计的影响，主张将结构设计和行为设计两者分离，这种方法是不完善的。随着数据库设计方法学

的成熟和结构化分析、设计方法的普遍使用，人们主张将两者作一体化的考虑，即将数据库结构设计和行为设计密切结合完成整个设计过程。这样可以缩短数据库的设计周期，提高数据库的设计效率。

数据库设计具有反复性和试探性。反复性是指数据库设计不可能一气呵成，需要反复推敲和修改才能完成。数据库设计的结果经常不是唯一的，所以设计过程是一个试探的过程，常常为了达到某些方面的优化而降低其他方面的性能。

数据库设计具有分步性。数据库设计常常由不同的人员分阶段进行。首先从数据模型开始设计，以数据模型为核心进行展开，将数据库设计和应用系统设计相结合，建立一个完整、独立、共享、冗余小和安全有效的数据库系统。数据库设计的全过程如图 5-2 所示。

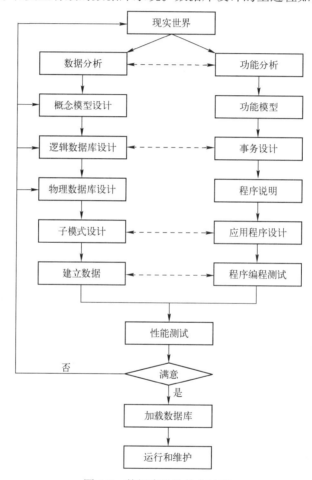

图 5-2　数据库设计的全过程

5.1.2　数据库设计方法简述

早期数据库设计，由于应用涉及面小，通常只是处理某方面的应用，如工资管理和人事档案管理等系统，需求比较简单，数据库结构并不复杂。设计人员在了解用户的信息要求、处理要求和数据量后，就可以经过分析和综合，建立起数据模型，然后结合数据库管理系统，将数据的逻辑

课程思政

结构、物理结构和系统性能一起考虑，直接编程，完成应用系统的设计。这种手工试凑法依赖于设计者的经验和技巧，缺乏科学理论和工程原则的支持，设计的质量很难保证，常常是数据库运行一段时间后又发现各种问题，然后重新进行修改，增加了系统维护的代价。因此，这种方法越来越不适应信息管理发展的需要。

为了改变这种情况，1978 年 10 月，来自 30 多个国家的数据库专家在美国新奥尔良（New Orleans）提出了新奥尔良法：运用软件工程的思想和方法，把数据库设计分为需求分析、概念结构设计、逻辑结构设计和物理结构设计 4 个阶段。新奥尔良法是目前公认的比较完整的数据库设计方法。常用的规范设计方法有如下几种。

1．基于 E-R 模型的数据库设计方法

P.P.S. Chen 在 1976 年提出了基于 E-R 模型的数据库设计方法：在需求分析的基础上设计数据库概念模式，反映现实世界实体及实体间的联系，然后转换成相应的某种具体的数据库管理系统支持的物理模式。

2．基于 3NF 的数据库设计方法

基于 3NF 的数据库设计方法是结构化设计方法，由 S-Atre 提出：在需求分析的基础上，确定数据库模式中的全部属性和属性间的依赖关系，并把它们放在一个关系中，根据属性之间的依赖关系，规范成若干 3NF 关系模式的集合。结构化设计方法是设计数据库时在逻辑阶段可采用的有效方法，具体步骤如下。

① 设计企业模式，利用规范化得到的 3NF 画出企业模式。

② 设计数据库的概念模式，把企业模式转换成与具体数据库管理系统独立的概念模式，并根据概念模式导出各应用的外模式。

③ 设计与具体数据库管理系统相关的物理模式（存储模式）。

④ 对物理模式进行评价。

⑤ 数据库实现。

3．面向对象设计方法

随着面向对象技术的成熟与发展，面向对象的思想也被引入数据库设计领域。对象定义语言（Object Description Language，ODL）设计方法是典型的面向对象的数据库设计方法，用面向对象的概念和术语来说明数据库结构。

4．计算机辅助设计方法

计算机技术的发展也推动了数据库设计技术的发展，使得数据库设计趋向自动化。计算机辅助设计法是指在数据库设计的某些过程中模拟某一规范化设计的方法，并以人的知识或经验为主导，通过人机交互方式实现设计中的某些部分。许多用于数据库设计的计算机辅助软件（Computer Aided Software Engineering，CASE）已经被普遍地应用到数据库的设计工作中，并取得了良好的效果，如 Oracle、Designer 2000、Sybase、PowerDesigner、Rational、Rational ROSE。

现代数据库设计方法是上述设计方法相互融合的产物。围绕软件工程的思想和方法，通常以 E-R 图设计为主体，辅以 3NF 设计和视图设计，实现模式的评价和模式的优化，从而吸收各种设计方法的优势。同时，为提高设计的协同效率和规范化程度，现代数据库设计过程

还会通过计算机辅助设计工具（如 PowerDesigner 等）获得规范的数据库设计结果。

5.1.3　数据库设计的步骤

按照结构化系统设计的方法，考虑数据库及其应用系统开发全过程，数据库设计可以分为 6 个阶段：系统需求分析，概念结构设计，逻辑结构设计，物理结构设计，数据库实施，数据库运行与维护等，如图 5-3 所示。

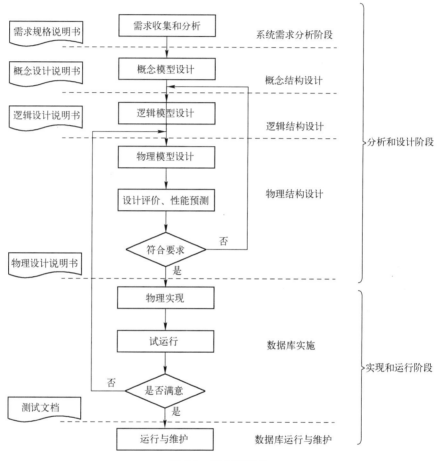

图 5-3　数据库设计

在数据库设计过程中，需求分析和概念结构设计可以独立于任何数据库管理系统进行，逻辑结构设计和物理结构设计与选用的数据库管理系统密切相关。设计一个完善的数据库系统往往是这 6 个阶段不断反复的过程。

1．系统需求分析阶段

进行数据库设计，首先必须准确了解与分析用户需求（包括数据与处理）。系统需求分析阶段是整个数据库设计的基石，也是最困难和最耗时的一步，要准确地了解和分析用户的需求，明确系统的目标和实现的功能。系统需求分析阶段决定了数据库的质量，如果需求分析做得不好，可能返工重做，浪费人力、物力、财力。

2．概念结构设计阶段

概念结构设计独立于具体的数据库管理系统，是整个数据库设计的关键，设计的概念数据模型需要能完整且合理地表达出用户的需求，简言之，就是设计数据库的 E-R 图。

3．逻辑结构设计阶段

逻辑结构设计是将概念结构设计得到的概念模型转换为某数据库管理系统支持的数据模型，并对其进行优化，就是将 E-R 图转换为多张表，进行逻辑设计，并应用数据库设计的范式进行审核。

4．物理结构设计阶段

物理结构设计是为逻辑数据模型选取一个最适合应用环境的物理结构，包括存储结构和存取方法。

5．数据库实施阶段

数据库实施阶段主要运用数据库管理系统提供的数据语言、工具和宿主语言，根据逻辑结构设计和物理结构设计的结果建立数据库，进行数据库编程，组织数据入库，并进行试运行。

6．数据库运行与维护阶段

数据库应用系统经过试运行后即可投入正式运行，在运行过程中必须不断地进行评价、调整和修改。在数据库运行与维护阶段，可能要对数据库结构进行修改或扩充。

设计一个完善的数据库应用系统往往是上述 6 个阶段的不断反复。数据库设计过程伴随着数据库应用软件的设计，在设计过程中需要把两者紧密结合，相互参照，相互补充，以完善两方面的设计。

表 5-1　数据库各设计阶段的描述

设计阶段	设计描述
系统需求分析	数据字典、全系统中数据项、数据结构、数据流、数据存储的描述
概念结构设计	概念模型（E-R 图），数据字典
逻辑结构设计	某种数据模型
物理结构设计	存储安排，存取方法选择，存取路径建立
数据库实施	创建数据库模式，装入数据，数据库试运行
数据库运行与维护	性能测试，转储/恢复、数据库重组和重构

5.1.4　数据库系统设计案例

本书基于实践与理论相结合的教学理念，采用前面章节涉及的教学管理业务作为案例，介绍数据库设计的具体操作流程。下面主要讨论教学管理中教师任课与学生选课的核心业务及其数据库设计。

为了读者能够掌握基本的数据库设计流程，本章中讨论的教师任课和学生选课业务仅讨论其核心的操作流程和基础数据。比如，任课操作只涉及教师基本信息，包括课程、教师、上课地点、学分等，更加复杂的教室安排、节次安排、多人任教同一门课、课程调整等诸多业务与信息均没有涉及；学生选课部分仅涉及学生基本信息、选课对应信息，其他退选、考核、学习方式等业务及信息均没有涉及。

本章从基本的教师授课和学生选课的业务出发,完成教学管理系统软件设计的需求分析、数据库的概念结构及逻辑结构设计,最终设计出合乎应用需求和规范化要求的数据库系统。

5.2 系统需求分析

在 5.1 节讨论数据库设计过程时,我们说明了需求分析的重要性,它是数据库设计的起点,为以后的具体设计做准备。需求分析阶段收集到的基础数据用一组数据流图和数据字典表达。需求分析的结果是否准确地反映了用户的实际要求,将直接影响到后面各阶段的设计,并影响到设计结果是否合理和实用。

5.2.1 需求分析的任务

需求分析的主要任务是通过详细调查要处理的对象,包括某组织、某部门、某企业的业务管理等,通过对原系统的了解,明确用户的各种需求,产生数据流图和数据字典,在此基础上确定新系统的功能。新系统必须充分考虑今后可能的扩充和改变,不能仅仅按当前应用需求设计数据库。

具体地说,需求分析阶段的任务包括下述三项。

1. 调查分析用户活动

这个过程通过对新系统运行目标的研究,对现行系统存在的主要问题和制约因素进行分析,明确用户总的需求目标,确定这个目标的功能域和数据域。具体做法如下。

① 调查组织机构情况:包括了解该组织的部门组成情况和各部门的职责,为分析信息流程做准备。

② 调查各部门的业务活动情况:包括了解各部门输入和使用什么数据,如何加工处理这些数据,输出什么数据,输出到什么部门。

2. 收集和分析需求数据,确定系统边界

在熟悉业务活动的基础上,协助用户明确对新系统的各种需求,包括用户的信息需求、处理需求、安全性和完整性的需求等,确定哪些功能由计算机完成或将来准备让计算机完成,哪些由人工完成。由计算机完成的功能就是新系统应该实现的功能。

① 信息需求是指数据库中要存储的数据,包括用户需要从数据库中直接获得或者间接导出的信息的内容与性质。由信息需求可以导出数据需求,即在数据库中需要存储哪些数据。

② 处理需求指用户要完成什么数据处理功能,包括对某种处理功能的响应时间、处理的方式(批处理或联机处理)等。

③ 安全性和完整性的需求指数据的保密措施和存取控制要求,数据自身的或数据间的约束限制。在定义信息需求和处理需求的同时必须确定相应的安全性和完整性约束。

新系统的功能必须能够满足用户的信息要求、处理要求、安全性和完整性要求。

3．编写需求分析说明书

完成系统调查后，需要归纳、分析、整理形成一份文档说明，即系统的需求分析说明书。需求分析说明书阐述数据库应用系统必须提供的功能、性能要求和运行的实际约束条件。为了得到高质量的需求说明书，需求分析工作往往会反复进行，并不断改进和完善。系统分析报告应包括如下内容。

① 系统概况，系统的目标、范围、背景、历史和现状。

② 系统的原理和技术，对原系统的改善。

③ 系统总体结构与子系统结构说明。

④ 系统功能说明。

⑤ 数据处理概要、工程体制和设计阶段划分。

⑥ 系统方案及技术、经济、功能和操作上的可行性。

完成系统的分析报告后，在项目单位的领导下，组织有关技术专家评审系统分析报告，确定文档不会遗漏重要内容，或存在重大错误的危险，这是对需求分析结果的再审查。审查通过后由项目方和开发方领导签字认可。

随系统分析报告提供下列附件：

① 系统的硬件、软件支持环境的选择及规格要求（所选择的数据库管理系统、操作系统、汉字平台、计算机型号及其网络环境等）。

② 组织机构图、组织之间联系图和各机构功能业务一览图。

③ 数据流程图、功能模块图和数据字典等图表。

如果用户同意系统分析报告和方案设计，在与用户进行详尽商讨的基础上，最后签订技术协议书。系统分析报告是设计者和用户一致确认的权威性文件，是今后各阶段设计和工作的依据。

5.2.2　需求分析的方法

进行需求分析首先是调查清楚用户的实际要求，与用户达成共识，然后分析与表达这些需求。

调查用户需求的具体步骤如下。

① 调查组织机构情况，包括：了解该组织的部门组成情况、各部门的职责等，为分析信息流程做准备。

② 调查各部门的业务活动情况，包括：了解各部门输入和使用什么数据，如何加工处理这些数据，输出什么信息，输出到什么部门，输出结果的格式是什么等。这是调查的重点。

③ 在熟悉业务活动的基础上，协助用户明确对新系统的各种要求，包括：信息要求、处理要求、安全性与完整性要求，这是调查的又一个重点。

④ 确定新系统的边界：对前面调查的结果进行初步分析，确定哪些功能由计算机完成或准备让计算机完成，哪些活动由人工完成。由计算机完成的功能就是新系统应该实现的功能。

在调查过程中，可以根据不同的问题和条件使用不同的调查方法。常用的调查方法如下。

① 跟班作业。亲自参与业务活动，了解业务处理的基本情况。这种方法能比较准确地了解用户的业务活动和处理模式，但是比较耗费时间。如果单位自主建设数据库系统，自行进

行数据库设计，或者在时间上允许使用较长的时间，可以采用跟班作业的调查方法。

② 开调查会。与有丰富业务经验的用户进行座谈。一般要求调查人员具有较好的业务背景，如原来设计过类似的系统，被调查人员有比较丰富的实际经验，双方能就具体问题有针对性地交流和讨论，了解业务活动情况及用户需求。

③ 询问。针对某些调查中的问题，仍有不清楚的地方，可以访问有经验的业务人员，询问其对业务的理解和处理方法。

④ 设计调查表请用户填写。将设计好的调查表发放给用户，供用户填写。调查表的设计要合理，发放要进行登记，并规定交表的时间，调查表的填写要有样板，以防用户填写的内容过于简单。同时要将相关数据的表格附在调查表中。如果调查表设计得合理，这种方法是很有效的。

⑤ 查阅记录及文件。查阅与原系统有关的数据记录，及时了解掌握与用户业务相关的政策和业务规范等文件。

⑥ 使用旧系统。如果用户已经使用计算机系统协助业务处理，可以通过使用旧系统，掌握已有的需求、了解用户变化和新增的需求。

做需求调查时往往需要同时采用上述多种方法，主要目的是全面、准确地收集用户的需求。但无论使用何种调查方法，都必须有用户的积极参与和配合。在调查过程中，应与用户建立良好的沟通，给用户讲解一些计算机的实现方式、原理、术语，减少设计人员和用户之间交流障碍；让用户明白设计人员的设计思想，并使用户具备一定的发现设计是否符合自己要求的能力。

通过需求调查，调查了解用户需求后，还需要进一步分析并表达用户的需求。用户需求分析的方法很多，可以采用结构化分析方法、面向对象分析方法等。在众多分析方法中，结构化分析（Structured Analysis，SA）方法是一种简单实用的方法。结构化分析方法是面向过程的分析方法，把分析对象抽象成一个系统，然后用"自顶向下、逐层分解"的方法进行需求分析，从最上层的组织结构入手，逐步分解；采用数据流图为主要工具，描述系统组成及各部分之间的关系。

1. 数据流图

数据流图（Data Flow Diagram，DFD）是一种图形化技术，描绘信息和数据从输入到输出的数据流动的过程，反映的是加工处理的对象。数据流图要表述出数据来源、数据处理、数据输出和数据存储，反映了数据和处理的关系。数据流图的基本形式如图 5-4 所示。

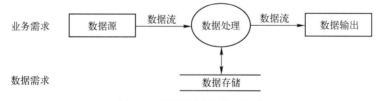

图 5-4　数据流图的基本形式

数据流图由数据流、数据存储、加工处理、数据的源点和终点组成。在数据流图中，有向线段表示数据流，其中箭头表示数据流向，箭头上标明数据流的名称；数据流由数据项组成，包括输入数据和输出数据；圆圈在其内标明加工处理的名称表示过程加工处理；方块表示数据来源和去向，代表系统的边界；双线表示需要数据存储，用来保存数据流，可以是暂时的，也可以是永久的，用双画线表示，并标明数据存储的名称。数据流可以从数据存储流入或流出，可以不标明数据流名。每个圆圈都可以进一步细化为下一层数据流图，直到圆圈能表示基本的处理过程为止。

2．数据字典

数据字典（Data Dictionary）是结构化分析方法的另一个工具，用来对数据流程图中的各元素做出详细的说明，是关于数据库中数据的描述，是元数据，而不是数据本身。数据字典使数据流图中的数据、处理过程和数据存储得到详尽的描述。

数据字典的内容可以分成四部分：数据存储、数据流、数据项和处理过程。

① 数据存储是指在处理过程中需要存取的数据。数据存储描述={数据存储名，数据描述，数据别名，输入的数据流，输出的数据流，组成数据存储的所有数据项名，数据量，存取频率，存取方式}。数据存储是数据流中数据存储的地方，也是数据流的来源和去向之一。对于关系数据库系统来说，数据存储一般是指一个数据库文件或一个表文件。

② 数据流是处理过程的输入数据流和输出数据流，要说明数据流由哪些数据项组成，数据流的来源、走向及流量，如一个小时、一天或一个月的数据处理量。

③ 数据项说明的内容包括数据项的名称、类型、长度和取值范围。数据项描述={数据项的名称，数据项含义，别名，数据类型，数据长度，取值范围，说明，与其他数据项之间关系等}。数据项是不可再分的数据单位。在关系数据库中，数据项对应表中的一个字段。

（4）处理过程用来描述处理的逻辑功能，要说明输入、输出的数据和处理的逻辑。

如工厂生产计划制定的处理过程大致为：按订货合同中各产品的需要量及各产品现有的库存量计算生产数量。

数据字典的建立是一项细致而复杂的工作，一般应采用计算机进行自动管理。需求分析阶段建立的数据字典在以后的设计阶段将得到不断修改和补充，它是建立数据库应用系统的基础。

对用户需求进行分析与表达后，需求分析报告必须提交给用户，征得用户的认可。

5.2.3　需求分析应用案例

按照 5.2.2 节讨论的教务管理业务需求，设计符合业务需求的数据流图及数据字典。

1．业务数据流图

通过分析教务管理中任课与选课的具体操作及涉及相关数据，使用数据流图各元素，绘制数据流图。

教师任课的业务流程为：教务人员通过大纲要求课程信息及教师基本信息，将某课程安排给某位可以教授该门课程的教师，并形成任课记录。其对应数据流图如图 5-5 所示。

学生选课的业务流程为：学生在选课过程中，通过教学计划安排和年级等情况选取合适的课程，选取成功后将选课记录存入选课信息，选课完成后，教师将通过考试，给出选课的学生的成绩，并将成绩存入课程分数。其对应数据流图如图 5-6 所示。

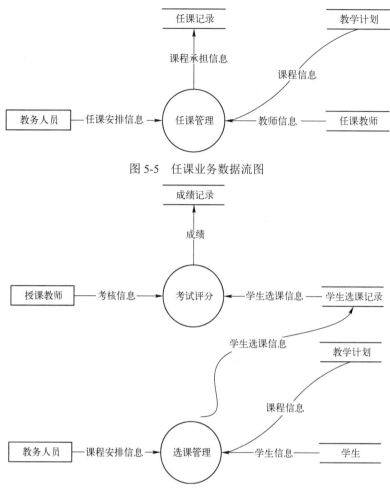

图 5-5　任课业务数据流图

图 5-6　选课业务数据流图

通过数据流图的设计，基本理清了教师任课及学生选课的基本业务需求，通过数据流图分析，可以得到该本科教学管理系统包含的数据有教师信息、课程信息、学生信息、任课记录信息、学生选课信息、课程分数信息等。

2.数据字典

根据数据流图分析，可以将需求分析得到的数据结构的数据项进行定义，如表 5-2 和表 5-3 所示。其他数据项可类似定义列出。

表 5-2　数据结构定义

编号	数据结构名称	数据项构成	备　注
1	教师信息	工号，姓名，性别，职称，系别，教授课程等	分析后，系别可单独定义
2	课程信息	课程号，课程名称，教授教师等	
3	学生信息	学号，姓名，性别，出生年月，系别等	
4	任课记录信息	课程名（号），教师姓名（工号）	
5	学生选课信息	课程名（号），学生姓名（学号）	
6	课程分数信息	学生名称（学号），课程名（号），分数	
7	系信息	系编号，系名称	

表 5-3　数据项定义示例

编号	数据项名称	数据项说明	备　注
1	工号	字符串类型，固定长度 6 位，有唯一性	
2	学号	字符串类型，固定长度 11 位，有唯一性	
3	姓名	字符串类型，可变长度 18 字节	
4	出生年月	日期类型	
5	性别	字符串类型，固定长度 3 字节，默认值'男'	

5.3　概念结构设计

概念结构设计是将现实世界的用户需求转化为概念模型。概念模型不同于需求分析说明书中的业务模型，也不同于机器世界的数据模型，是现实世界到机器世界的中间层，是数据模型的基础。

5.3.1　概念结构设计的必要性

概念设计的目标是生成能够准确反映用户组织和使用信息需求的抽象信息结构，即概念模式。概念模式独立于数据库逻辑结构，也独立于支持数据库的数据库管理系统，不依赖于具体的计算机实现系统。概念模式是从现实世界到计算机的一个过渡，起着承上启下的作用。设计人员把客观世界的具体需求通过提炼和抽象，转换为信息世界的概念模式，再将概念模式转换为数字化的数据模型。

早期采用直观方法的数据库设计过程中，并没有明确的概念设计阶段。在完成用户需求分析后，设计人员直接完成对系统的逻辑设计。由于在这种情况下，设计要考虑到很多方面的影响因素，使得设计过程非常复杂，也易于产生很多的疏漏，设计的数据库系统存在很多问题。因此，有必要为数据库设计过程增加一个独立的概念设计阶段。在这个阶段，设计人员仅从用户角度看待数据及处理要求和约束，产生一个反映用户观点的概念模型，再把概念模型转换成逻辑模型。

概念模型的引入可带来以下好处：

① 概念模式与逻辑设计分离，可使设计人员更专注于对系统数据信息本身的表示和分析，也使各设计阶段的划分更加明确和清晰，各阶段的目标任务相对单一化，有效降低系统设计的复杂性。

② 抽象的概念模型避免了考虑系统具体的实现细节，不受特定数据库管理系统的限制。模型因此具有更大的伸缩性和更高的稳定性。

③ 概念模式是以信息抽象方式对用户需求进行重新表达，由于不涉及技术实现层面的内容，因而也易于被用户接受和确认。

设计概念模型的过程称为概念设计。概念模型在数据库的各级模型的地位如图 5-7 所示。

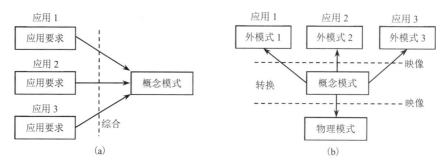

图 5-7　数据库各级模型的形成

5.3.2　概念模型的特点及表示

在需求分析阶段所得到的应用需求应该首先抽象为信息世界的结构，然后才能更好、更准确地用某数据库管理系统实现这些需求。

概念模型的主要特点如下。

① 能真实、充分地反映现实世界，包括事物和事物之间的联系，能满足用户对数据的处理要求，是现实世界的一个真实模型。

② 表达直观，易于理解和交流，通过概念模型与不熟悉计算机的用户交换意见。数据库设计成功的关键是用户的积极参与。

③ 易于更改，当应用环境和应用要求改变时容易对概念模型修改和扩充。

④ 易于向关系、网状、层次等各种数据模型转换。

概念模型是各种数据模型的共同基础，比数据模型更独立于机器、更抽象，从而更加稳定。描述概念模型的有力工具是 E-R 模型。

E-R（Entity Relationship Model，实体－联系）模型由 P.P.S. Chen 于 1976 年提出，是广泛应用于数据库设计工作中的一种概念模型，利用 E-R 图来表示实体及其之间的联系。

E-R 图的基本成分包含实体型、属性和联系，表示方式如下。

❖ 实体型：用矩形框表示，框内标注实体名称。

❖ 属性：用椭圆形框表示，框内标注属性名称，并用无向边将其与相应的实体相连。

❖ 联系：联系用菱形框表示，框内标注联系名称，并用无向边与有关实体相连，同时在无向边旁标上联系的类型，即 1:1、1:m 或 m:n，如图 5-8 所示。

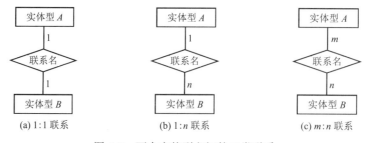

图 5-8　两个实体型之间的三类联系

两个以上的实体型之间也存在着一对一、一对多和多对多联系。例如，有三个实体型：工程、零件、供货商，每个工程可以使用多个供货商供应的零件，每种零件可由不同供货商供给，每个供货商可以为多个工程供应多款零件。由此看出，供应商、工程、零件三者之间是多对多的联系，如图 5-9 所示。

又如，对于教师、课程、参考书，每名教师可讲授一门课程，一门课程由若干教师讲授，使用若干本参考书，同时每本参考书只能提供给一门课程使用，则教师与课程、参考书之间的联系是一对多的，如图 5-10 所示。

同一个实体集内的各实体之间也可以存在一对一、一对多和多对多的联系。例如，即某职工（干部）"领导"若干名职工，而一个职工仅被另一个职工直接领导，职工实体型内部具有领导与被领导的联系，因此这是单个实体型内的联系，如图 5-11 所示。

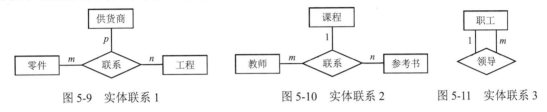

图 5-9　实体联系 1　　　　图 5-10　实体联系 2　　　　图 5-11　实体联系 3

5.3.3　概念结构设计的方法与步骤

1. 概念结构设计的方法

设计概念结构的 E-R 模型可采用以下 4 种方法。

① 自底向上。依据子需求定义局部应用的概念结构 E-R 模型，再将概念模式集成得到全局概念结构 E-R 模型，如图 5-12 所示。

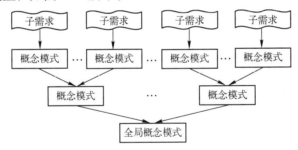

图 5-12　概念结构设计：自底向上

② 自顶向下。依据总体需求，定义全局概念结构 E-R 模型的框架，再逐步细化，如图 5-13 所示。

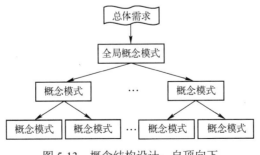

图 5-13　概念结构设计：自顶向下

③ 逐步扩张。先定义最重要的核心概念结构 E-R 模型，再向外扩充逐步生成其他概念结构 E-R 模型，如图 5-14 所示。

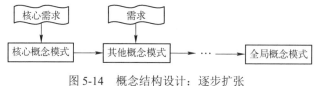

图 5-14　概念结构设计：逐步扩张

④ 混合策略。自底向上与自顶向下方法相结合，先自顶向下设计一个全局概念的框架，再自底向上设计出各局部概念结构，并把它们最终集成起来。

2. 概念结构设计的步骤

概念结构设计最常用的方法是自底向上方法，即自顶向下进行需求分析，再自底向上进行概念结构设计。这里只介绍自底向上概念结构设计方法。自底向上概念结构设计方法可分为以下两步：第一步是对数据进行抽象并设计局部概念模型；第二步是集成各局部 E-R 模型，得到全局概念模型，如图 5-15 所示。

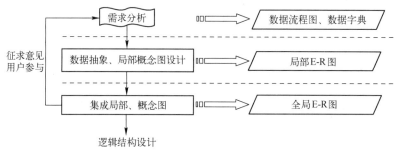

图 5-15　自底向上概念结构设计方法的步骤

3. 数据抽象与局部 E-R 模型设计

设计数据库概念结构的最著名、最常用的方法是 E-R 方法。采用 E-R 方法的概念结构设计可首先确定局部应用的范围、定义实体、属性及实体间的联系等来设计局部 E-R 图，再将所有的局部 E-R 图集成为一个全局 E-R 图，最后对全局 E-R 图进行优化。

（1）数据抽象与局部 E-R 图设计

概念结构是对现实世界的一种抽象。通过对现实世界的人、物、事和概念进行人为处理，抽取本质的共同特性并用各种概念准确地加以描述，由此组成了某种模型。概念结构设计是先根据需求分析得到的结果对现实世界进行抽象，再设计各局部 E-R 模型。

① 数据抽象。数据抽象是将需求分析阶段收集到的数据进行分类、组织，从而形成信息世界的实体、属性、实体间的联系。建立局部 E-R 图，就是根据系统的具体情况从系统需求分析阶段得到的多层数据流图中选择一个适当层次的数据流图，作为 E-R 图设计的出发点，让 E-R 图中的每部分对应一个局部应用。人们往往以中层数据流图作为设计分 E-R 图的依据。在选好的某层次的数据流图中，每个局部应用都对应了一组数据流图，而其涉及的数据信息都存储在数据字典中。现在要将这些数据从数据字典中抽取出来，参照数据流图，确定每个局部应用包含的实体、实体包含的属性、实体之间的联系和联系的类型。

设计局部 E-R 图的关键就是对现实世界中的事物进行数据抽象来定义实体和属性，从而正确地划分实体和属性。

② 局部 E-R 图设计。经过数据抽象后得到了实体和属性，实体和属性是相对而言的，需要根据实际情况进行调整。对关系数据库而言，其基本原则是：实体具有描述信息，而属性没有，即属性是不可再分的数据项，不能包含其他属性。例如，教师实体有工号、姓名、性别、出生日期、职称、院系等属性，如不需对院系再进行更详细的分析，则"系别"作为教师实体的一个属性存在就够了，但如果还需要对"系别"进行进一步的分析，如需要记录或分析系编号、系名称、系主任、联系电话等，那么"系别"需要升级为实体，如图 5-16 所示。

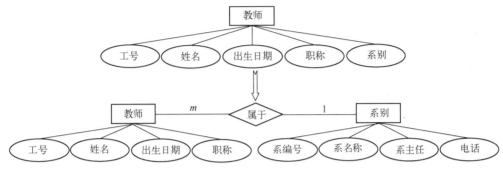

图 5-16 "系别"作为一个属性或实体的 E-R 图

下面举例说明局部 E-R 图的设计。设在一个简单的学校教务管理系统中，有如下简化的语义描述。

① 每名学生只属于一个院系，一个院系可以有多名学生；每名教师只属于一个院系，一个院系可以有多名教师。每名学生可选修多门课程，每门课程可被多名学生选修。每门课程可以由多位教师教授，每位教师可以教授多门课程。每个学生每门课程学完后会考试，并需记录考试成绩。

② 对每名学生需要记录学号、姓名、性别、出生日期和系别；教师需要记录工号、姓名、性别、职称、工资、出生日期和系别；授课课程需要记录课程号、课程名和先修课；选修课程需记录课程号、课程名和学分；授课关系需要记录课程号、教师号；课程成绩需要记录学号、课程号和成绩。

根据上述描述可知，学生和课程之间是多对多联系，课程和教师之间也是多对多联系。

教师和授课课程的局部 E-R 图如图 5-17 所示。学生和选修课程的局部 E-R 图如图 5-18 所示。

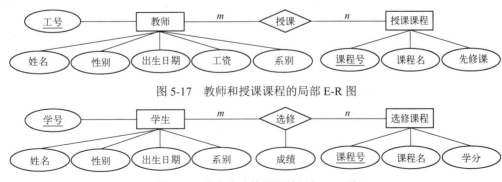

图 5-17 教师和授课课程的局部 E-R 图

图 5-18 学生和选修课程的局部 E-R 图

3. 全局 E-R 模型设计

局部 E-R 模型设计完成后，需要把局部 E-R 图集成为全局 E-R 图，可每次集成少量几个 E-R 图，用逐步集成、进行累加的方式，也可采用将所有 E-R 图一次集成在一起的方式。

各局部应用所面向的问题不同，各子系统的 E-R 图之间必定存在许多不一致的地方，称为冲突。解决冲突是合并 E-R 图的主要工作和关键所在。

各局部 E-R 图之间的冲突主要有属性冲突、命名冲突和结构冲突三类。

（1）属性冲突

属性冲突包括以下几种情况。

❖ 属性域冲突：即属性的类型、取值范围或取值集合不同。例如，对于零件号，有的部门把它定义为整数，有的部门把它定义为字符型；对于年龄，有的部门以出生日期记录职工的年龄，而有的部门用整数表示职工的年龄。

❖ 属性取值单位冲突。例如，对于零件的质量，有的以克为单位，有的以千克为单位，有的以斤为单位。

（2）命名冲突

命名冲突包括同名异义和异名同义，即不同意义的对象在不同的局部应用中具有相同的名字，或者同一意义的对象在不同的局部应用中具有不同的名字。例如，对于"科研项目"，在财务部被称为"项目"，在科研处被称为"课题"，在生产管理处被称为"工程"。命名冲突可能发生在实体、联系一级上，也可能发生在属性一级上。

属性冲突和命名冲突通常可以通过讨论、协商等方法解决。

（3）结构冲突

结构冲突有以下几种情况。

❖ 同一数据项在不同应用中有不同的抽象，有的地方作为属性，有的地方作为实体。例如，"系别"可能在某局部应用中作为实体，而在另一局部应用中作为属性。解决这种冲突必须根据实际情况而定，是把属性转换为实体，还是把实体转换为属性，基本原则是保持数据项一致。为了简化 E-R 图，一般情况下，能作为属性的应尽可能作为属性对待。

❖ 同一实体在不同的局部 E-R 图中包含的属性个数和属性排列次序不完全相同。这类冲突较常见，解决方法是使该实体的属性为各局部 E-R 图中属性的并集，再适当调整属性的次序。

❖ 实体间的联系在不同应用中的呈现不同。例如，E1 和 E2 两个实体在某局部 E-R 图可能是一对多联系，而在另一个局部 E-R 图中是多对多联系。解决这种冲突应该根据应用的语义对实体间的联系进行综合调整。

5.3.4 概念结构设计案例

以前面的学校教务管理系统为例，将学生和选修课程、教师和授课课程两个局部 E-R 图合并为一个全局 E-R 图，进行合并操作时，发现这两个局部 E-R 图中都有"课程"实体，但在两个局部 E-R 图中的名称不一，即存在命名冲突，所包含的属性不完全相同，即存在结构冲突。消除该冲突的方法是：合并后，统一为"课程"实体名，两个局部 E-R 图中的"课程"

实体属性并集，如图 5-19 所示。

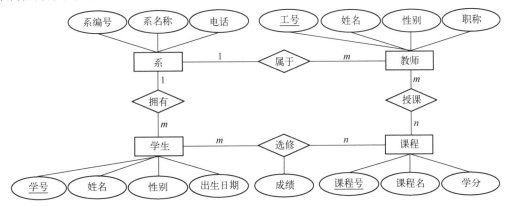

图 5-19　合并后的全局 E-R 图

　　一个好的全局 E-R 图除了能反映用户功能需求，还应满足实体个数尽可能少、实体包含的属性尽可能少、实体间联系无冗余这些条件。要使实体个数尽可能少，可以进行相关实体的合并，一般是把具有相同主键的实体进行合并。另外，可以考虑将 1∶1 联系的两个实体合并为一个实体，同时消除冗余属性和冗余联系。但是应该根据具体情况，有时适当的冗余可以提高数据查询效率。

5.4　逻辑结构设计

　　数据库的逻辑结构设计的任务是把在概念设计阶段设计好的概念模型转换为符合逻辑结构的具体数据库管理系统所支持的数据模型的过程。
　　不同的数据库管理系统它们的能力和限制不同，应按概念模型结构及用户对数据的处理需求选择合适的数据库管理系统。

5.4.1　逻辑结构设计的任务和步骤

　　数据库逻辑设计的任务是将概念结构转换成特定数据库管理系统所支持的数据模型的过程。即把概念结构设计阶段设计好的基本 E-R 图转换为与选用数据库管理系统产品所支持的数据模型相符合的逻辑结构。
　　目前，数据库管理系统产品一般支持关系、网状、层次三种模型中的一种。对某系统又有许多不同的限制，提供不同的环境与工具，所以在向某种特定数据模型转换时，需要考虑具体的数据库管理系统的性能、具体的数据模型特点。下面仅讨论从概念模型向关系模型如何进行转换。
　　逻辑结构设计主要分三步（如图 5-20 所示）：初构关系模式设计，关系模式规范化，模式的评价与改进。

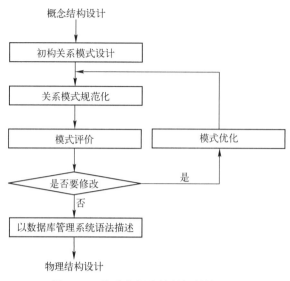

图 5-20 关系数据库的逻辑结构设计

5.4.2 初构关系模式设计

E-R 模型向关系模型的转换要解决如何将实体及实体间的联系转换为关系模式，如何确定这些关系模式的属性和主码。实体、实体的属性及实体之间的联系是 E-R 图的基本组成要素。关系模型的逻辑结构则是一组关系模式的集合。所以，E-R 模式向关系模式的转换最主要的工作是确定如何将 E-R 中的 3 个基本要素转换为关系模式集合的表示，这种转换可遵循以下转换规则。

① 一个实体转换为一个关系模式，实体的属性就是关系的属性，实体的标识符就是关系的码。

② 每个联系转换为一个关系模式，与该联系相连的各实体的主码以及联系的属性均转换为该关系的属性。实体间的联系有以下几种情况。

❖ 1:1 联系。与该联系相连的各实体的码及联系本身的属性是关系是属性，每个实体的码均是该关系的候选码，如图 5-21 所示。

图 5-21 1:1 联系的转换

❖ 1:n 联系。与 n 端对应的关系模式合并，并在该关系模式中加入 1 端实体的标识属性及联系本身的属性，n 端实体的码是关系的主码，如图 5-22 所示。

❖ m:n 联系。各实体的主码的组合是关系的主码。

E-R 模式向关系模式转换的做法如下。

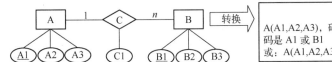

图 5-22 1：n 联系的转换

① 把每个实体转换为一个关系。首先分析各实体的属性，从中确定其主码，然后分别用关系模式表示。实体的属性就是该关系模式的属性，实体的主码就是该关系模式的主码。

② 把每个联系转换为关系模式。由联系转换得到的关系模式中包含联系本身的属性和联系的关系的主码，其关系的主码确定与联系的类型有关。转换后的关系模式中，关系的属性包括与该联系相连的各实体的主码及联系本身的属性，关系的主码为两个实体的主码的组合。

③ 特殊情况的处理。三个或三个以上实体间的联系在转换为关系模式时，与该多元联系相连的各实体的码及联系本身的属性均转换成为关系的属性，各实体的码的组合作为关系的码或一部分，如图 5-23 所示。

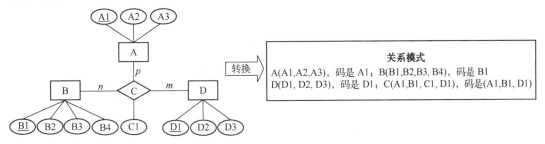

图 5-23   三个及三个以上实体间的联系转换为关系模式

5.4.3 关系模式规范化

逻辑结构设计的结果并不是唯一的，为了进一步提高数据库应用系统的性能，还应该应用规范化理论对逻辑数据模型进行适当的修改和调整，改善完整性、一致性和存储效率，以减少乃至消除关系模式中存在的各种异常。规范化理论是数据库逻辑设计的指南和工具，规范化过程分为确定范式级别和实施规范化处理两个步骤。

1. 确定范式级别

通过分析关系模式的函数依赖关系确定范式等级。逐一分析各关系模式主码和非主属性之间是否存在部分函数依赖、传递函数依赖等，确定各关系模式分别属于第几范式。

2. 实施规范化处理

以关系规范化理论为指导，逐一分析各关系模式，按照需求分析阶段得到的处理要求，分析对于这样的应用环境这些模式是否合适，确定是否要对某些模式进行合并或分解。实际上，数据库规范化理论可用于整个数据库开发生命周期中。在需求分析阶段、概念结构设计阶段和逻辑结构设计阶段，数据库规范化理论的应用如下：

① 在需求分析阶段，根据需求分析得出的语义，用函数依赖的概念分析写出每个关系模式的各属性之间的数据依赖，以及不同关系模式中各属性之间的数据依赖关系。

② 在概念结构设计阶段，以规范化理论为指导，确定关系的主码，对各关系模式之间的

数据依赖进行极小化处理，消除冗余的联系。

③ 在逻辑结构设计阶段，从 E-R 图向数据模型转换过程中判断每个关系模式的范式，用模式合并和分解方法确定该数据库规范化级别（至少达到 3NF）。

④ 根据需求分析阶段得到的处理要求，分析这些模式对于应用环境是否合适，确定是否要对某些模式进行分解或合并。

5.4.4　模式评价和优化

1．模式评价

模式评价的目的是检查所设计的数据库模式是否满足用户的功能要求、效率要求，从而确定加以改进的部分。模式评价包括功能评价和性能评价。

（1）功能评价。

功能评价指对照需求分析的结果，检查规范化后的关系模式集合是否支持用户所有的应用要求。关系模式必须包括用户可能访问的所有属性。在涉及多个关系模式的应用中，应确保连接后不丢失信息。如果发现有的应用不被支持，或不完全被支持，就应进行关系模式的改进。发生这种问题的原因可能是在逻辑结构设计阶段，也可能是在系统需求分析或概念结构设计阶段。是哪个阶段的问题就返回到哪个阶段去改进，因此有可能对前两个阶段再进行评审，解决存在的问题。

在功能评价的过程中，可能发现冗余的关系模式或属性，这时应对它们加以区分，搞清楚它们是为未来发展预留的，还是由某种错误造成的，如名字混淆。如果是由错误造成的，进行改正即可；如果这种冗余来源于前两个设计阶段，就要返回改进，并重新进行评审。

（2）性能评价。

对于目前得到的数据库模式，由于缺乏物理结构设计所提供的数量测量标准和相应的评价手段，因此性能评价是比较困难的，只能对实际性能进行估计，包括逻辑记录的存取数、传送量、物理结构设计算法的模型等。同时，可根据模式改进中关系模式合并的方法，提高关系模式的性能。

2．模式优化

根据模式评价的结果，对已生成的模式进行改进。如果因为系统需求分析、概念结构设计的疏漏导致某些应用不能得到支持，就应该增加新的关系模式或属性。如果因为性能考虑而要求改进，就可采用合并或分解的方法。

（1）合并。

如果有若干关系模式具有相同的主码，并且对这些关系模式的处理主要是查询操作，经常是多关系的连接查询，那么可对这些关系模式按照组合使用频率进行合并。这样便可以减少连接操作而提高查询效率。

（2）分解。

对关系模式进行必要的分解，以提高数据的操作效率和存储空间的利用率，常用的分解方法是水平分解和垂直分解。

水平分解是以时间、空间、类型等范畴属性取值为条件，把关系的元组分解为若干子集合，将每个子集合分别定义为一个子关系。经常进行大量数据的分类条件查询的关系可进行水平分解，这样可以减少应用系统每次查询需要访问的记录数，从而提高查询性能。

例如，学生信息系统中的"学生表"可以分解为"在读学生表"和"毕业学生表"。"在读学生表"存放目前在校学习的学生数据，"毕业学生表"中存放已毕业的学生数据。因为经常需要了解在校学生的信息，而对已毕业学生的信息关心较少。因此，历年学生的信息可以分别存放在两张表中，以提高对在校学生的处理速度。当学生毕业时，这些学生从"在读学生表"中删除，同时插入"毕业学生表"。

垂直分解是以非主属性所描述的数据特征为条件，描述一类相同特征的属性划分在一个子表中。使操作同表数据时属性范围相对缩小，便于管理。

例如，假设"学生"关系模式的结构为：

学生(学号，姓名，性别，年龄，所在系，专业，联系电话，父亲姓名，父亲工作单位，母亲姓名，母亲工作单位，家庭联系电话，家庭住址，邮政编码)

经常查询的仅是前 7 项，可将这个关系模式垂直分解为以下两个关系模式：

学生基本信息(学号，姓名，性别，年龄，所在系，专业，联系电话)
学生家庭信息(学号，父亲姓名，父亲工作单位，母亲姓名，母亲工作单位，家庭联系电话，家庭住址，邮政编码)

这样，便减少了查询的数据传递量，提高了查询速度。

垂直分解的原则是，经常在一起使用的属性从关系中分解出来形成一个子关系模式。垂直分解的优点是可以提高某些事务的效率，缺点是可能使另一些事务不得不执行连接操作，从而降低了效率。因此，是否进行垂直分解取决于分解后关系上的所有事务的总效率是否得到了提高。

规范化理论为判断关系模式的优劣提供了理论标准，可用来预测关系模式可能出现的问题，使数据库设计的理论基础。

5.4.5　逻辑结构设计案例

根据 5.3.4 节得到的全局 E-R 图，可以得到初始关系模式，通过规范化处理，最后对模式进行评价和优化。

1．构建初始关系模式

根据 5.4.3 节的转换规则，将图 5-19 所示的全局 E-R 图转化为 4 个实体和 4 个联系，分别转化成关系模式。

4 个实体的关系模式如下：

学生(学号，姓名，性别，出生日期)
课程(课程号，课程名)
教师(工号，姓名，性别，职称)
系(系编号，系名)

其中，加下画线的属性为主码。

4 个联系的关系模式如下：

属于(工号，系编号)
讲授(工号，课程号)

选修(<u>学号</u>, <u>课程号</u>, 分数)
拥有(<u>系编号</u>, <u>学号</u>)

2. 关系模式规范化

由于上述转换基于的是全局 E-R 模型, 因此上述转换得到的模式满足 3NF。在实际生产环境下, 3NF 和 BCNF 的数据库设计已经满足大部分数据库系统的设计要求, 基本不需要进一步规范化。

3. 关系模式的评价及改进

通过分析了解, 关系模式"属于"与教师具有相同的主码, 改进后可将"属于"关系模式并入"教师"关系模式; 同样, 关系模式"拥有"也可以并入"学生"关系模式。

最后, 改进后的关系模式如下:

学生(<u>学号</u>, 姓名, 性别, 出生日期, 系编号)
课程(<u>课程号</u>, 课程名)
教师(<u>工号</u>, 姓名, 性别, 职称, 系编号)
系(<u>系编号</u>, 系名)
授课(<u>工号</u>, <u>课程号</u>)
选修(<u>学号</u>, <u>课程号</u>, 分数)

根据应用需求, 上述改进可以满足数据库设计要求, 若有其他实际业务需求, 可根据实际情况, 进一步改进上述关系模式。

5.5 物理结构设计

数据库最终要存储在物理设备上。数据库的物理结构设计是对已经确定的数据库逻辑结构, 利用数据库管理系统提供的方法、技术, 以较优的存储结构、数据存取路径、合理的数据存储位置以及存储分配, 设计出一个占有较少的存储空间、对数据库的操作处理速度高且可实现的物理数据库结构。数据库物理设计的目标是在限定应用环境和软/硬件下建立具有较高性能的物理数据库。

物理结构设计阶段是以逻辑设计的结果作为输入, 结合具体数据库管理系统的特点与存储设备特性进行设计, 选定数据库在物理设备上的存储结构和存取方法。

数据库的物理结构设计通常分为如下两步:

① 为逻辑数据模型确定物理结构, 在关系数据库中主要指存取方法和存储结构。

② 评价物理结构, 评价的重点是整个物理结构的时间和空间性能。

如果评价结果满足原设计要求, 就可进入到物理实施阶段, 否则需要重新设计或修改物理结构, 甚至要返回逻辑设计阶段修改数据模型。

5.5.1 确定物理结构

不同的数据库产品所提供的物理环境、存取方法和存储结构有很大差别, 能供设计人员使用的设计变量、参数范围也很不相同，因此没有通用的物理设计方法可遵循，只能给出一般的设计内容和原则。设计人员对不同的数据库产品所提供的物理环境必须有清晰的认识，如数据库管理系统提供的环境和工具、硬件环境，特别是存储设备的特征，还要了解应用环境的具体要求，如各种应用的数据量、处理频率和响应时间等。只有充分了解系统提供的存取方法和存储结构才能设计出较好的物理结构。

1. 存储方法的选择

在数据库中，数据的操作一般以存储记录为单位来进行。从逻辑设计中得到的数据结构，如数据项的组成、类型和长度等信息，均可供物理设计考虑实际存储空间的部署和分配。

数据记录集合在存储空间中的保存称为"文件"。文件的组织方式可以是定长的，也可以是变长的。文件组织的结构涉及物理上的存储表示格式：文件的格式、逻辑排列顺序、物理存储顺序、访问路径、物理存储设备的分配等。

确定数据库存储结构时要综合考虑存取时间、存储空间利用率和维护代价，这三方面常常是相互矛盾的。例如，消除一切冗余数据虽然能够节约存储空间，但检索代价会增加，因此必须进行权衡，选择一个折中方案。常见的数据库管理系统提供一定的灵活性供选择，包括聚集和索引。

（1）聚集（Cluster）

聚集就是为了提高某个属性（或属性组）的查询速度，把在一个（或一组）属性上具有相同值的元组集中地存放在连续的物理块中。如果存放不下，可以存放在相邻的物理块中。其中，这个属性（或属性组）称为聚集码（Clusterkey）。

使用聚集后，聚集码相同的元组集中在一起了，聚集值不必在每个元组中重复存储，只要在一个元组中存储一次即可，因此可以节省存储空间。

同时，聚集功能可提高按聚集码进行查询的效率。例如，需查询"学生"关系中"软件工程"专业的学生信息，"软件工程"专业有 900 名学生，在极端情况下，这些学生的记录会分布在 900 个不同的物理块中，如果查询"软件工程"专业的学生，就要做 900 次 I/O 操作。如果根据专业建立聚集，使相同专业的学生信息集中存放，那么每做一次 I/O 操作，就可以获得多个满足查询条件的记录，从而减少了访问磁盘的次数。

（2）索引（Index）

用户可通过建立索引的方法来加快数据的查询效率，如果建立了索引，就可以利用索引查找数据。存储记录是属性值的集合，主码可以唯一确定一个记录，而其他属性的一个具体值不能唯一确定是哪个记录。为主码建立唯一索引是一种常见的情况，这样不但可以提高查询速度，而且可以避免主码重复值的录入，确保数据的完整性。

选择索引存取方法的一般规则如下。如果一个/组属性经常在查询条件中出现，就考虑在这个或一组属性上建立索引或组合索引；如果一个属性经常作为最大值和最小值等聚集函数的参数，就考虑在这个属性上建立索引；如果一个或一组属性经常在连接操作的连接条件中出现，就考虑在这个或一组属性上建立索引。

注意，当数据量大且数据库的查询很频繁时，索引可以极大地加快查询效率，但是并不是索引越多越好，因为维护索引需要代价。当数据库有比较多的更新事务时，不应该建立太多的索引。因此，在决定是否建立索引时要根据实际情况综合考虑。

2．确定数据的存储结构

物理结构设计中一个重要的考虑就是确定数据记录的存储方式。一般的存储方式有顺序存储、散列存储和聚集存储。

顺序存储的平均查找次数为表中记录数的一半；散列存储的平均查找次数由散列算法决定；聚集存储可提高某个属性（或属性组）的查询速度，可以把这个或这些属性（称为聚集码）上具有相同值的元组集中存放在连续的物理块上，聚集存储可以极大提高针对聚集码的查询效率。

一般，用户可以通过建立索引的方法来改变数据的存储方式。但在其他情况下，数据是采用顺序存储还是散列存储或其他存储方式，是由数据库管理系统根据数据的具体情况决定的，一般会为数据选择一种最合适的存储方式，用户不需要也不能对此进行干预。

5.5.2 物理结构设计的评价

物理结构设计过程中要重点对时间效率、空间效率、维护代价和各种用户要求进行权衡，选择一个较优的方案作为数据库的物理结构。方案应用于具体的数据库管理系统时，主要考虑操作开销，即为使用户获得及时、准确的数据所需的开销和计算机资源的开销。

5.6 数据库实施

完成数据库的结构设计和行为设计并编写了实现用户需求的应用程序后，就可以利用数据库管理系统提供的功能实现数据库逻辑结构设计和物理结构设计的结果，然后将已有数据加载到数据库中，进行测试和试运行，同时运行已编好的应用程序查看数据库设计和应用程序是否存在问题。数据库实施主要包括：建立实际数据库结构、加载数据、应用程序编码与调试、数据库试运行和整理文档。

1．建立实际数据库结构

用数据库管理系统提供的数据描述逻辑设计和物理设计的结果，得到模式和子模式，经编译和运行后，形成目标模式，建立实际数据库结构。数据库开发人员通过使用数据库管理系统提供的数据定义语言定义数据库结构。CREATE TABLE 语句用于定义所需的基本表，CREATE VIEW 语句用于定义视图。

2．加载数据

加载数据是数据库实施阶段的主要工作。在数据库结构建立好后，就可以向数据库中加载数据了。

加载前有大量的数据准备工作要做。由于实际的数据库所处理的数据量一般很大，而且数据来源于不同的业务部门，针对不同的处理业务，表现形式也多种多样，如数据文件、表单和报表等，经常出现数据重复、数据缺失、数据的格式不同等情况，必须把这些数据收集起来加以整理，去掉冗余并转换成数据库所规定的格式，这样处理后才能加载数据库。该过程称为数据的清洗和转换。数据的清洗和转换需要耗费大量的人力、物力，是一项费时费力但意义重大的工作。

一般的小型系统加载的数据量较少，可以采用人工方法来完成。数据量较大时，为提高数据输入工作的效率和质量，应该针对具体的应用环境设计一个数据录入子系统，专门用来解决数据转换和输入问题。

为了保证数据库中的数据准确无误，必须重视数据的校验工作。在将数据输入系统进行数据转换的过程中，应该进行多次校验。重要数据更应该反复采用多种检验技术检查输入数据的正确性，确认正确后方可入库。

如果在数据库设计时，原来的数据库系统仍在使用，那么数据的转换工作是将原来旧系统中的数据转换成新系统中的数据结构，再将旧的数据导入新的数据库。要注意保护原有系统中的数据，以减少数据输入的工作量，还要转换原来的应用程序，使之能在新系统下有效地运行。

数据的清洗、分类、综合和转换通常需要多次才能完成，因而输入子系统的设计和实施是很复杂的，需要编写应用程序。这一过程需要耗费较多的时间，为了保证数据能够及时入库，应该在数据库物理设计的同时编制数据输入子系统。

3．应用程序编码与调试

数据库应用程序编码属于程序设计范畴，包括开发技术与开发环境的选择、系统设计、编码、调试的等工作，同时数据库应用程序有自己的一些特点。例如，有灵活的交互功能、形式多样的输出报表、海量数据的处理、数据的有效性和完整性检查、数据操纵的关联性等。

为了加快应用系统的开发速度，一般选择集成开发环境，利用代码辅助生成、可视化设计、代码错误检测和代码优化技术，实现高效的应用程序编写和调试，可使用开发工具数据库访问插件，在统一开发环境中进行程序编码和数据库调试工作。

数据库应用程序的设计应该与数据库设计同时进行，如果数据载入尚未完成，那么调试程序时可以先使用模拟数据。

4．数据库试运行

应用程序编写完成，并有了一小部分数据加载后，应该按照系统支持的各种应用分别运行应用程序在数据库上的操作情况，对系统的功能和性能进行测试，检查是否满足设计目标，这就是数据库的试运行阶段，或者称为联合调试阶段。这个阶段要实际运行数据库应用程序，执行对数据库的各种操作，测试应用程序的功能和性能是否满足设计要求。如果不满足，就要对应用程序进行修改、调整，直到达到设计要求为止。

重新设计物理结构甚至逻辑结构，会导致数据重新入库。由于数据加载的工作量很大，因此可采用分期输入数据的方法，先输入小批量数据做调试用，待试运行基本合格后，再大批量输入数据，逐步增加数据量，逐步完成运行评价。

数据库的实施和调试需要一定的周期。在此期间，由于系统不稳定，硬件或软件故障随时可能发生，操作人员对新系统缺乏了解，误操作也不可避免，这些故障和失误很可能破坏数据库中的数据，进而可能在数据库中引起连锁反应，破坏整个数据库。因此，必须做好数据库的备份和恢复工作，一旦出现故障，可以尽快地恢复数据库，以减少对数据库的破坏。

5. 整理文档

在程序的编码调试和试运行中，应该记录所发现的问题和解决方法，整理存档作为资料，为正式运行和改进时提供参考。全部的调试工作完成后，应该编写应用系统的技术说明书和使用说明书，在正式运行时随系统一起交给用户。完整的文件资料是应用系统的重要组成部分，但这一点常被忽视。这项工作的重要性必须强调，引起用户和设计人员的充分注意。

5.7　数据库运行和维护

数据库经过试运行符合设计目标就能进入正式运行和维护阶段，在数据库运行阶段，对数据库的经常性维护工作主要由数据库系统管理员完成，主要任务包括以下内容：① 数据库的备份和恢复；② 维护数据库的安全性和完整性；③ 监测并改善数据库性能；④ 重新组织和重新构造数据库。

本阶段代表数据库应用开发工作的基本结束，但并不是设计过程的结束。由于应用环境会不断变化，用户的需求和处理方法不断有新的需求，数据库在运行过程中的存储结构也会不断变化，从而必须修改和扩充相应的应用程序。

1. 数据库的备份和恢复

需要对数据库进行定期备份，一旦出现故障，应及时地将数据库尽可能恢复到正确状态，以减少数据库损失。

2. 维护数据库的安全性和完整性

按照设计阶段提供的安全规范和故障恢复规范，DBA 要经常检查系统的安全。当系统的应用环境发生变化时，不同用户的操作权限及数据存储的安全性要求可能随之而发生相应的变化。DBA 应及时根据实际的情况监控和调整数据库的安全性，以保证用户的资料和信息不会受到损害。同样，变动可能导致对数据的完整性约束条件发生更改，这时 DBA 也要对其进行调整，以满足用户的要求。

另外，为了确保系统在发生故障时能够及时地进行恢复，DBA 要针对不同的应用要求制定不同的转储计划，定期对数据库和日志文件进行备份，以使数据库在发生故障后恢复到某种一致性状态，保证数据库的完整性。

3. 监测并改善数据库性能

监视数据库的运行情况，并对检测数据选行分析，找出能够提高性能的可行性，并适当地对数据库进行调整。目前，有些数据库管理系统产品供了性能检测工具，数据库系统管理员可以利用这些工具经常对数据库的存储空间状况及响应时间进行分析评价；结合用户的反映情况确定改进措施；及时改正运行中发现的错误；按用户的要求对数据库的现有功能进行适当的扩充。注意，在增加新功能时应保证原有功能和性能不受影响。

4．重新组织和重新构造数据库

要使一个数据库系统生命周期长，需要不断地对系统进行调整、修改和扩充新功能。数据库的重新组织和重新构造是数据库运行和维护阶段要做的主要工作之一。

数据库是随时间变化的，经常需要对数据记录进行插入、修改和删除操作。多次插入、修改、删除后，数据库系统的性能可能下降。当插入新的数据时，系统将尽量使新插入的记录与基表中的其他记录存放在同一页中，但当一页放满时，插入的记录将存放在其他页的自由空间内或新页内。多次插入后，同一基本表中的记录将分散在多个页中，使查询的 I/O 次数增加，降低了存储效率。

当删除记录时，由于系统一般采取的策略不是将记录物理上抹掉，而是加上删除标志。多次删除后，会造成存储空间浪费，系统性能下降。因此，在数据库运行阶段，DBA 要监测系统性能，定期进行数据库的重新组织。

数据库重新组织时要占用系统资源，花费一定的时间，重组工作不可能频繁进行。数据库什么时候进行重组，要根据数据库管理系统的特性和实际应用决定。

只要数据库系统在运行，就需要不断地进行修改、调整和维护。一旦应用变化太大，数据库重新组织也无济于事，这就表明数据库应用系统的生命周期结束，应该建立新系统，重新设计数据库。从头开始数据库设计工作标志着一个新的数据库应用系统生命周期的开始。

小　结

本章主要讨论了数据库设计方法学的一些基本概念、实用技术和实现方法，详细介绍了数据库设计的 6 个阶段，包括系统需求分析、概念结构设计、逻辑结构设计、物理结构设计、数据库实施、数据库运行与维护；详细讨论了各阶段的任务、方法和步骤。其中，概念结构的设计和逻辑结构的设计是数据库设计过程中最重要的两个环节。

数据库设计的工作量大且复杂，是一项数据库工程，也是一项软件工程。读者要努力掌握本章讨论的基本方法，还要在实际工作中运用这些思想，设计符合应用需求的数据库模式和数据库应用系统。

本章重点：数据库概念结构的设计和逻辑结构的设计，用 E-R 图来表示概念模型的方法，E-R 图的设计，E-R 图关系模型的转换。

本章难点：E-R 图的设计和数据模型的优化，包括对现实世界进行抽象的能力，提取实体、属性、实体型之间的联系，正确划分实体与属性的能力。最终要求读者理论与实际的结合，将理论知识真正运用到实际项目中，设计出符合应用需求和规范化要求的数据库系统。

习　题　5

一、选择题

1．在设计数据库系统的概念结构时，常用的数据抽象方法是（　　　）。

A．合并与优化　　　　　B．分析和处理　　　　C．聚集和概括　　　　D．分类和层次

2．如果采用关系数据库来实现应用，在数据库设计的（　　　）阶段将关系模式进行规范化处理。

A．需求分析　　　　　B．概念设计　　　　C．逻辑设计　　　　D．物理设计

3．下列关于数据库运行和维护的叙述中，正确的是（　　　）。

A．只要数据库正式投入运行，标志着数据库设计工作的结束

B．数据库的维护工作就是维护数据库系统的正常运行

C．数据库的维护工作就是发现错误，修改错误

D．数据库正式投入运行标志着数据库运行和维护工作的开始

4．如果采用关系数据库来实现应用，在数据库逻辑设计阶段，需将（　　　）转换为关系数据模型。

A．ER 模型　　　　　B．层次模型　　　　C．关系模型　　　　D．网状模型

5．在数据库设计的需求分析阶段，业务流程表示一般用（　　　）。

A．ER 模型　　　　　B．数据流图　　　　C．程序结构图　　　　D．程序框图

6．关系数据库规范化是为了关系数据库中的（　　　）问题而引入的。

A．数据冗余、数据不一致性、插入和删除异常　B．提高查询速度

C．减少数据操作的复杂性　　　　　D．保证数据的安全性和完整性

7．如何构造出一个合适的数据逻辑结构是（　　　）主要解决的问题。

A．物理结构设计　　　　B．数据字典　　　　C．逻辑结构设计　　　　D．关系数据库查询

8．概念结构设计是整个数据库设计的关键，通过对用户需求进行综合、归纳与抽象，形成一个独立于具体数据库管理系统的（　　　）。

A．数据模型　　　　　B．概念模型　　　　C．层次模型　　　　D．关系模型

9．在数据库设计中，确定数据库存储结构，即确定关系、索引、聚簇、日志、备份等数据的存储安排和存储结构，这是数据库设计的（　　　）。

A．需求分析阶段　　　B．逻辑设计阶段　　　C．概念设计阶段　　　D．物理设计阶段

10．数据库物理设计完成后，进入数据库实施阶段，在下述工作中，（　　　）一般不属于实施阶段的工作。

A．建立库结构　　　　B．系统调试　　　　C．加载数据　　　　D．扩充功能

11．数据库设计可划分为 6 个阶段，每个阶段都有自己的设计内容，"为哪些关系，在哪些属性上，建立什么样的索引"这一设计内容应该属于（　　　）设计阶段。

A．概念设计　　　　　B．逻辑设计　　　　C．物理设计　　　　D．全局设计

12．在关系数据库设计中，设计关系模式是数据库设计的（　　　）阶段的任务。

A．逻辑设计　　　　　B．概念设计　　　　C．物理设计　　　　D．需求分析

13．在关系数据库设计中，对关系进行规范化处理，使关系达到一定的范式，如达到 3NF，这是（　　　）阶段的任务。

A．需求分析阶段　　　B．概念设计阶段　　　C．物理设计阶段　　D．逻辑设计阶段

14．概念模型是现实世界的第一层抽象，这类最著名的模型是（　　　）。

A．层次模型　　　　　B．关系模型　　　　C．网状模型　　　　D．实体 - 关系模型

15．子模式 DDL 用来描述（　　　）。

A．数据库的总体逻辑结构　　　　　　B．数据库的局部逻辑结构

C. 数据库的物理存储结构　　　　　　　D. 数据库的概念结构

二、填空题

16. 一个数据库的设计主要包括两方面，即_____设计和_____设计，它们分别描述了数据库的_____特性和_____性能。

17. 结构特性的设计应满足如下三点要求：_____，_____，_____。

18. 数据字典的内容可以分成四大类，分别是：_____、_____、_____和_____。

19. 数据项说明的内容包括数据项的_____、_____、_____和_____。

20. 1976 年，P.S. Chen 提出了 E-R 模型，其英文全称是_____，中文名称是_____。

21. E-R 模型中有三个基本的成分，分别是：_____、_____和_____。

22. 将 E-R 图向关系模型进行转换是_____阶段的任务。

23. 数据库的物理结构设计主要包括_____和_____。

24. _____是数据库实施阶段的主要工作。

25. 重新组织和构造数据库是_____阶段的任务。

26. 在数据库设计中，把数据需求写成文档，是各类数据描述的集合，包括数据项、数据结构、数据流、数据存储和数据加工过程的描述，通常称为_____。

27. 数据流图（DFD）是用于描述结构化方法中_____阶段的工具。

28. 在数据库实施阶段包括两项重要的工作：一项是数据的_____，另一项是应用程序的编码和调试。

三、简答题

29. 数据库设计的内容和要求是什么？

30. 试简述数据库的设计过程。

31. 数据库设计过程的输入和输出有哪些内容？

32. 数据库需求分析的任务是什么？需求分析的方法和工具有哪些？

33. 数据字典的内容和作用是什么？

34. 简述数据库逻辑结构设计的内容和步骤。

35. 什么是数据库的概念结构？试简述设计概念结构的策略。

36. 简述把 E-R 图转换为关系模型的转换规则。

37. 什么是数据库结构的物理设计？试简述其内容和步骤。

38. 什么是数据库的重组织和重构造？为什么要进行数据库的重组织和重构造？

39. 规范化理论对数据库设计有何指导意义？

四、设计题

40. 假设一个部门的数据库包括以下信息：

❖ 职工的信息：职工号、姓名、地址和所在部门。

❖ 部门的信息：部门所有职工、经理和销售的产品。

❖ 产品的信息：产品名、制造商、价格、型号及产品内部编号。

❖ 制造商的信息：制造商名称、地址、生产的产品及价格。

其中，部门与职工是一对多的联系，部门与产品、制造商与产品均是多对多的联系。

根据以上描述完成：

（1）画出相应的 E-R 图。

（2）将 E-R 图转化为关系模式。

（3）指出各关系模式的范式等级和对应的码

41．设某商场销售数据库中的信息有：员工号、员工名、工资、销售组名、销售负责人、商品号、商品名、单价、销售日期、销售量、供应者号、供应者名、供应者地址。假定：一个员工仅在一个销售组；一个销售组可以销售多种商品，一种商品只能由一个组销售；一种商品每天有一个销售量；一个供应者可以供应多种商品，一种商品可以多渠道供货。

根据以上描述完成：

（1）画出相应的 E-R 图。

（2）将 E-R 图转化为关系模式。

（3）指出各关系模式的范式等级和对应的码。

42．请设计一个图书管理系统数据库，对每个借阅者保存读者记录，包括：读者号、姓名、地址、性别、年龄、单位。对每本书存有：书号、书名、作者、出版社。对每本被借出的书存有读者号、借出日期和应还日期。

根据以上描述完成：

（1）画出相应的 E-R 图。

（2）将 E-R 图转化为关系模式并指出主码。

（3）根据各关系模式，写出 DDL 要求包含主码约束和非空约束。

43．经需求分析可知，某医院病房理系统中需要管理以下信息：

❖ 科室：科室名、科室地址、科室电话、医生姓名。

❖ 病房：病房号、床位号、所属科室。

❖ 医生：工作证号、姓名、性别、出生日期、联系电话、职称、所属科室。

❖ 病人：病历号、姓名、性别、出生日期、诊断记录、主管医生、病历号。

其中，一个科室有多个病房、多位医生，一个病房只属于一个科室，一位医生只属于一个科室，但可负责多个病人的诊治，一个病人的主管医生只能有一个。

根据以上描述完成：

（1）画出相应的 E-R 图。

（2）将 E-R 图转化为关系模式并指出主码。

（3）根据各关系模式，写出 DDL，要求包含主码约束和非空约束。

实验：仓库管理系统设计

本章实验内容为数据库设计，完成一个简单的软件原型系统的数据库设计，完成系统需求分析、概念结构设计、逻辑结构设计和物理结构设计。

实验 5.1　数据库的概要设计

一、实验目的

（1）根据实际业务需求抽象出实体、实体的属性和实体的联系。

（2）抽象业务涉及的 E-R 图。

（3）优化 E-R 图，并形成用于数据库系统逻辑设计的全局 E-R 图。

二、实验内容

某钢材仓库希望开发一套仓库管理系统，用于管理钢材的出入库等。数据库设计人员从钢材仓库预订部门获得了如下业务信息：一种钢材可以存放于多个仓库内，一个仓库也可以存放多种钢材；一个供应商可以供应多种钢材，一种钢材也可以由多个供应商提供，每个供应商供应一种钢材有一个报价；钢材、仓库与销售员之间存在多对多的销售关系，每个销售员销售每个仓库的每种钢材都有一个销售单号、出库数量和出库日；采购员、钢材与仓库之间存在多对多的采购关系，每个采购员采购每种钢材都有一个入库单号、入库数量和入库日期；每个仓库有多名管理员，每个管理员只能管理一个仓库。

请完成如下实验。

（1）根据上述内容进行业务流程分析，绘制相关数据流图。

（2）根据钢材仓库提供的业务信息，抽象钢材仓库管理系统中的全局 E-R 图。要求绘制 E-R 图中实体、属性和实体的联系，并使用中文标注实体、属性和实体联系。

（3）审查已经绘制的 E-R 图，分析是否可以进行 E-R 图的优化工作。重点关注绘制的 E-R 图是否存在数据冗余、插入异常、删除异常和更新异常。

实验 5.2 数据库系统的逻辑设计

一、实验目的

（1）将 E-R 图转换为对应的关系模式。

（2）对关系模式进行规范化的分析和验证。

（3）在业务需求发生变化时，正确调整关系模式。

二、实验内容

根据概要设计所得的全局 E-R 图，完成如下实验。

（1）根据已经绘制的全局 E-R 图，通过 E-R 图到关系模式的转换方法，将全局 E-R 图转换为关系模式，并标注每个模式的主键和外键。

（2）对转换后的关系模式进行优化。

（3）使用数据规范化分析方法，分析转换后的模式属于第几范式。

（4）在进行数据库的确认工作时，钢材仓库预订部门发现现有设计中遗漏了支付信息：需要在现有订单中添加支付信息，包括支付方式、支付价格等。请修改现有 E-R 图，并调整转换后的关系模式。

实验 5.3 数据库系统的物理设计

一、实验目的

（1）将关系模式图转换为相关数据库管理系统的 DDL 语句。

（2）向建好的数据库中添加测试数据。

（3）根据业务需求建立相关的视图。

二、实验内容

根据数据库系统逻辑设计所得的关系模式，完成如下实验。

（1）根据上述设计结果部署（可选用 KingbaseES、MySQL、SQL Server）的仓库管理系统。把逻辑设计所得的关系模式转换成数据库系统的 DDL 语句，具体包括：数据库创建的 DDL、各种实体创建的 DDL 和多对多联系创建的 DDL 等。

（2）向已经创建好的数据中添加测试数据，添加记录的数量不限，只需有代表性即可。

（3）创建视图。

① 查询某仓库所有的管理员的信息。

② 查询所有仓库某天的入库情况。

③ 查询某供应商提供的所有钢材信息。

第6章
数据库安全保护

DB

  随着各行业信息管理系统和数据库的普及,大量企业信息、个人隐私都集中或分布式存放在数据库中,因此保证数据库系统的安全运转显得尤为重要。这意味着,一方面要保证数据的一致性、正确性和有效性,防止数据意外丢失、泄露和各类非法、违规操作造成的篡改和破坏,另一方面在数据库遭受破坏后要能够迅速、有效地恢复系统正常,支持不间断提供各类应用和服务,这就是数据库的安全保护。

  数据库管理系统对数据库的安全保护可以通过四个维度来实现:安全性控制、完整性控制、并发控制、备份和还原。本章从这四方面介绍数据库的安全保护功能,读者应掌握这四方面实现数据库安全保护的方法。

6.1 数据库的安全性

6.1.1 数据库的安全标准

数据库的安全性是指保护数据库，防止不合法使用所造成的数据泄露、更改或破坏。数据库系统用于集中存取和管理大量数据，然而这些数据中不乏敏感、隐私数据，一旦遭到泄露、篡改或破坏，就会造成严重损害。因此，数据库系统必须具备安全保护措施，用以保护数据库中数据的安全。系统的安全保护措施是否行之有效是数据库系统的主要技术指标之一。

随着互联网技术的日新月异，计算机系统安全问题突出，人们对于计算机系统的安全性要求越来越高。为此，在计算机安全技术方面必须建立一套可信（Trusted）计算机系统概念和标准。一套完善、可信的安全标准建立后，才可以规范指导计算机系统的安全，才能较为准确地评估系统和产品的安全性指标。

国际上针对计算机和信息安全技术方面给出了一系列安全标准（如图 6-1 所示），目前最具有影响的是美国国防部（Department of Defense，DoD）颁布的《可信计算机系统评估准则》（Trusted Computer System Evaluation Criteria，TCSEC）和通用准则（Common Criteria，CC）两个标准。

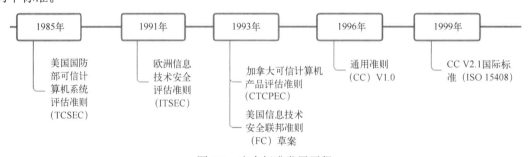

图 6-1　安全标准发展历程

为缩小各类标准在概念和技术上的差异，形成一套被广泛接受和使用的规范、通用安全准则，TCSEC、ITSEC、CTCPEC 和 FC 于 1993 年发起联合行动——通用准则（CC）项目，将各自独立的准则集合成一组单一的、能被广泛使用的信息技术安全准则。通用准则历经多次讨论和修改，CC V2.1 版于 1999 年被 ISO 采纳为国际标准，我国于 2001 年将 ISO/IEC15408（即 CC V2.1）采纳为国家标准 GB/T18336—2001《信息技术安全性评估准则》。

1991 年颁布的 TCSEC/TDI（TCSEC/Trusted Database Interpretation，即紫皮书）将 TCSEC（即橘皮书）扩展到数据库管理系统，分别从安全策略、责任、保证和文档四方面来描述数据库管理系统的设计和实现中需满足的安全级别划分标准。根据计算机系统对各项指标的支持情况，TCSEC/TDI 将计算机系统的安全级别划分为 4 个组（D、C、B、A）、7 个等级（依次是 D、C1、C2、B1、B2、B3、A1），其等级按系统可靠或可信程度逐渐增高，如表 6-1 所示。

从 TCSEC/TDI 分级标准可以看出，支持自主存取控制（DAC）的数据库管理系统属于 C1 级，支持审计功能的数据库管理系统属于 C2 级，支持强制存取控制（MAC）的数据库管

表 6-1　TCSEC/TDI 安全级别划分

安全级别	定　义	特　　点
D	最小保护 （minimal protection）	最低级别，提供最小保护，一切不符合更高级别的系统都归于本级
C1	自主安全保护 （discretionary security protection）	提供自主安全保护，将用户和数据分离，进行自主存取控制（Discretionary Access Control，DAC），保护和限制了用户权限的传播
C2	受控的存取保护 （controlled access protection）	提供受控的存取保护，是在 C1 级 DAC 上的进一步细化，以个人身份注册负责，并实施审计和资源隔离，是安全产品的最低档次
B1	标记安全保护 （labeled security protection）	对系统数据加以标记，并对标记的主体和客体实施强制存取控制（Mandatory Access Control，MAC）和审计等安全机制。满足此级别的产品才被认为真正意义上的安全产品
B2	结构化保护 （structural protection）	建立形式化的安全策略模型，并对系统内的所有主体和客体实施 DAC 和 MAC
B3	安全域 （security domains）	可信任运算基础（Trusted Computing Base，TCB）必须满足访问监控器的要求，审计跟踪能力更强，并提供系统恢复过程
A1	验证设计 （verified design）	在满足 B3 级保护的前提下，同时给出系统的形式化设计说明和验证，以保证各安全保护真正实现

理系统可以达到 B1 级，而 B2 级以上的数据库管理系统大多处于理论研究阶段，产品化程度不高，其应用多限于一些特殊的部门如军队等。

CC（ISO 15408）是在上述各评估准则及实践中总结和互补发展而来的。目前，CC 已基本取代了 TCSEC，成为评估信息产品安全性的主要标准，把安全要求分为安全功能要求和安全保证要求：安全功能要求用以规范系统的安全行为，安全保证要求保证系统正确有效地实施这些功能。根据系统对安全保证要求的支持情况提出了评估保证级别（Evaluation Assurance Level，EAL），从 EAL1 到 EAL7 共 7 个级别，其保证程度逐渐增高，如表 6-2 所示。

表 6-2　CC 评估保证级别

评估保证级别	定　义	TCSEC 安全级别（近似）
EAL1	功能测试（functionally tested）	
EAL2	结构测试（structurally tested）	C1
EAL3	系统地测试和检查（methodically tested and checked）	C2
EAL4	系统设计、测试和复查（methodically designed, tested and reviewed 或 semiformally designed and tested）	B1
EAL5	半形式化设计和测试（semiformally designed and tested）	B2
EAL6	半形式化验证的设计和测试（semiformally verified design and tested）	B3
EAL7	形式化验证的设计和测试（formally verified design and tested）	A1

6.1.2　数据库安全性控制

导致数据库不安全的因素非常多，诸如火灾、停电、密码泄露、人员变更、设计缺陷等，因此要保证数据库的安全性，需要在不同层面落实安全机制。

① 物理位置：放置计算机系统的地方应保证物理场地的安全可靠，避免入侵者破坏。

② 人员：数据库用户的授权和管理需慎重，谨防用户人为泄露密码或将访问权限移交非法用户。

③ 操作系统：操作系统安全漏洞有可能会被非法用户利用，进而访问数据库。

④ 网络：数据库服务器通常允许网络终端远程访问，因此网络的安全性也会影响数据库安全性。

⑤ 数据库系统：不同数据库用户拥有对不同数据的不同访问权限，数据库系统应确保这些访问和权限不冲突。

由图 1-5 可知，底层的安全漏洞（操作系统）将危害高一级（数据库）安全措施的实施，计算机系统中的安全措施是一级一级层层设置的，其安全控制模型如图 6-2 所示。由此可见，安全性问题并不是数据库系统所独有的，所有计算机系统都存在这个问题，但本章专注于数据库系统一级的安全性，物理位置、人员、网络等因素固然重要，却超出本章范畴。

图 6-2　安全控制模型

根据安全控制模型，用户进入计算机系统时，需要通过输入用户标识进行身份的鉴定，验证为合法的用户才允许进入系统。进入系统后，数据库管理系统需要对已验证用户进行存取权限控制，只允许用户进行权限内的合法操作。数据库管理系统是搭建在操作系统之上的，操作系统需要保证数据库中的数据必须经由数据库管理系统访问，而不允许用户越过数据库管理系统直接通过操作系统访问。数据最后可以通过密码的形式存储到数据库中。

下面讨论与数据库安全性控制相关的用户标识和鉴定、用户存取权限控制、定义视图、数据加密和审计等安全性措施。

1．用户标识和鉴定

用户标识和鉴定是数据库管理系统提供的最外层的安全保护措施，其方法是由系统提供适当的方式让用户标识自己的名字或身份，系统内部记录着所有合法用户的标识，每次用户要求进入系统，由系统进行核实，通过后才提供数据库管理系统的使用权。

数据库系统是不允许一个未经授权的用户对数据库进行操作的，所采取的用户标识和鉴定的常见方法如下。

① 通过用户名或用户标识符标明用户的身份，系统以此来判断用户身份的合法性。如果正确，就进入下一步。

② 用户名和用户标识符是用户公开的标识，它不能作为鉴别用户身份的凭证。为此，通常采用用户名（Username）和口令（Password）相结合的方法，通过口令，我们可以鉴别用户身份的真伪。系统维护一张用户口令表（包括用户名和口令两部分数据），用户先输入用户名，再根据系统提示输入口令。为了保密，用户在终端输入的口令一般不显示在屏幕上，系统则根据口令核对用户身份。

③ 用户身份和口令鉴别的方法简单易行，但是用户名和口令的产生比较简单，因此还可以采用更加复杂的方法来产生口令。每个用户可以定义一个过程或者函数，在鉴别用户身份时，系统提供一个随机数，用户根据自己预先定义的过程或函数计算出结果，系统根据该结果鉴别用户身份的合法性。例如，用户定义的表达式为 $T = X + 2Y$，系统会告诉用户 $X = 1$，$Y = 2$，如果用户回答 $T = 5$，则可以证实该用户的身份。当然，现实中可以定义更加复杂的表达式，以提高安全性。

口令鉴别分为静态和动态两种。静态口令一般由用户自己设定，这些口令是静态不变的，安全性较低。或者，口令是动态变化的，每次鉴别时均需使用动态产生的新口令登录数据库管理系统，即采用一次一密的方法，如短信密码和动态令牌方式，则安全性相对高一些。

2．用户存取权限控制

用户存取权限是指不同的用户对于不同的数据对象允许执行的操作权限。在数据库系统中，每个用户只能访问他有权存取的数据并执行有权使用的操作，因此，存取权限由数据对象和操作类型两要素组成，必须预先定义存取权限。定义用户的存取权限就是定义用户可以在哪些数据对象上进行哪些操作，该过程称为授权（Authorization）。数据库管理员可以通过GRANT语句向用户授予权限，通过REVOKE语句收回已授权用户的权限。

① 这些授权定义以一张授权表的形式存放在数据字典中。授权表主要属性有用户标识、数据对象和操作类型。用户标识不仅可以是用户个人，也可以是团体（角色）、程序和终端。

② 在非关系数据库管理系统中，存取控制的数据对象仅限于数据本身。而在关系数据库管理系统中，存取控制的数据对象不仅有数据本身（基本表中的数据、属性列上的数据），还有数据库模式（如基本表、视图和索引等）等内容。

3．定义视图

为不同的用户定义不同的视图，可以限制各用户的访问范围。视图机制可以把一些保密的数据对一些用户进行隐藏，对数据有着一定程度的安全保护作用。视图的定义见本书3.9.1节。视图机制的安全保护功能并不是太精细，往往不能达到应用系统的要求，其主要功能是提供了数据库的逻辑独立性。因此在实际应用中，通常将视图机制和授权机制配合使用：首先通过视图机制隐藏一部分保密数据，然后对视图进一步定义存取权限，这可以间接实现支持存取谓词的用户权限定义。

【例6-1】 设置'王平'只能检索'计算机'系学生的信息的权限。

建立计算机系学生的视图 CS_Student：

```
CREATE VIEW  CS_Student
AS  SELECT *  FROM S  WHERE  Dp = '计算机';
```

在视图上进一步定义存取权限

```
GRANT SELECT ON CS_Student  TO '王平';
```

4．数据加密

前面介绍的几种数据库安全措施都是防止从数据库系统中窃取数据，但是不能防止通过其他不正当途径非法访问数据，如偷取存放数据的磁盘或在通信线路上窃取数据。为了预防这些窃密问题，比较好的办法是对数据进行加密。数据加密是防止数据在存储和传输中失密的有效措施。

加密的基本思想是根据一定的算法将原始数据（明文，Plain Text）加密为不可直接识别的格式（密文，Cipher Text），数据以密文的方式存储和传输。加密方法有如下两种，通常将这两种方法结合起来使用。

① 替换方法：使用密钥（Encryption Key）将明文中的每个字符转换为密文的某字符。

② 转换方法：将明文中的字符按不同的顺序重新排列。

用户检索数据时，首先提供密钥，由系统进行译码后，才能得到可识别的明文数据。对于不掌握密钥和解密算法的人，即使利用系统安全措施的漏洞非法访问数据，也只能看到一些无法辨认的二进制代码。

目前，不少数据库产品提供了数据加密例行程序：用密码加密存储数据，在存入时需加密，在查询时需解密，这个过程会占用大量系统资源，降低了数据库的性能。用户可根据要求自行进行加密设置。

5．审计（Audit）

审计功能是一种监视措施，跟踪、记录有关数据的全部访问活动。审计追踪把用户对数据库的所有操作自动记录下来，存放在一个特殊文件中，即审计日志（Audit Log）。记录的内容大多包括：操作类型（如修改、查询等）、操作终端标识与操作者标识、操作日期和时间、操作涉及的相关数据（如基本表、视图、记录、属性等）等。这些信息可以重现导致数据库现有状况的一系列事件，进一步找出非法存取数据的人、时间和内容等。

审计功能会大大增加系统的开销，所以数据库管理系统通常将其作为可选特征，提供相应的操作语句可灵活地打开或关闭审计功能。在 KingbaseES 中，以 SYSSAO 连接数据库开启审计功能，执行如下语句：

```
ALTER SYSTEM SET ENABLE_AUDIT = 1;
CALL sys_reload_conf();
```

若要关闭审计功能，执行如下语句：

```
ALTER SYSTEM SET ENABLE_AUDIT = 0;
CALL sys_reload_conf();
```

课程思政

6.1.3 KingbaseES 数据安全管理机制

在数据库安全方面，国外数据库厂商为了满足其出口管制政策，只在我国销售低安全级别及剥离高安全的功能数据库产品。例如，美国对我国出口管制的数据库安全级别不高于 C2 级，所以 Oracle 公司为了符合美国的出口限制，将其高安全功能从 Oracle 数据库产品中剥离，这些数据库产品的安全级别均不能达到 TCSEC 的 B1 级或更高，不能很好满足我国在部队、军工、政府、金融、行业、保险行业及电信行业等涉密部门的安全要求。因此，研制具有自主产权的高安全等级的数据库产品非常必要。

KingbaseES 是我国自主研发高安全等级的数据库产品，完全符合国家安全数据库标准 GB/T 20273—2006 的结构化保护级（第 4 级）的技术要求，近似等同于 TCSEC 的 B2 级。在国产数据库厂家中，KingbaseES 率先通过公安部计算机信息系统安全产品质量监督检验中心的强制性安全认证，并获得销售许可证。KingbaseES 通过全新的结构化系统设计和强化的多样化强制访问控制模型框架，自主开发了多个高等级的安全特性，并完整实现包括特权分立、身份鉴别、多样化访问控制、用户数据保护、审计等在内的全部结构化保护级的技术和功能要求。

1．三员管理

根据 TCSEC/TDI（可信计算机系统评估准则）评估，KingbaseES 处于 B2 安全级别。B2

级结构化保护是建立形式化的安全策略模型，并对系统内的所有主体和客体实施自主存取控制（DAC）和强制存取控制（MAC），同时将数据库用户分成数据库管理员和普通用户。

KingbaseES 产品采用"三权分立、三员管理"的安全管理体制。数据库"三权分立"是为了解决数据库超级用户权力过度集中的问题，参照行政、立法、司法三权分立的原则来设计的安全管理机制。KingbaseES 把数据库管理员分为数据库系统管理员、安全管理员、审计管理员三类，并限定了各自的权限范围。

① 系统管理员（SYSTEM）：主要负责执行数据库日常管理的各种操作和自主存取控制（DAC），不能创建和修改安全员和审计员，也不能将一个普通用户修改为安全员或者审计员。

② 安全管理员/安全员（SYSSSO）：主要负责强制存取控制（MAC）规则的制定和管理，只能创建和修改安全员，不能创建和操作普通对象。并且，安全员不能修改为非安全员。

③ 审计管理员/审计员（SYSSAO）：主要负责数据库的审计，监督前两类用户的操作，只能创建和修改审计员，不能创建和操作普通对象。并且，审计员不能修改为非审计员。

这三类用户彼此隔离，互不包容，各自维护自己权限许可范围内的对象，不能跨范围操作，也不能相互授权，它们相互制约又相互协作地共同完成数据库的管理工作。"三权分立、三员管理"的管理机制堵住了以前滥用数据库超级用户特权的安全漏洞，提高了数据库的整体安全性。

2．用户身份鉴别

KingbaseES 支持强化口令的身份鉴别（6.1.2 节中的用户标识和鉴定方法），包括对数据库用户施加密码复杂度检查、账号和密码有效期限设置、账号锁定等安全策略管理等机制，采用强化密码方式进行身份鉴别操作。

此外，KingbaseES 支持其他身份鉴别方式，如基于 Kerberos、Radius、LDAP 认证协议和 CA 等技术在内的与第三方身份认证产品相结合的外部统一身份鉴别或集中化身份认证方式。

3．数据访问控制与保护

访问控制模型包括主体、客体和控制策略三个要素。主体是指主动对其他实体施加动作的实体；客体是被动接受其他实体访问的实体；控制策略为主体对客体的操作行为和约束条件。这三者之间需要满足基本的安全策略。

① 最小特权原则。给主体分配权限时要遵循权限最小化原则，最大限度地限制主体实施授权行为，可以避免来自突发事件、错误和未授权使用主体的危险。

② 最小泄漏原则。主体执行任务时，按照主体需要知道的信息最小化的原则分配给主体权利，也就是保护敏感信息不被无关人员知道。

③ 多级安全策略。主体和客体间的数据流向和权限控制按照安全级别的绝密（TS）、秘密（S）、机密（C）、限制（RS）和无级别（U）来划分，可以避免敏感信息的扩散，只有安全级别更高的主体才能够访问。

KingbaseES 支持自主存取控制（DAC）和强制存取控制（MAC）。用户只有同时具有数据库管理员的自主存取控制（DAC）授权和安全管理员的强制存取控制（MAC）授权，才能查看到某些敏感数据。

自主存取控制作用是对主体（如用户）操作客体（如表）进行授权管理，主要包括权限授予、回收及传播。KingbaseES DAC 采用存取控制列表（ACL）技术实现。与自主访问控制相比，强制存取控制提供更严格和灵活的控制方式。强制访问控制首先为所控制的主体和客体指派安全标记，然后依据这些标记进行访问仲裁，只有主体标记能支配客体标记才允许主体访问。KingbaseES 的强制存取控制可以保护用户数据，防止非法窃取，其规则遵循简单保密模型，即"向下读、区间写/平行写"模型，实现信息流向总是向上的保密信息传递。"向下读"规则是指用户只能读与自己等级一样或者比自己低的数据；"区间写"是上写模型。上写规则是指用户只能写入与自己等级一样或者比自己高的数据。

6.1.4 权限和角色

权限管理就是用户登录后只能进行权限范围内的操作。如果前用户是其所创建的对象的拥有者，那么对象的拥有者在其上具有所有特权。只有当用户有适当系统权限或对象权限时，才能执行相应操作。授权方法有两种：直接授权，利用 GRANT 命令直接为用户授权；间接授权，先将权限授予角色，再将角色授予用户。

KingbaseES 使用角色的概念来管理数据库的访问权限。一个角色可以被看成一个数据库"用户"或"用户组"，这取决于角色被怎样设置。角色可以拥有数据库对象（如表和函数）并且把那些数据库对象上的权限赋予其他角色来控制谁能访问哪些对象。此外，一个角色中的成员资格可以授予给另一个角色，这样允许成员角色使用被赋予另一个角色的权限。

1. 角色管理

KingbaseES 中可通过数据库对象管理工具和 SQL 语句两种方式实现新角色的创建。在数据库对象管理工具中，在数据库导航标签下，选择"数据库→安全性→用户/角色"并单击右键，在弹出的快捷菜单中选择"新建角色"或者"新建用户"。

另外，KingbaseES 可以通过 CREATE USER 或 CREATE ROLE 实现数据库用户或数据角色的创建。CREATE USER 可看作 CREATE ROLE 的别名。两者唯一的区别在于，LOGIN 为CREATE USER 的默认值，而 NOLOGIN 是 CREATE ROLE 的默认值。

CREATE ROLE 的语法格式如下：

```
CREATE ROLE name [[WITH] option […]]
```

其中，name 为创建新角色的名称，部分 option 选项和说明如下。

① SUPERUSER | NOSUPERUSER：决定新角色是否为"超级用户"。超级用户可以越过数据库内的所有访问限制。创建一个新超级用户的前提是创建者必须是一个超级用户。其默认值为 NOSUPERUSER。

② CREATEDB | NOCREATEDB：定义新角色创建数据库的能力，设置 CREATEDB 允许创建新的数据库。其默认值为 NOCREATEDB。

③ CREATEROLE | NOCREATEROLE：定义新角色创建角色的能力，设置 CREATEROLE允许创建新的角色，也能修改和删除其他角色。其默认值为 NOCREATEROLE。

④ LOGIN | NOLOGIN：新角色是否被允许登录。设置 LOGIN 的角色被认为是用户，可在客户端登录数据库。

⑤ PASSWORD：设置角色的口令。

【例 6-2】 创建用户名为 user1、登录口令为"123456"的用户。

```
CREATE USER user1  WITH PASSWORD '123456';
```

【例 6-3】 创建角色名为 role1、没有登录口令的角色。

```
CREATE ROLE role1  WITH LOGIN;
```

2．权限管理

权限用来指定授权用户可以使用的数据库对象和这些授权用户可以对这些数据库对象执行的那些操作；权限也可以看作执行一种特殊类型的 SQL 语句或存取某用户的对象的权力。一旦一个对象被创建，它会被分配一个所有者（所有者通常是执行创建语句的角色）。大部分类型的对象的初始状态下只有所有者（或者超级用户）能够对该对象做任何事情。为了允许其他角色使用它，必须分配权限。KingbaseES 权限包括系统权限、对象权限和列级权限。

（1）系统权限

系统权限是指对数据库执行特定操作的权限，主要是以用户或角色的属性存在的系统权限，包括：SUPERUSER、SSO、SAO、CREATEDB 和 CREATEROLE 系统权限。

（2）对象权限

对象权限是授予数据库用户对特定数据库中的表、视图和存储过程等对象的操作权限，决定了能对表、视图等数据库对象执行哪些操作，相当于数据库操纵语言的语句权限。KingbaseES 通常使用 GRANT 语句和 REVOKE 语句实现对指定用户指定权限的授予和收回。

① GRANT 语句可实现将数据库对象上的指定权限授予一个或多个角色。GRANT 语句的语法格式如下：

```
GRANT <权限> [,<权限>] [ON <对象类型><对象名>]  TO <用户> [,<用户>] … [WITH GRANT OPTION];
```

其中，"权限"的类型包括 SELECT、INSERT、UPDATE、DELETE、TRUNCATE、REFERENCES、TRIGGER。如果指定了 WITH GRANT OPTION，权限的接受者就可以把该权限授予其他人，否则接受者不能继续授权。

【例 6-4】 把表 S 的插入权限授予给用户 user1。

```
GRANT INSERT ON S TO user1;
```

【例 6-5】 把视图 S_VIEW 的所有可用权限授予用户 user2。

```
GRANT ALL ON S_VIEW TO user2;
```

② 授予的权限可以由数据库管理员或其他授权者用 REVOKE 语句实现收回。REVOKE 语句的语法格式如下：

```
REVOKE <权限> [, <权限>]  ON <对象类型><对象名>[, <对象类型><对象名>]
FROM <用户> [, <用户>] … [CASCADE|RESTRICT];
```

【例 6-6】 从用户 user1 收回表 S 的插入权限。

```
REVOKE INSERT ON S FROM user1;
```

【例 6-7】 从用户 user2 收回视图 S_VIEW 的所有权限。

```
GRANT ALL ON S_VIEW FROM user2;
```

（3）列级权限

列级权限是对给定的用户授予在给定表或视图上某些列执行操作集。此动作只能为 INSERT、UPDATE 和 REFERENCES。

3．删除角色

由于角色可以拥有数据库对象并且能持有访问其他对象的特权，删除一个角色常常并非一次 DROP ROLE 就能解决。任何被该用户所拥有的对象必须首先被删除或者转移给其他拥有者，并且任何已被授予给该角色的权限必须被收回。

对象的拥有关系可以使用 ALTER 命令一次转移出去，语法格式如下：

```
ALTER <对象类型><对象名> OWNER TO <对象类型><对象名>;
```

此外，REASSIGN OWNED 命令可以把要被删除的角色 old_role 拥有的所有对象权限转移给另一个角色 new_role，语法格式如下：

```
REASSIGN OWNED BY old_role TO new_role;
```

由于 REASSIGN OWNED 不能访问其他数据库中的对象，有必要在每个包含该角色所拥有对象的数据库中运行该命令。

一旦任何有价值的对象已经被转移给新的拥有者，任何由被删除角色拥有的剩余对象就可以用 DROP OWNED 命令删除。另外，由于这个命令不能访问其他数据库中的对象，有必要在每个包含该角色所拥有对象的数据库中运行该命令。

6.2　完整性控制

6.2.1　数据库完整性的含义

数据库系统是对现实世界的真实的反应，如学生的学号必须唯一、学生的所选课程必须存在于选课系统中、年龄不能为负数、月份只能用 1～12 来表示等。为了维护这种反应的稳定与有效，引入完整性的概念，来避免用户在访问数据库的过程中，因为意料之外的错误导致更新数据出现异常，如手工输入数据时出错。广义的完整性泛指所有可能引发错误的范畴，包含语义完整性、并发控制、安全控制、数据库故障恢复等。狭义的完整性特指语义完整性。通常来说，数据库管理系统具有专门的完整性管理机制和程序来处理语义完整性问题，下面讨论的主要是语义完整性。

1．关系完整性的分类

2.2 节详细介绍了关系模型中的约束条件：关系的完整性规则。根据对所作用的数据库对象和范围的不同，关系完整性可以分为 3 类。

① 实体完整性（Entity Integrity）：包括行的完整性、行的唯一标识、主键约束等。

② 参照完整性（Referential Integrity）：包括表的外键需要与其他表的主键对应。

③ 用户自定义完整性（User-defined Integrity）：包括允许用户自己对不同粒度的对象添加不同约束，如对列的完整性、限制类型、范围等进行约束。

但与第 2 章中关系的完整性不同，数据库完整性是数据库管理系统的范畴，从更宏观的角度对数据库的操作进行约束与规范。

2. 数据库完整性的定义

数据库完整性（Database Integrity）是指数据库中数据在逻辑上所维持的正确性、一致性和相容性，是为防止错误的数据进入数据库造成无效操作和错误结果，而对数据做的必要检查和控制。

① 正确性：只有符合语义约束的合法数据才能进入数据库。例如，"年龄"属于数值型数据，不能含有字母或特殊符号。

② 一致性：保证数据之间的逻辑关系是正确的，对数据库更新时，数据库从一个一致状态到另一个一致状态。

③ 相容性：同一个事实的两个数据应当是相同或存在引用制约的，这两个数据可能存放在不同的关系中。例如，每个人的"性别"只能有一个。

3. 完整性与安全性

数据库的完整性与安全性是数据库保护的两个方面。完整性措施防范的对象是不合语义的数据，维护的是数据的正确性、一致性、相容性；安全性措施防范的对象是非法用户与非法操作，保证数据不被非法使用、更改、泄密和破坏。其相同点都是对数据的操纵进行控制，只不过实现的功能目标不同，从维护数据库的安全角度，完整性与安全性是密切相关的。

总而言之，引入数据库完整性的目的在于，确保各数据域的内容有效且无误，确保逻辑和存储文件上的数据值关系一致，确保数据库中的数据可以合法更新。完整性控制机制如图6-3所示。由此可见，维护数据库完整性，或者说，数据库的完整性设计是数据库安全保护的一个重要环节。

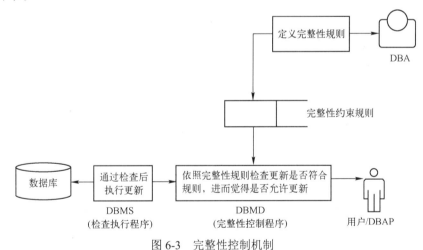

图 6-3　完整性控制机制

6.2.2　完整性规则的组成

数据库管理员通过向数据库管理系统提交一组完整性规则/约束条件，来检查数据库中的数据是否符合语义约束，从而实现对数据库的完整性控制。这样的完整性规则使用数据库管理系统提供的结构化语句来描述，经过系统编译后存入系统数据字典。

1．完整性规则的构成

完整性规则是一些语义约束的组合，定义了检查时机、检查对象、如何处理异常等事项。具体来说，完整性规则主要由以下三部分构成。

① 触发条件：规定系统什么时候使用完整性规则来检查数据。

② 约束条件：规定系统检查用户发出的操作请求违背了什么样的完整性约束条件。

③ 违约响应：规定系统若发现用户发出的操作请求违背了完整性约束条件，应该采取一定的动作来保证数据的完整性，即违约时要做的事情。

2．规则的执行时间

完整性规则从执行时间上可分为立即执行约束（Immediate Constraint）和延迟执行约束（Deferred Constraint）。

立即执行约束是指在执行用户事务过程中，某条语句执行完成后，系统立即对此数据进行完整性约束条件检查。如果发现用户的操作请求不符合具体的完整性约束条件，系统将拒绝此操作，是相对细粒度的检查。

延迟执行约束是指在整个事务执行结束后，再对约束条件进行完整性检查，结果正确后才能提交。如果发现事务的执行违背了具体的完整性约束条件，系统将拒绝整个事务，并把数据库恢复到该事务执行前的某个一致性状态。"校园卡支付"就是一个延迟执行约束的例子，钱从学生账户 A 转出到商家账户 B 为一个事务，从学生账户 A 扣款后，账单就不平了，必须等到钱转到商家账户 B 中，账单才能平衡，这时才能进行完整性检查。例如，当"支付事务"发生破坏完整性的情况或者商家账户 B 到账超时时，就应该将数据库回滚到学生账户 A 付款前。

3．规则的构成元素

一条完整性规则可以用一个五元组(D, O, A, C, P)来形式化表示。

① D（Data，数据集合）：约束的对象，代表约束作用的数据对象，可以是关系、元组和列三种对象；

② O（Operation，操作）代表触发完整性检查的数据库操作，即当用户发出什么操作请求时需要检查该完整性规则，是立即执行还是延迟执行；

③ A（Assertion，约束）代表数据对象必须满足的语义约束，这是规则的主体。

④ C（Condition，谓词）代表选择 A 作用的数据对象值的谓词。

⑤ P（Procedure，响应动作）：不满足时怎么办？代表违反完整性规则时触发执行的操作过程。

【例 6-8】 对于"学号（sno）不能为空"的这条完整性约束，(D, O, A, C, P)的含义分别如下。

D：代表约束作用的数据对象为 sno 属性。

O：当用户插入或修改数据时需要检查该完整性规则，属于立即执行约束。

A：sno 不能为空。

C：A 可作用于所有记录的 sno 属性。

P：拒绝执行用户请求。

一旦完整性规则经编译存放在系统数据字典后，数据库管理系统的完整性控制机制就会开始执行这些完整性规则，其主要优点是：非法操作由数据库管理系统控制机制处理，而不是由用户处理，提高系统的易用性和运行效率。同时，由于规则集中在系统数据字典中，不是散布在各应用程序之间，易于定义、修改和理解。数据库系统的完整性控制机制是围绕着完整性约束条件进行的，换句话说，完整性约束条件是完整性控制机制的核心。

6.2.3　完整性约束条件的分类

约束是强制执行的一套应用规则，建立和使用约束条件的目的是保证数据库的完整性。通过约束条件来限制操作对象的格式和可能值，例如，用户存放在表中数据的格式和取值范围。约束是数据库定义的一部分，可以在建表时进行声明，独立于表结构，对约束的添加和删除操作不改变基本表；在表被删除时，该表中的约束条件也会相应地被删除。

1．从约束条件使用的对象划分

从约束条件使用的对象来划分，约束可以分为值的约束和结构的约束。

（1）值的约束

值的约束可以分为对数据类型、数据格式、取值范围和空值等进行规定。

① 对数据类型的约束，包括数据的类型、长度、单位和精度等。例如，规定学生学号的数据类型为字符型，长度为13。

② 对数据格式的约束。例如，规定入学日期的数据格式为 YY.MM.DD。

③ 对取值范围的约束。例如，年龄的范围为 0～150，月份的取值范围为 1～12。

④ 对空值的约束。空值与零值、空格不同，表示未定义或未知的值。有的列属性允许存在空值，有的不允许。例如，"学号"和"班级"不能为空，而"宿舍号"和"成绩"可以。

（2）结构的约束

结构的约束就是对数据之间联系的约束。基于对现实世界的真实反映，同一关系的不同属性之间、不同关系的属性之间存在着联系，因此需要满足一定的约束条件。

① 函数依赖约束。例如，2NF、3NF、BCNF 等不同范式所声明的约束条件。一般，函数依赖约束隐含在关系模式结构中，尤其是对于具有较高规范化程度的关系模式，由关系模式来保持函数依赖。

② 实体完整性约束。要求关系键的属性列必须唯一，其值不能为空或部分空，且每个数据表必须设置非空主键。

③ 参照完整性约束。规定不同关系的属性之间的约束条件，即外部键的值可以为空，但不允许引用不存在的实体，也被称为引用完整性。

④ 统计约束。规定某属性值与关系多个元组的统计值之间必须满足某种约束条件。例如，规定有资格评选奖学金的同学，其总成绩排名为年级前 30%且不存在不及格与重大违纪行为。这里，"总成绩排名前 30%"就是一个统计计算值。

其中，实体完整性约束和参照完整性约束也被称为关系的两个不变性，是关系模型必须实现的完整性约束。而统计约束实现起来计算开销很大。

2．从约束对象的状态划分

从约束对象的状态来划分，约束可以分为静态约束和动态约束，如图 6-4 所示。

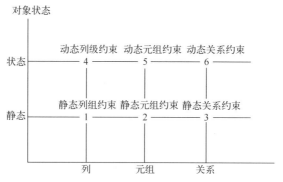

图 6-4　根据对象的状态和粒度划分

① 静态约束。静态约束是指要求数据库在任意时刻都应该满足的约束，即对数据库每个确定状态所应满足的约束条件。对静态对象的约束反映了数据库状态的合理性，是最重要的一类完整性约束。值的约束和结构的约束均属于静态约束。

② 动态约束。动态约束是指数据库从一种状态转变为另一种状态时应满足的约束，表现为新旧值之间应满足的条件。对动态对象的约束反映了数据库状态的变迁。例如，学生年龄、教职工的工资等在更改时，只能增长不能下降。

6.2.4　数据完整性的实施

一般，在定义表时声明数据完整性、在服务器端编写触发器实现数据完整性。

1．实施的形式

数据完整性的实施一般在服务器端完成，一旦进入系统，就开始执行数据完整性规则。总体上，实施的形式可以分为两种。

① 声明式数据完整性。声明式数据完整性是指，在对象的定义中融入数据需要符合的条件，即在定义表的同时，声明数据完整性。这样，数据库管理系统会自动确保数据符合事先制定的条件。这是实施数据完整性的首选。

声明式数据完整性是数据定义的一部分，表现为对表和字段定义声明的约束。常见的类型是约束（Constraint）、默认值（Default）与规则（Rule）。

② 程序化数据完整性。程序化数据完整性是指，所需符合的条件及该条件的实施均通过所编写的程序代码完成，即通过编写相应的程序来维护数据完整性。维护完整性的相关的程序语言及工具可以实施在客户端或服务器端。常用的类型是存储过程（Stored Procedure）和触发器（Trigger）。

综上，数据完整性的实施方法有 5 种类型：约束（Constraint）、默认值（Default）、规则（Rule）、存储过程（Stored Procedure）、触发器（Trigger）。3.4.3 节已详细介绍了约束的定义和使用方法，第 7 章将介绍存储过程和触发器的定义和使用方法，下面主要介绍规则。

2．规则

规则（Rule）与存储过程和触发器的作用机制不同，其基本逻辑是将查询修改为需要考虑规则，然后将修改后的查询交付于查询规划器进行规划和执行。规则系统非常有效，并且可以被用于不同信息,如语言过程、视图和版本。在 KingbaseES 中,视图(View)系统就是利用规则实现的。其语法格式如下:

```
CREATE [OR REPLACE ] RULE name  AS ON event
    TO table  [WHERE condition]
    DO [ALSO | INSTEAD] {NOTHING | command | (command; command …)}
```

其中,event 可以是 SELECT、INSERT、UPDATE 或 DELETE;WHERE condition 是规则条件,它是一个限制,告诉规则动作什么时候做、什么时候不做。这个条件只能引用 NEW 或 OLD 关系,基本上代表作为对象给定的关系(但是有着特殊含义)。

【例 6-9】 跟踪学生表 S 中的 Sno 列,建立一个日志表和一条规则:每次在学生表 S 上执行 UPDATE 时,有条件地写入一个日志项。

```
CREATE TABLE S_log (
    Sno  CHAR(7),
    Sn  VARCHAR(18),
    Log_who  text,
    log_when  timestamp
);

CREATE RULE log_S AS ON UPDATE TO S
    WHERE NEW.Sn <> OLD.Sn
    DO INSERT INTO S_log VALUES (
        NEW.Sno,
        NEW.Sn,
        current_user,
        current_timestamp
    );
```

6.3 事务的并发控制和封锁

6.2 节讨论的完整性保证了某用户执行单个事务时数据的正确性,而实际应用系统还需要保证许多用户并行存取数据库时数据的完整性、有效性和正确性,以充分利用和共享数据库资源。并发控制就是为了保证多个用户并发存取同一数据时数据库中数据的一致性所施加的控制,数据库管理系统的并发控制是以事务为基本单位进行的。

6.3.1 事务

事务是数据库系统中执行的一个工作单位,是用户定义的一组操作序列,是数据库应用程序的基本逻辑单元。一个事务可以是一条 SQL 语句、一组 SQL 语句或整个程序,一个应用程序可以包含多个事务。事务是最小故障恢复单位和并发控制单位,是数据库管理系统中执行并发控制和故障恢复的基础,在并发执行以及在事务未完成需要恢复数据时,以事务为单位进行。

1．事务的相关语句

与事务相关的语句包括三种：① BEGIN，事务开始；② COMMIT，提交；③ ROLLBACK，回滚。

事务由事务开始和事务结束之间执行的全体操作组成。COMMIT 语句表示事务提交，即事务已经成功完成，将事务中所有对数据库的更新写回到磁盘上永久保存，事务正常结束。ROLLBACK 语句表示回滚，即在事务运行的过程中发生了故障，事务异常终止，将事务中对数据库的所有已完成的操作全部撤销，被修改的数据库恢复到该事务执行之前的状态。

为了提高事务的执行效率、方便程序调试等操作，在事务中可以根据用户的需求设置保存点（Save Point），当使用回滚语句时，不需回滚到事务的起始位置，而是回滚到保存点所在的位置，但保存点之前的事务依然被有效执行，即不能回滚。

2．事务的 ACID 性质

为了保证数据的一致性状态，要求数据库系统维护事务的以下性质。

① 原子性（Atomicity）：一个事务是一个不可分割的工作单元，事务中包含的数据库操作是不可分割的整体，事务的所有操作要么全部正确执行，要么全部不执行。当事务由于某些原因不能正确执行时，该事务对数据库造成的任何修改都要撤销，从而保证事务的原子性。

② 一致性（Consistency）：当事务单独运行时（没有其他事务的并发执行），应保持数据库的一致性，事务执行的结果必须是从一个一致状态到另一个一致状态。一致性在逻辑上不是独立的，由编写事务的应用程序员负责，也可由系统测试完整性约束自动完成。一致性由数据库完整性子系统执行测试任务。

③ 隔离性（Isolation）：当多个事务并发执行时，事务必须是独立的，需要保证一个事务的执行不能被其他事务干扰，即一个事务内部的操作与使用的数据对其他并发事务是隔离的，每个事务都感觉不到其他事务的并发执行，不应以任何方式依赖于或影响其他事务。对于任何一对并发执行的事务 A 和 B，B 查看的数据状态要么是 A 执行前的状态，要么是 A 执行后的状态。隔离性通过数据库系统中的并发控制子系统处理。

④ 持续性（Durability）：一个事务一旦提交，即使系统出现故障，它对数据的所有更新也应该永久反映在数据库中。由于数据库系统在磁盘上记录了事务的操作信息（操作日志），这在保证原子性的同时提供了持久性的保证。持续性由数据库管理系统中的恢复管理子系统负责。

例如，一个简单的银行账户之间的汇款转账操作。假设张三给李四转账 1000 元，转账前后的状态为：张三，转账前的余额为 5000 元，转账后的余额为 4000 元；李四，转账前的余额为 1000 元，转账后的余额为 2000 元。

该操作在数据库中由以下三步完成：张三的账户减少存储金额 1000 元；李四的账户增加存储金额 1000 元；在事务日志中记录该事务。

整个银行账户的交易过程（如图 6-5 所示）可以看作一个事务：如果操作失败，那么该事务就会回滚，所有该事务中的操作将撤销，张三余额仍为 5000 元，李四余额仍为 1000 元；如果操作成功，那么将对数据库永久修改，张三余额变为 4000 元，李四余额增至 2000 元，即使以后服务器断电，也不会对修改的结果影响。事务中的前两步操作，如果只执行其中一个操作，那么数据库会处于不一致状态，账务会出现问题，因此两个操作要么全做，要么全不做。

图 6-5　银行账户交易过程

6.3.2　并发执行与数据的不一致性

若每时刻只有一个事务在运行，每个事务仅当前事务执行完全结束后才开始，则这种执行方式称为串行执行。这种执行方法可以保证事务的 ACID 性质。若数据库管理系统允许多个事务并行执行，事务可以在时间上重叠执行，则这种执行方式称为并行执行。但是多个事务并行执行可能引起许多数据一致性的问题，需要事务管理器进行特殊的处理。尽管如此，目前的数据库管理系统通常允许多个事务并发执行。

1．并发执行的必要性

（1）提高系统的资源利用率

一个事务是由多个活动组成的，在不同的执行阶段需要不同的资源。事务的 I/O 操作与 CPU 处理可以并行运行，如果事务串行执行，有些资源可能空闲，因此某些事务可以并发执行，从而提高系统的资源利用率，增加系统的吞吐量。例如，当一个事务在磁盘上读写时，另一个事务可在 CPU 上运行；当一个事务在磁盘 A 上进行读写时，另一个事务可以在磁盘 B 上进行读写，即交叉地利用这些资源。

（2）减少事务的等待时间

系统中运行的事务时间长短不一，如果事务串行执行，那么运行时间短的事务可能要等待很长的时间才能得到系统的响应，如果事务并发执行，可以减少事务执行时不可预测的延迟，同时减少平均响应时间。

为了充分利用数据库资源，提高数据库系统的效率，很多时候数据库用户都是对数据库系统并行存取数据的，这样就会发生多个用户并发存取同一数据的情况，如果对并发操作不加控制，就有可能破坏并发事务的 ACID 性质，产生不正确的数据，破坏数据的完整性。

并发控制就是解决这类问题的，目的是保证一个用户的工作不会对另一个用户的工作造成影响，以保持数据库中数据的一致性，即在任何一个时刻数据库都将以相同的形式给用户提供数据。

2．并发执行的问题

事务如果不加控制地并发执行，可能产生三方面的问题。

（1）读脏数据（Dirty Read）

读脏数据有时简称为"脏读"。如果一个事务正在访问一个数据并对数据进行了修改，但是这个修改并没有提交至数据库中，此时另一个事务也访问了这个数据，并使用了修改后的数据，那么第二个事务读取到的数据尚未提交更新，这个行为就称为读脏数据，该数据被称为"脏"数据。

例如，对于事务 T1 和 T2，T1 读取商品 A 的价格，将 A 的价格下调 10 元，T2 查询商品 A 的价格，如表 6-3 所示。

表 6-3 读脏数据示例

时间序列	事务 T1	数据库中商品 A 的价格	事务 T2
t0		100	
t1	FIND A		
t2	A=A-10		
t3	UPDATE A		
t4		90	FIND A(COMMIT)
t5	ROLLBACK		
t6		100	

读脏数据操作在数据库中由以下三步完成。

① 事务 T1 读取、修改药品 A 的价格。例如，下调 10 元，$100-10=90$ 元。

② 事务 T2 查询药品当前的最新值，事务结束。

③ 事务 T1 因某种原因回滚，药品 A 的价格修改为原值。

这样，事务 T2 查询到的药品 A 的价格就是不正确的，即读到了脏数据。造成这个问题的原因就是事务 T2 在事务 T1 提交前，T2 读到了 T1 修改后的数据。

读脏数据问题是由于一个事务读另一个更新事务尚未提交的数据所引起的，因此也被称为"读写冲突"。

（2）不可重复读（Unrepeatable Read）

当在一个事务内，多次读取同一个数据，在该事务还没有结束时，有另一个事务对该数据进行了修改，导致第一个事务两次读到的数据可能不一致，这种情况称为不可重复读，也被称为不一致分析。

例如，对于事务 T1 和 T2，T1 读取商品 A 的价格，T2 将 A 的价格下调 10 元，T1 再次读取商品 A 的价格进行核对，得到的量词读取值不一致，如表 6-4 所示。

表 6-4 不可重复读示例

时间序列	事务 T1	数据库中商品 A 的价格	事务 T2
t0		100	
t1	FIND A		FIND A
t2			A=A-10
t3			
t4			UPDATE A
t5		90	
t6	FIND A		

不可重复读操作在数据库中由以下三步完成。

① 事务 T1 读取药品价格，进行求和操作。

② 事务 T2 读取、修改药品 A 的价格，并提交。

③ 事务 T1 再次读取药品价格，进行求和操作。

事务 T1 前后两次读取的药品 A 价格不一致，出现这个问题的原因是在事务 T1 的第一次读入药品 A 的价格后，事务 T2 修改了它要读取的数据，而事务 T1 后读取到的数据是更新后的 A 的价格，以至两次读到的值不同。

读脏数据与不可重复读之间的区别是：读脏数据是读取前一事务未提交的脏数据，不可重复读是重新读取前一事务已提交的数据。

（3）丢失更新（Lost Update）

当一个事务读取一个数据时，另一个事务也访问同一数据，在第一个事务中更新了这个数据后进行了提交，第二个事务也更新了这个数据并进行了提交，覆盖了第一个事务的数据更新，这样第一个事务的修改结果就被丢失，如表 6-5 所示。

表 6-5　丢失更新示例

时间序列	事务 T1	数据库中商品 A 的价格	事务 T2
t0		100	
t1	FIND A		
t2			FIND A
t3	A=A-10		
t4			A=A-20
t5	UPDATE A	90	
t6		80	UPDATE A

该操作在数据库中由以下四步完成。

① 事务 T1 读取药品 A 的价格为 100。

② 事务 T2 读取药品 A 的价格为 100。

③ 事务 T1 将药品 A 的价格下调 10 元，更新 A 的价格为 90，并写回数据库。

④ 事务 T2 将药品 A 的价格下调 20 元，更新 A 的价格为 80，并写回数据库。

若按照上面的活动序列执行，事务 T1 的更新就被丢失，这是由于两个事务对同一数据并发写入所引起的。

6.3.3　封锁和封锁协议

封锁是实现数据库并发控制的一个非常重要的技术。所谓封锁，就是当一个事务在对某个数据对象（可以是数据项、记录、数据集以至整个数据库）进行读或写操作之前，必须获得相应的锁，以保证数据操作的完整性、并发性和一致性，在该事务释放锁之前，其他事务不能对此数据对象进行更新。封锁过程分为三步：申请封锁，获得锁，释放锁。

1. 封锁的方式及相容矩阵

对数据对象有两种基本的封锁的方式：排他锁和共享锁。

（1）排他锁（Exclusive Locks，X 锁）

排他型封锁，又称为写封锁，简称为 X 封锁，其原理是禁止并发操作。假如事务 T 申请到数据项 A 的 X 锁，则 T 可以读数据项 A，也可以写 A，其他事务都不能再对 A 加任何类型的锁，直到 T 释放 A 上的锁。

（2）共享锁（Share Locks，S 锁）

共享封锁，又称为读封锁，简称为 S 锁，其原理是允许其他用户对同一数据对象进行查询，但不能对该数据对象进行修改。假如事务 T 申请到数据项 A 的 S 锁，则 T 可以读数据项 A，但不能写 A，其他事务仍然可以对 A 加 S 锁，但是不能加 X 锁。

事务通过 SLOCK(A)指令申请数据项 A 的共享锁，通过 XLOCK(A)指令申请数据项 A 的排他锁，通过 UNLOCK(A)指令释放数据项 A 的锁。每个事务都要根据自己将执行的操作类型向锁管理器申请适当的锁。只有在锁管理器授予所需锁后，事务才能进行相关操作。

根据共享锁和排他锁的定义，可得表 6-6 所示的相容矩阵，Y 表示相容，N 表示不相容。

表 6-6　锁的相容矩阵

T1	T2	
	S	X
S	Y	N
X	N	N

在相容矩阵中，最上一行表示已分配给事务 T2 的锁类型，最左边一列表示正在申请锁的 T1 事务，假设事务 T1 申请对数据项 A 加某一类型的锁，当前事务 T2 已拥有某类型的锁，如果事务 T1 能够马上得到它所申请的锁，则说事务 T1 拥有的锁与事务 T2 拥有的锁是相容的。可以看到，只有共享锁和共享锁是相容的，共享锁与排他锁以及排他锁之间都是不相容的。因此，一个数据项可以同时有多个共享锁，此后事务的排他锁申请必须等待，直到其他事务释放了数据项上的共享锁。

2．封锁协议

用两种基本封锁对数据对象封锁时，要求所有事务遵守称为封锁协议（Locking Protocol）的一组规则，如何时开始封锁、封锁多长时间、何时释放等。封锁协议共三级，不同级别的封锁协议在不同的程度上为并发操作的正确调度提供保证。

（1）一级封锁协议

一级封锁协议是指事务 T 在修改数据对象 A 前必须对其加 X 锁，直到事务结束才释放。其中，事务结束包括正常结束（COMMIT）和非正常结束（ROLLBACK）。一级封锁协议可以防止丢失更新，并保证事务是可以恢复的，事务无丢失更新的情况如表 6-7 所示，事务 T1 在修改 A 的数据前对其加 X 锁，事务 T2 在修改 A 的数据前也对其加 X 锁，因此 T2 等待，直到 T1 释放 A 的 X 锁为止。但是在一级封锁协议中，如果是读数据，就不需要封锁，所以它不能保证可重复读和不读脏数据。

表 6-7　无丢失更新

时间序列	事务 T1	数据库中商品 A 的价格	事务 T2
t0		100	
t1	XLOCK A		
t2	READ A		
t3			XLOCK A
t4	A=A-10		WAIT …
t5	UPDATE A	90	
t6	COMMIT		
t7	UNLOCK A		
t8			READ A
t9			A=A-20
t10		70	UPDATE A
t11			COMMIT
t12			UNLOCK A

（2）二级封锁协议

二级封锁协议是在一级封锁协议的基础上，加上事务 T 在读取数据 A 前必须先对其加 S 锁，读完后，释放 S 锁。二级封锁协议可以防止丢失更新和读脏数据，如表 6-8 所示。但是由于读完数据后可以立即释放 S 锁，因此不能保证可重复读。

表 6-8　无读脏数据

时间序列	事务 T1	数据库中商品 A 的价格	事务 T2
t0		100	
t1	XLOCK A		
t2	READ A		
t3			SLOCK A
t4	A=A-10		WAIT …
t5	UPDATE A	90	
t6	ROLLBACK	100	
t7	UNLOCK A		
t8			READ A
t9			COMMIT
t10		70	UNLOCK A

（3）三级封锁协议

三级封锁协议是在一级封锁协议的基础上，加上事务 T 在读取数据 A 前必须先对其加 S 锁，读完后并不释放 S 锁，而直到事务 T 结束才释放。三级封锁协议除了可以防止丢失更新和读脏数据，还可以防止不可重复读，如表 6-9 所示。事务 T1 要多次读取 A 的值因此申请了 S 锁，在前一次读取后，事务 T2 对数据 A 进行修改，因此申请 X 锁被拒绝，只能等待，事务 T1 在下一次读取数据 A 的值时仍为原来的值，即可重复读。

表 6-9　可重复读

时间序列	事务 T1	数据库中商品 A 的价格	事务 T2
t0		100	
t1	SLOCK A		
t2	READ A		
t3			XLOCK A
t4			WAIT …
t5	READ A	90	
t6	COMMIT		
t7	UNLOCK A		
t8			READ A
t9			A=A-10
t10		90	UPDATE A
t11			COMMIT
t12			UNLOCK(A)

三个级别的封锁协议规则如表 6-10 所示，表明封锁协议级别越高，其一致性就越高。

表 6-10　不同级别封锁协议与一致性

封锁协议	X 锁		S 锁		一致性		
	操作结束释放	事务结束释放	操作结束释放	事务结束释放	不丢失更新	不"脏"读	可重复读
一级		√			√		
二级		√	√		√	√	√
三级		√		√	√	√	√

6.3.4　活锁和死锁

封锁技术有效地解决了并发操作带来了一致性问题，但是对并发执行的事务进行封锁可能导致活锁和死锁情况的出现。

1．活锁及活锁的避免

活锁（Livelock）：当某个事务请求对某数据进行排他性封锁时，由于其他事务对该数据的操作而使这个事务处于永久等待状态，这种状态称为活锁，如表 6-11 所示。

表 6-11　活锁

时间序列	事务 T1	事务 T2	事务 T3	事务 T4	事务 T5	事务 T6
t0	SLOCK A					SLOCK A
t1	READ A					READ A
t2		XLOCK A				
t3		WAIT …	SLOCK A			
t4	UNLOCK A		READ A			UNLOCK A
t5				SLOCK A		
t6				READ A		
t7						
t8			UNLOCK A	SLOCK A		
t9				READ A		
t10		UNLOCK A				

事务 T1 首先获得数据项 A 的 S 锁，事务 T2 申请相同数据项上的 X 锁，于是 T2 等待。在事务 T2 等待的过程中，事务 T3、T4 先后申请数据项 A 的 S 锁。由于申请的锁与事务 T1 的锁是相容的，因此 T3、T4 先后获得了 A 的 S 锁。这样，在事务 T1 提交释放数据项 A 的封锁后，事务 T2 仍然等待，并且有可能其间又有新的事务如 T5 等获得数据项 A 的 S 锁。事务 T2 因一直得不到数据项的封锁而处于长久的等待状态，这就出现了活锁。

避免活锁的最简单的方法就是采用先来先服务的策略。当有多个事务申请同一数据项的封锁时，锁管理器按照申请封锁时间的先后放入申请队列，当数据项的封锁释放后，首先批准申请队列中第一个事务的锁申请。如果事务要获得数据项的封锁，除了申请的锁与数据项上已有的锁相容，还必须在该事务之前没有其他事务处于申请队列中。

2．死锁及死锁的预防和处理

（1）死锁的出现

在同时处于等待状态的两个或多个事务中，都需分别等待各自的数据，而该数据已被它们中的某个事务所封锁，这种状态称为死锁（Deadlock）。如果不进行外部干涉，死锁将一直持续。死锁会造成资源的大量浪费，甚至使系统崩溃。死锁产生的条件有四个，分别如下。

① 互斥条件：一个数据对象一次只能被一个事务所使用，即对数据的封锁采用排他式。

② 不可抢占条件：一个数据对象只能被占有它的事务释放，不能被别的事务强行抢占。

③ 部分分配条件：一个事务已经封锁分给它的数据对象，但仍然要求封锁其他数据。

④ 循环等待条件：允许等待其他事务释放数据对象，系统处于封锁请求相互等待状态。

死锁的形成如表 6-12 所示。假如事务 T1 已获得数据项 A 的 S 锁，事务 T2 已获得数据项 B 的 X 锁。在事务并行执行过程中，事务 T1 申请数据项 B 的 X 锁，于是事务 T1 等待。事务 T2 随后申请数据项 A 的 X 锁，于是事务 T2 等待。这样就出现了事务 T1 等待事务 T2 释放锁，而事务 T2 也在等待事务 T1 释放锁的情况。两个事务都不可能运行结束，出现死锁。

表 6-12　死锁的形成

时间序列	事务 T1	事务 T2
t0	SLOCK A	
t1	READ A	XLOCK A
t2		WAIT …
t3		
t4	XLOCK A	
t5	WAIT …	
t6		
t7		XLOCK A
t8		WAIT …

死锁有两种处理方式。一种是进行死锁的预防，不让并发执行的事务出现死锁的状况；一种是死锁的检测和恢复，在死锁出现后采取措施解决，系统需增加死锁的检测及死锁的解除算法。

（2）死锁的预防

死锁的预防保证系统不进入死锁状态，如果系统发生死锁的概率较高，通常采用预防机制。在数据库中，死锁的产生是因为两个或多个事务占有了一些锁资源，然后申请被其他事务占用的锁资源，因此死锁的预防就是要破坏死锁产生的条件。预防死锁的发生可采用的方法一般有两种：一次封锁法、顺序封锁法。

一次封锁法是每个事务必须将所有要使用的数据对象全部一次封锁，并要求封锁成功，只要一个封锁不成功，表示本次封锁失败，则应该立即释放所有封锁成功的数据对象，然后重新开始封锁。该方法的缺点是，在事务开始前很难精确地确定每个事务要封锁的数据对象，并一次将所有需要的封锁申请到，势必需要扩大封锁的范围，这就大大降低了系统的并发度。

顺序封锁法是预先对所有可封锁的数据对象规定一个封锁顺序，每个事务都需要按此顺序封锁，在释放时，按逆序进行。采用顺序封锁法时所有事务都按照规定的顺序申请封锁，因此有效避免了死锁。但是数据库中的数据是不断变化的，不能准确规定数据库对象的封锁顺序。

（3）死锁的检测和恢复

如果死锁很少发生且发生时只涉及少量的事务，那么更好的方法是检查系统状态的算法周期性地激活，判断有无死锁发生，如果检测到系统出现死锁，就将系统从死锁中恢复。死锁的检测方法一般使用超时法和等待图法。

超时法规定申请锁的事务等待的最长时间，如果一个事务的等待时间超过了规定时间，那么系统判定出现死锁，此时该事务本身回滚并重启。超时法实现简单，但缺点很明显，一般很难把握等待多长时间合适。若实际已发生死锁，等待时间太长将会导致不必要的延迟；若等待时间太短，即使死锁没有发生，也可能出现死锁的误判，引起事务的回滚，造成资源的浪费。

等待图 $G=(T,U)$ 是一个有向图，顶点 T 为当前系统中正常运行事务 T 的集合，有新的

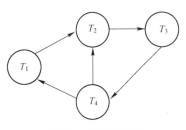

图 6-6　有环等待图

事务 T_i 启动，检测算法在等待图中增加一个顶点 T_i；事务 T_i 运行结束，则在等待图中删除顶点 T_i 以及与 T_i 相连的边。U 是边的集合，每条边表示事务的等待情况。若事务 T_i 等待事务 T_2 释放封锁，则等待图中增加一条由 T_i 顶点指向 T_2 顶点的有向边。事务等待图动态反映了所有事务的等待情况。如果在事务等待图中沿着箭头方向存在一个循环，那么死锁的条件就形成了，系统就会出现死锁，如图 6-6 所示，环路中的每个事务都处于死锁状态。

数据库管理系统的并发控制子系统一旦检测到死锁的存在，就要对其进行解除。选择一个处理死锁代价最小的事务，将其撤销，以解除死锁，其他事务在得到需要的封锁后，可以继续运行。

3．封锁的粒度

封锁粒度是指封锁的单位。除了数据项，根据对数据的不同处理，封锁的对象可以是这样一些逻辑单元，如属性、元组、关系、索引、整个数据库等，也可以是数据库的物理单位，如页、块等，封锁的数据对象的大小称为封锁粒度。

封锁粒度与系统的并发度及资源的消耗密切相关：封锁粒度越小，系统中能够被封锁的对象就越多，并发度越高，封锁机构越复杂，系统开销就越大；封锁粒度越大，系统中能够被封锁的对象就越少，并发度越低，封锁机构越简单，相应系统开销就越小。

不同的事务在运行过程中可能需要不同的封锁粒度，选择封锁粒度时应该综合考虑封锁开销和并发度两个因素。因此，允许系统同时为不同的事务提供不同的封锁粒度选择，即多粒度封锁。

6.4　数据库的备份和还原

数据库中的数据是有价值、有意义的信息资源，这些数据是不允许丢失或损坏的。尽管数据库系统采取各种措施来保证数据库的安全性和完整性不被破坏，保证并发事务能够正常执行。但是计算机系统中硬件的故障、软件的错误、操作员的失误、恶意的破坏仍然是不可避免的。这些情况一旦发生，轻则造成运行事务非正常中断，影响数据库中数据的正确性；重则破坏数据库，使数据库中的数据全部或部分丢失，带来巨大损失。因此，数据库管理系统必须具有把数据库从错误状态还原到某已知正确状态的功能，这就是数据库的还原功能。

6.4.1　数据库备份和还原概述

1．备份

（1）备份概述

备份是指对数据库部分或全部内容进行处理，生成一个副本的过程。数据库备份记录了

在进行数据库备份操作时的所有数据状态。在 KingbaseES 中，数据库需要备份的内容包括控制文件、数据文件和日志文件。

控制文件是用来存放系统全局信息的文件，包括初始化后数据目录的 CTL 子目录中的所有文件和 kingbase.conf、sys_hba.conf、sys_ident.conf 文件。数据文件是存放所有数据的文件。日志文件是指 WAL 预习日志。

（2）备份分类

备份和还原是由数据库管理员完成的。数据库提供了 4 种备份类型：数据库完全备份、数据库差异备份、事务日志备份、文件和文件组备份。

① 数据库完全备份是指备份整个数据库的内容，包括数据库中所有的数据文件及其对象和事务日志文件。实际上，备份的时间和存储空间由数据库中的数据容量决定。还原时不需要其他支持文件，操作相对简单。

数据库完全备份是还原数据的基础文件，事务日志备份和数据库差异备份都需要依赖数据库完全备份。如果完全备份比较频繁，在备份文件中就会有大量数据是重复的。

数据库完全备份适用于数据更新缓慢的数据库。因为这种类型的备份不但速度较慢，而且占用大量磁盘空间，所以通常将其安排在整个数据库系统的事务运行数目相对较少时（如晚间）进行，以避免对用户的影响和提高数据库备份的速度。

② 数据库差异备份只备份自上次数据库完全备份后发生更改的数据。差异备份一般会比完全备份占用更少的空间。数据库差异备份的时间和存储空间由上次数据库完全备份后变化的数据容量决定。差异备份前必须至少有一次完全备份，而还原时也必须先还原完全备份，才能还原差异备份。可以在不同时间使用多次差异备份，还原时若指定还原，则是不完全恢复，若不指定备份文件，则还原到最后一次差异备份的时刻。

差异备份和还原所用的时间较短，因而通过增加差异备份的备份次数，可以降低丢失数据的风险，但是无法像事务日志备份那样提供到失败点的无损数据备份。

③ 事务日志备份是指对数据库发生的事务进行备份，包括从上次进行事务日志备份、差异备份和完全备份后，所有已经完成的事务。事务日志备份所需时间和存储空间最小，适用于数据库变化较为频繁或不允许在最近一次数据库备份后发生数据丢失或损坏的情况。

事务日志备份前必须至少有一次完全备份，而还原时必须先还原完全备份，再还原差异备份，最后按照日志备份的先后顺序，依次还原各次事务日志备份的内容。

④ 文件和文件组备份是指单独备份特定的、相关的数据库文件或文件组。这种备份策略最大的优点是只还原已损坏的文件或文件组，而不用还原数据库的其余部分。

文件和文件组备份通常需要事务日志备份来保证数据库的一致性，文件和文件组备份后还要进行事务日志备份，以反映文件或文件组备份后的数据变化。

2．还原与恢复

还原就是把遭到破坏、丢失或出现重大错误的数据还原到备份时的状态。还原是备份的逆过程，数据库备份后，一旦发生系统崩溃或者出现数据丢失，就可以将数据库的副本加载到系统中，让数据库还原到备份时的状态。

数据库提供了 3 种数据库还原模式：简单还原（Simple Recovery）、完全还原（Full Recovery）、大容量日志记录还原（Bulk-Logged Recovery）。

① 简单还原模式可以将数据库还原到上次备份处，但是无法将数据库还原到故障点或待定的某时刻。简单还原模式常用于还原最新的数据库的完全备份和差异备份，若想还原到数据库失败时的状态，必须重建最新的数据库备份或者差异备份后的更改。

② 完全还原模式使用数据库的完全备份和事务日志备份将数据库还原到故障点或特定的时间点。为保证这种还原程度，包括大容量操作（如 SELECT INTO、CREATE INDEX）和大容量装载数据在内的所有操作都将完整记入日志。在完全还原模式下，如果事务日志损坏，就必须重做最新的日志备份后，再进行还原。

③ 大容量日志记录还原模式为某些大规模或大容量复制操作提供最佳性能和最少日志使用空间。大容量日志记录还原模式只允许数据库还原到事务日志备份的结尾处，不支持即时点还原。大容量日志记录还原模式采用的备份策略与完全还原模式基本相同。

3．备份策略

所谓备份策略，就是指定每个需要备份的数据库中数据在什么时候备份，如何备份，定期地进行数据转储，制作后备副本。备份是十分耗费时间和资源的，不能频繁地进行，DBA应该根据数据库使用情况确定一个适当的备份周期，根据数据库使用情况确定适当的转储周期和转储方法。

例如，每天晚上进行动态增量转储，每周进行一次动态海量转储，每月进行一次静态海量转储。在实际应用中，如何选择合适的备份策略主要考虑如下方面。

① 数据库比较小时，或者数据库很少修改或者是只读的，要执行海量数据库备份。

② 为了记录在两次海量数据库转储之间的所有数据库活动，要执行增量数据库转储和事务日志转储策略。

③ 为了实现数据库文件或者文件组备份策略，应时常转储事务日志。

备份策略设置好后，数据库服务器就会按照策略指定的时间去唤醒应用服务器上的备份客户端，于是备份客户端将指定文件或数据库的数据从磁盘上取出，通过网络传输给数据库服务器，由数据库服务器保存到备份设备上。假如数据库服务器有需要备份的数据，就直接将其保存到备份设备上，不需要经过网络，备份性能更高。

6.4.2　数据库还原

数据库还原的基本原理十分简单，就是数据的冗余。数据库中任何一部分被破坏的或不正确的数据都可以利用存储在系统其他地方的冗余数据来修复。因此，还原系统提供两种类型的功能：一种是生成冗余数据，即对可能发生的故障做某些准备；另一种是冗余重建，即利用这些冗余数据还原数据库。

生成冗余数据最常用的技术是登记日志文件和数据转储，在实际应用中，这两种方法常常结合起来一起使用。

1．日志

在计算机发生事务故障后，系统必须知道已经执行过的事务操作信息，从而保证能够完整并正确地进行故障还原。系统维护了一个日志文件来记录事务对数据库的重要操作，使得数据库的每一个变化都单独记录在日志上。

（1）日志的内容

日志是数据库管理系统用来记录事务对数据库的更新操作的文件。日志是日志记录的序列。日志记录有几种类型，其中的一种日志记录称为更新日志记录（Update Log Record），记录事务对数据库的写操作，描述内容主要包括：

❖ 事务标识符，执行写操作事务的唯一标识符。

❖ 数据项标识符，事务操作对象的唯一标识符。

❖ 前像（Before-Image，BI），更新前数据的旧值。

❖ 后像（After-Image，AI），更新后数据的新值。

每当事务执行时，事务的开始、结束以及对数据库的更新操作就被记录到日志中，这些记录不允许修改或删除。对于更新操作的日志记录，每个日志记录主要包括如下信息：

❖ [start_transaction, T]：事务 T 开始执行。

❖ [commit, T]：事务 T 成功完成。事务 T 对数据库所做的任何更新都应反映到磁盘上。

❖ [abort, T]：事务 T 异常中止。事务 T 所做的任何更新都不能复制到磁盘上。

❖ [write, T, X, 旧值, 新值]：事务 T 已将数据项 X 的值从旧值改为新值。

（2）登记日志的原则

为保证数据库是可还原的，把日志记录登记在日志文件时必须遵循两条原则。

① 数据库管理系统可能同时处理多个事务，事务 T 产生的日志记录可能与其他事务的日志记录相互交错,在日志文件中登记日志记录的次序必须严格按并发事务执行的时间次序。

② 必须先写日志后写数据库。因为把对数据的修改写入数据库与把表示这个修改的日志记录写入日志文件是两个不同的操作。有可能在这两个操作之间发生故障，即这两个写操作只完成了一个。如果先进行了数据库修改，而在运行日志中没有登记这个修改，以后就无法还原这个修改了。如果先写日志，但没有修改数据库，按日志还原时只不过多执行一次不必要的被撤销事务的还原操作。

日志先写原则的深层含义包括如下 3 方面：

❖ 对数据库的更新写入数据库前，它对应的日志记录必须写入日志。

❖ 一个事务的所有其他日志都必须在它的 COMMIT 日志记录写入日志前写入日志。

❖ 只有在一个事务的 COMMIT 日志记录写入日志后,该事务的 COMMIT 操作才能结束。

为了强制将日志记录写到磁盘上，缓冲区管理器需要刷新日志，将以前没有复制到磁盘的日志记录或从上一次复制以来新增加的日志记录复制到磁盘中。

2. 数据转储

数据转储是指定期地将整个数据库复制到多个存储设备（如磁盘）上保存起来的过程，是数据库还原中采用的基本手段。转储的数据文本称为后备副本或后援副本，当数据库遭到破坏后就可利用后援副本把数据库有效地加以还原。转储是十分耗费时间和资源的，不能频繁地进行，应该根据数据库使用情况确定一个适当的转储周期。按照转储方式，备份可以分为海量转储和增量转储。按照转储状态，转储又可分为静态转储和动态转储。

（1）海量转储和增量转储

海量转储是指每次转储全部数据库。由于海量转储能够得到后备副本，利用后备副本能够比较方便地进行数据还原工作，但对于数据量大和更新频率高的数据库，不适合频繁地进行海量备份。增量转储每次只转储上次转储后被更新过的数据。上次转储以来对数据库的更新修改情况记录在日志文件中，利用日志文件就可进行这种转储。将更新过的那些数据重新写入上次转储的文件，就完成了转储操作。这与转储整个数据库的效果是一样的，但花费的时间要少得多。增量转储适用于数据库较大但处理十分频繁的数据库系统。

从还原角度，海量转储得到的后备副本进行还原往往更方便。如果数据库很大且处理十分频繁，那么增量转储方式更实用、更有效。

（2）静态转储和动态转储

静态转储实现简单，转储期间不允许有任何数据存取活动，因而需在当前用户结束后进行，新的事务要在转储结束后才能开始，这就降低了数据库的可用性。静态转储后得到的一定是一个数据一致性的副本，还原此副本可使数据库还原到数据库静态转储结束时刻的状态。

动态转储则不同，允许转储期间继续运行用户事务，但产生的副本并不能保证与当前状态一致。解决的办法是把转储期间各事务对数据库的修改活动登记下来，建立日志文件（Log File），后备副本加上日志文件才能把数据库还原到某时刻的正确状态。动态转储不用等待正在运行的用户事务，但是不能保证副本中的数据正确有效。

3．检查点技术

系统发生故障后，由于无法确定哪些未完成的事务已更新过数据库，哪些事务的提交结果尚未写入数据库，这样系统重新启动后，还原子系统必须搜索日志，确定未完成事务要撤销，已经提交的事务进行重做。这样搜索整个日志文件将耗费大量的时间，并且在故障发生前已经运行完毕的事务有些是正常结束的，无须对它们进行重做。

为降低这种开销，出现了具有检查点（Checkpoint）的还原技术。这种技术在日志文件中增加一种类型的记录——检查点记录，增加一个重新开始文件，并让还原子系统在登录日志文件期间动态地维护日志。

（1）检查点的概念

检查点技术在日志文件中增加了检查点记录，并增加了重新开始文件。检查点记录的内容包括建立检查点时刻的所有正在执行的事务清单，以及这些事务最近一个日志记录的地址。重新开始文件用来记录各检查点记录在日志文件中的地址。

动态维护日志的方法是周期性地执行建立检查点、保存数据库状态。具体步骤如下：

① 将当前日志缓冲区中的所有日志记录写入磁盘的日志文件。

② 在日志文件中写一个检查点记录。

③ 将数据库缓冲区中的内容写入数据库，即把更新的内容写入物理数据库。

④ 把日志文件中检查点记录的地址写入重新开始文件。

（2）检查点的建立

检查点的建立过程如下：

① 将当前位于主存缓冲区的所有日志记录输出到稳定存储器。

② 将所有更新过的数据缓冲块输出到磁盘。

③ 将一个日志记录[checkpoint, L]输出到稳定存储器，其中 L 是执行检查点时正活跃的事务列表。

（3）利用检查点的还原

在日志中引入[checkpoint, L]检查点记录，大幅提高了还原效率，还原需遵循以下原则。

① 对于在检查点前完成的事务 T，[commit, T1]或[abort, T1]记录在日志中出现在[checkpoint, L]记录前。T 做的任何数据库修改都已经在检查点前或者作为检查点的一部分写入了数据库，因此还原时不必再对 T 执行 REDO 操作。

② 系统崩溃后，检查日志找到最后一条[checkpoint, L]记录。从尾端开始反向搜索日志遇到的第一条[checkpoint, L]记录，即最后一条[checkpoint, L]记录。只需要对 L 中的事务及[checkpoint, L]后才开始执行的事务进行 UNDO 或者 REDO 操作，将这个事务集合记为 T，对 T 中的事务进行 UNDO 或者 REDO 操作。

❖ 对 T 中的事务 Ti，若事务 Ti 中既没有[commit, T1]，也没有[abort, T1]记录，则对事务执行 undo(Ti)。

❖ 若 T 在日志中有[commit, T1]或[abort, T1]记录，则执行 redo(Ti)。

6.4.3　数据库的故障和还原策略

数据库系统在运行中发生故障后，有些事务尚未完成就被迫中断，这些未完成事务对数据库所做的修改有一部分已写入物理数据库。这时数据库就处于一种不正确的状态，或者说是不一致的状态，这时可利用日志文件和数据库转储的后备副本将数据库还原到故障前的某个一致性状态。数据库运行过程中可能出现各种各样的故障，根据的故障类型，应该采取不同的还原策略。

1．故障的种类

计算机系统与其他任何设备一样容易发生故障。造成故障的原因有很多，包括磁盘故障、电源故障、软件故障、机房失火，甚至人为破坏。每种故障需要用不同的方法来处理。数据库系统中可能发生的故障可以大致分为以下几类。

（1）事务故障

逻辑错误：事务由于某些内部条件无法继续正常执行，如非法输入、找不到数据、溢出等。事务故障使得事务无法达到预期的终点，因此数据库可能处于不一致的状态。还原机制要在不影响其他事务运行的情况下，强行回滚该事务，撤销该事务对数据库做的任何修改，使得该事务好像根本没有启动一样。

系统错误：系统进入一种不良状态（如死锁），导致事务无法继续正常执行。还原机制强行回滚该事务，撤销该事务对数据库做的任何修改。

（2）系统故障

系统故障包括硬件故障、数据库软件或操作系统的漏洞造成的系统停止运转，导致系统易失性存储器中的内容丢失，事务处理停止，但非易失性存储器中的内容不会受到破坏。

发生系统故障时，一些没有完成的事务被停止，但这些事务可能已对数据库进行了部分修改，因此造成数据库可能处于不正确的状态。为保证数据一致性，还原子系统必须在系统重新启动时让所有非正常中止的事务回滚，强行撤销所有未完成事务。另外，发生故障时，可能有些事务已经完成，但其更新数据有一部分还在缓冲区中，没有来得及写入磁盘。还原子系统在系统重新启动后，对这些已经提交的事务需要执行 REDO 操作，重新再运行一次该事务，使数据库还原到一致状态。

（3）介质故障

介质故障是指在数据传输过程中，由于磁头损坏或故障造成磁盘块上的内容丢失。这类故障破坏了数据库，影响正在存取这部分数据的所有事务。发生介质故障后，需使用其他非易失性存储器上的数据库后备副本进行故障的还原。

2. 故障的还原

当系统在运行过程中发生故障，需确定系统如何从故障中还原。首先，需要确定用于存储数据的设备的故障状态；其次，必须考虑这些故障状态对数据库产生的影响；然后利用数据库后备副本和日志文件，就可以将数据库还原到故障前的某个一致性状态。不同故障还原的策略和方法是不一样的。

（1）事务故障的还原

事务故障指事务在运行到正常终止点前被中止，这时还原策略是利用日志文件撤销此事务对数据库已经进行过的修改。具体的还原方法还和事务更新执行的方法有关。

① 后像（AI）在事务提交后才写入数据库

若数据后像（AI）在事务提交后才写入数据库，则发生故障时数据库中的数据并没有发生变化，所有数据项的修改只是在日志文件中有记录。因此，还原子系统只需忽略这些未完成的事务就可以了。

② 后像（AI）在事务提交前必须写入数据库

若事务更新采用的是后像（AI）在事务提交前必须写入数据库的方式，则发生故障时，系统可能已将部分或全部数据项的修改写入磁盘，为保证数据库的一致性，还原管理器必须使用日志文件撤销此事务对数据库的修改。系统还原的步骤如下：反向扫描日志文件，找出日志文件中该事务的[write, T, X, 旧值, 新值]记录；执行更新操作的逆操作，将数据库中 X 数据项的值更新为旧值；继续反向扫描日志文件，找出该事务的其他更新记录，并重复上一步；当扫描到事务的开始标识[start_transaction, T]时，故障还原完成。

（2）系统故障的还原

系统故障是指造成系统停止运转，使得系统必须重新启动的任何事件。系统故障后造成数据库不一致状态的原因包括：一是未完成事务对数据库的更新已写入磁盘，二是已提交事务对数据库的更新未写入磁盘。因此，还原的策略是利用日志文件回滚（UNDO）未完成事务，重做（REDO）已提交事务。

当系统崩溃重新启动时，它构造两个事务队列：一是 undo-list，存放需要撤销的事务标识符；二是 redo-list，存放需要重做的事务标识符。

队列构造步骤如下：

➢ 系统反向扫描日志，直到发现第一个[checkpoint, L]记录。

➢ 对每个[commit, Ti]记录，将 Ti 加入 redo-list。

➢ 对每个[start_transaction, Ti]记录，若 Ti 不属于 redo-list，则将 Ti 加入 undo-list。

设 L 为检查点时活动事务的列表，并假设事务在检查点过程中不执行更新操作，那么，当所有相应的日志记录都检查完后，系统查看列表 L，对 L 中的每个事务 Ti，若 Ti 不属于 redo-list，则将 Ti 加入 undo-list。

一旦 redo-list 和 undo-list 构造完，后续的还原方法又与事务更新执行的方式相关。

① 后像（AI）在事务提交后才写入数据库

只要事务在日志中没有[commit，Ti]记录，我们就知道事务 T 对数据库所做的更新都没有写到磁盘上。因此，还原时对未完成事务的处理是忽略它们，像它们从未发生过。而对提交事务，还原时将日志记录中的新值再写一次。

系统接下来的还原步骤为：

➢ 对 undo-list 中的事务，在日志中写入一个[abort，Ti]，记录并刷新日志。

➢ 对 redo-list 中的事务，执行 REDO 操作。

➢ 从前面发现的[checkpoint，L]记录开始，正向扫描日志文件，对遇到的每个[write，T，X，旧值，新值]记录，将数据库中的 X 数据项更新为新值。

② 后像（AI）在事务提交前必须写入数据库

若事务有日志记录[commit，Ti]，则事务 T 所做的全部改变在此之前已写入磁盘，对这些事务还原子系统可以忽略。而对未提交事务，还原子系统根据日志记录做回滚操作。

系统接下来的还原步骤为：

➢ 对 undo-list 中的某事务，执行 UNDO 操作。

➢ 再次反向扫描日志文件，对遇到的每个[write，T，X，旧值，新值]记录，将数据库中的 X 数据项更新为旧值，扫描到[start，Ti]记录时，扫描停止。

➢ 在日志中写入一个[abort，Ti]记录并刷新日志；重复上两个步骤，直到处理完撤销队列中的每一个事务。

③ 后像（AI）在事务提交前后写入数据库

在构造完 redo-list 和 undo-list 后，还原过程继续做如下工作：

➢ 系统重新反向扫描日志文件，对 undo-list 中的每一事务执行 undo 操作，即对遇到的每个[write，T，X，旧值，新值]记录，将数据库中的 X 数据项更新为旧值。

➢ 在日志中写入一个[abort，Ti]记录并刷新日志。当 undo-list 中所有事务 Ti 对应的[start，Ti]记录都找到时，扫描结束。

➢ 系统找出日志中最后一条[checkpoint，L]记录。

➢ 系统由最后一条[checkpoint，L]记录开始，正向扫描日志文件，对 redo-list 中的事务 Ti 的每个日志记录执行 redo 操作。即对遇到的每一个[write，T，X，旧值，新值]记录，将数据库中的 X 数据项更新为新值。

通过以上步骤，在重做 redo-list 的事务前，撤销 undo-list 中的事务是很重要的，否则可能会发生问题。

（3）介质故障的还原

日志可以帮助防备系统故障，系统故障发生时，磁盘上不会丢失任何东西，而缓冲区中的临时数据会丢失。但是，更严重的故障是磁盘上数据的丢失，即介质故障。

发生介质故障后，磁盘上的物理数据和日志文件数据都有可能被破坏。为防止介质故障，系统除了需要日志文件，还需要使用备份技术将数据库及日志进行转储。这样，当发生故障时可通过日志和最近的备份重建数据库。执行步骤如下：

➢ 装入最近的完全转储后备副本。若数据库副本是动态转储的，还需要同时装入转储开始时刻的日志文件副本，利用还原系统故障的方法将数据库还原到某个一致性状态。

➢ 如果有后续的增量转储，按照从前往后的顺序，根据增量转储来修改数据库。

➤ 装入转储结束后的日志文件副本，重做已完成的事务。即首先反向扫描日志文件，找出故障发生时已经提交的事务，将事务标识符写入 redo-list。然后正向扫描日志文件，对 redo-list 中的所有事务进行 REDO 操作。

这样就可将数据库还原到离故障发生时最近时刻的一致状态了。

6.4.4　金仓数据库的备份和还原

1. 备份数据库

KingbaseES 可以通过 SQL 实现备份，也可以通过数据库对象管理工具进行逻辑备份。连接对应的数据库，右击数据库，在弹出的快捷菜单中选择"逻辑备份"，出现备份界面（如图 6-7 所示），选择需要备份的对象，可选择生成的数据文件格式是二进制或 SQL 脚本文件。

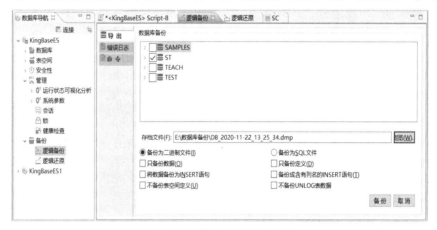

图 6-7　数据库逻辑备份

2. 还原数据库

KingbaseES 可通过 SQL 实现还原，也可以通过数据库对象管理工具进行逻辑还原。连接对应的数据库，右击数据库，在弹出的快捷菜单中选择"逻辑备份"，出现还原界面（如图 6-8 所示），选择已经备份的文件和还原的目标数据库，然后选择还原的对象。

图 6-8　数据库逻辑还原

小　结

本章从安全性控制、完整性控制、并发性控制和数据库备份还原四方面讨论了数据库的安全保护功能。

数据库的安全性是指保护数据库，防止因非法使用数据库所造成的数据泄露、更改或破坏。实现数据库系统安全性的方法有用户标识和鉴定、用户存取权限控制、定义视图、数据加密和审计等多种。

数据库的完整性是指保护数据库中数据的正确性、有效性和相容性。完整性措施的防范对象是合法用户的不合语义的数据。实施数据完整性的方法有 5 种：约束、默认值、规则、存储过程和触发器。

并发控制是为了防止多个用户同时存取同一数据，造成数据库的不一致性。并发操作导致的数据库不一致性主要有三种：丢失更新、"脏"读和不可重读。实现并发控制的主要方法是封锁技术，三个级别的封锁协议可以有效解决并发操作的一致性问题。对数据对象施加封锁，会带来活锁和死锁问题，并发控制机制可以通过采取一定措施来预防死锁和避免活锁。

数据库的备份和还原是指系统发生故障后，把数据从错误状态中恢复到某一正确状态的功能。对于事务故障、系统故障和介质故障，数据库管理系统有不同的恢复方法。登记日志文件和数据转储是数据库恢复中常用的技术，数据库恢复的基本原理是利用存储在日志文件和数据库后备副本中的冗余数据来重建数据库。

习　题　6

一、选择题

1. 设有商场数据库应用系统，在其生命周期中，可能发生如下故障：

① 因场地火灾导致数据库服务器烧毁,该服务器中的数据库数据全部丢失

② 因数据库服务器感染病毒，导致服务器中的数据丢失

③ 因机房环境恶劣，空调损坏导致服务器风扇损坏，致使服务器 CPU 烧毁

④ 由于数据库服务器电源故障导致服务器无法上电启动

⑤ 因数据库服务器内存发生硬件故障,导致系统无法正常运行

以上故障不属于介质故障（硬故障）的是（　　　）。

    A. ③   B. ②、④和⑤   C. ①、②和⑤   D. ②、③、④和⑤

2. 日志文件对实现数据库系统故障的恢复有非常重要的作用。下列关于数据库系统日志文件的说法中，正确的是（　　　）。

    A. 数据库系统不要求日志的写入顺序必须与并行事务执行的时间次序一致

    B. 为了保证数据库是可恢复的,必须严格保证先写数据库后写日志

    C. 日志文件中检查点记录的主要作用是提高系统出现故障后的恢复效率

    D. 系统故障恢复必须使用日志文件以保证数据库系统重启时能正常恢复，事务故障恢复不

一定需要使用日志文件

3．下列关于故障恢复的叙述中，（　　）是不正确的。

A．系统可能发生的故障类型主要有事务故障、系统故障和磁盘故障

B．利用更新日志记录中的改前值可以进行 UNDO，利用改后值可以进行 REDO

C．写日志的时候，一般是先把相应的数据库修改写到外存的数据库中，再把日志记录写到外存的日志文件中

D．磁盘故障的恢复需要 DBA 的介入

4．用于数据库恢复的重要文件是（　　）。

A．数据库文件　　　　B．索引文件　　　　C．日志文件　　　　D．恢复文件

5．日志文件是用于记录（　　）。

A．数据库运行过程　　　　　　　　B．对数据的所有更新操作

C．对数据的所有操作　　　　　　　D．用户操作过程

6．在数据库恢复时，对已完成的事务执行（　　）。

A．UNDO 操作　　B．REDO 操作　　C．COMMIT 操作　　D．ROLLBACK 操作

7．恢复的基本原理是冗余，建立冗余数据最常用的技术是（　　）。

A．数据转储　　B．数据备份　　　C．登记日志文件　　D．数据转储和日志

8．以下（　　）不属于实现数据库系统安全性的主要技术和方法。

A．存取控制技术　　　　　　　　B．视图技术

C．审计技术　　　　　　　　　　D．出入机房登记和加锁

9．SQL 的 GRANT 和 REMOVE 语句主要是用来维护数据库的（　　）。

A．完整性　　　B．可靠性　　　　C．安全性　　　　　D．一致性

10．SQL 中的视图提高数据库系统的（　　）。

A．完整性　　　B．并发控制　　　C．隔离性　　　　　D．安全性

11．在数据库的安全性控制中，授权的数据对象的（　　），授权子系统就越灵活。

A．范围越小　　B．约束越细致　　C．范围越大　　　　D．约束范围越大

12．找出下面 SQL 命令中的数据控制命令（　　）。

A．GRANT　　　B．COMMIT　　　C．UPDATE　　　D．SELECT

13．安全性控制的防范对象是（　　），以防止对数据库数据的存取。

A．不合语义的数据　　　　　　　B．非法用户

C．不正确的数据　　　　　　　　D．不符合约束数据

14．若希望某数据库的全体用户都具有某个权限，则具体的做法是（　　）。

A．分别对数据库中的每个用户进行授权

B．将此权限授给 DBA

C．创建一个用户角色并将此权限授给该用户角色

D．将此权限授给 PUBLIC

二、填空题

15．关系数据库管理系统支持的备份类型有完整数据库备份、差异数据库备份和_____。

16．数据库提供的三种恢复模式是简单恢复模式、_____和大容量日志恢复模式。

17．第一次对数据库进行的备份必须是_____备份。

18．简单还原模式可以将数据库还原到上次备份处，但是无法将数据库还原到_____。

19. 在 KingbaseES 中，在进行数据库备份时，_____用户操作数据库。

20. 备份数据库必须首先创建_____。

21. KingbaseES 的"三权分立"安全管理机制包括：_____、_____和_____。

22. 在数据库系统中，定义用户可以对哪些数据对象进行何种操作被称为_____。

23. 每个数据库用户都属于_____数据库角色。

24. 默认情况下，用户创建的数据库中只有一个用户，即_____。

三、判断题（请在后面的括号中填写"对"或"错"）

25. 创建视图时不能使用 ORDER BY 子句。　　（　　）

26. 可以在表或临时表上创建视图。　　（　　）

27. 视图是一个虚拟表，并不表示任何物理数据，只是用来查看数据的窗口而已。　　（　　）

28. 身份验证模式是在安装数据库系统过程中选择的，系统安装后，可以重新修改数据库系统的验证模式。　　（　　）

29. 使用用户定义函数的方法与使用数据库内置函数的方法完全相同。　　（　　）

四、简答题

30. 什么是数据库的安全性？数据库管理系统提供的安全性控制功能包括哪些内容？

31. 简述金仓（KingbaseES）安全管理机制。

32. 数据库运行过程中可能产生的故障有哪几类？分别对事务的运行和数据库中的数据有何影响？

33. 数据备份分为哪几类？试比较各种数据备份方法。

34. 什么是日志文件？登记日志文件时为什么必须"先写日志文件后写数据库"？

35. 如何针对不同的应用制定相应的备份策略？

36. 什么是检查点记录？检查点记录包括哪些内容？试述使用检查点方法进行恢复的步骤。

实　验

一、实验目的

（1）创建数据库登录用户。

（2）设定数据库登录用户的数据库使用权限。

（3）使用新创建的用户登录数据库系统。熟悉并掌握如何使用通过 SQL 语句对数据进行安全性控制（授权和权力回收）。

（4）完成数据库的逻辑备份。

（5）从已经备份的文件中还原数据库。

二、实验内容

（1）针对实验 2.1 中创建的教师授课管理数据库（注意：该数据库的名称由学生姓名简拼和学号组成，如张三（20182501001）的数据库名为：ZS20182501001），使用数据库对象管理工具以 SYSTEM 登录，建立用户 U1、U2、U3、U4、U5、U6、U7，密码均为 "rjXY1234!"；查看创建的用户；把查询班级表的权限授给用户 U1。

查看创建的用户的 SQL 语句格式为：

```
SELECT * FROM sys_user WHERE usename LIKE 'U_' ORDER BY usename;
```

（2）以 U1 登录，对班级表、教师授课表进行查询、插入和删除权限测试。

（3）以 SYSTEM 登录，将班级表和课程表的查询权限授给用户 U2 和 U3；以 U2 登录，进行查询权限测试。

（4）以 SYSTEM 登录，将教师授课表的查询权限授予所有用户；以 U3 登录，进行查询权限测试。

（5）以 SYSTEM 登录，将查询班级表和修改班级表中班级号的权限授给用户 U4；以 SYSTEM 登录，对班级表插入一条新记录；以 U4 登录，修改插入的班级号。

（6）以 SYSTEM 登录，将对教师授课表的插入权限授予 U5 用户，并允许将此权限再授予其他用户；以 U5 登录，将教师授课表的插入权限授予 U6 用户；以 U6 登录，对教师授课表插入一条新记录。

（7）以 SYSTEM 登录，把用户 U4 修改班级表中班级号的权利收回；以 U4 登录，对班级表中班级号进行修改。

（8）以 SYSTEM 登录，收回所有用户对教师授课表的查询权限；以 U1 登录，对教师授课表进行任意查询。

（9）以 SYSTEM 登录，将用户 U5 对教师授课表的插入权限收回；以 U5 登录，对教师授课表进行插入权限测试。

（10）以 SYSTEM 登录，创建一个角色 R1，使用 GRANT 语句，使角色 R1 拥有班级表的查询、更新、插入权限；将角色 R1 授予 U7，使其具有角色 R1 所包含的全部权限；以 U7 登录，对班级表进行查询；以 SYSTEM 登录，通过 R1 收回 U7 的权限；以 U7 登录，对班级表进行查询权限测试。

（11）以 SYSTEM 登录，增加角色 R1 对班级表的删除权限；将角色 R1 授予 U7；以 U7 登录，进行对班级表的删除权限测试。

（12）以 SYSTEM 登录，取消角色 R1 对班级表的查询权限；以 U7 登录，对班级表的查询权限测试。

（13）删除角色 R1。

（14）将已经建立的教师授课管理数据库（注意：该数据库的名称由学生姓名简拼和学号组成，如张三（20182501001）的数据库名为：ZS20182501001）备份到 D 盘的自己创建的文件夹中（图形化界面操作）。

（15）删除已经创建的数据库教师授课管理数据库。

（16）使用备份文件还原数据库；观察还原后的数据库中是否有原有的表（图形化界面操作）。

第 7 章
PL/SQL 与应用

DB

　　SQL（Structured Query Language，结构化查询语言）是一种用户操作关系数据库的通用语言，也是一种非过程化的语言。作为关系数据库的标准语言，SQL 已被众多商用数据库管理系统产品所采用，但不同的数据库管理系统对 SQL 规范做了编改和扩充，如金仓的 PL/SQL（Procedure Language & Structured Query Language）、达梦的 DMSQL、微软的 Transaction-SQL（简称 T-SQL）、甲骨文的 PL/SQL 和 PostgreSQL 的 PL/pgSQL。

　　本章介绍 KingbaseES 数据库系统的 PL/SQL。

7.1 PL/SQL 编程基础

课程思政

7.1.1 PL/SQL 简介

KingbaseES 的 PL/SQL 通过对 SQL 的扩展，增加了编程语言的特点。PL/SQL 将数据操作和查询语句组织在存储过程模块中，通过逻辑判断、循环等操作实现复杂的功能或者计算，是一种用于数据库系统的可载入的过程语言。

1．PL/SQL 的特点

PL/SQL 是一种块（block）结构语言，即构成一个 PL/SQL 的基本单位是程序块。PL/SQL 程序运行时不是逐条执行，而是作为一组 SQL 语句整体发送给 KingbaseES 执行的。PL/SQL 在 KingbaseES 环境中运行，与其他语言不同，不需要编译成可执行文件去执行。数据库对象管理工具是 PL/SQL 程序运行的工具。

PL/SQL 的特点如下：

① 与 SQL 紧密集成，将 SQL 的易用性、灵活性与过程化结构融合在一起。

② 提供模块化程序开发功能，提高了系统可靠性；对 SQL 增加了控制结构，而且可以继承所有的用户定义类型、函数和操作符；可用于创建函数、存储过程、包和触发器，完成复杂计算。

③ 可以被定义为受服务器信任的语言，用于服务器程序设计，可移植性好。

④ 减小网络流量。针对数据库对象的操作（如查询、修改等），将操作涉及的 PL/SQL 语句组织在存储过程中，当调用该存储过程时，网络中传输的只是调用存储过程语句，不需要进行客户机与服务器的通信，从而大大减小网络流量并降低网络负载，提高应用程序的运行性能。

2．PL/SQL 的优点

PL/SQL 是 KingbaseES 对 SQL 的过程化扩展，全面支持 SQL 的数据操作、事务控制等的过程化语言。PL/SQL 的优点如下。

① 增强了 SQL 的功能和灵活性：可以通过使用流控制语句，完成较复杂的判断和运算。

② 增强了数据的完整性和安全性：通过触发器使相关动作一起发生，从而可以维护数据库的完整性；通过存储过程可以使没有权限的用户在控制之下间接地存取数据库，从而保证数据的安全。

③ 提高应用程序的运行性能：运行存储过程前，KingbaseES 已对其进行了词法和语法分析，并给出了优化执行方案，所以存储过程能以更快的速度执行。

④ 降低网络的通信量：存储过程减少了应用程序与数据库的交互，客户机不需要的中间结果，不需在服务器与客户机来回传递，从而可以降低网络通信量。

⑤ 便于维护：用户的存储过程等在数据库服务器中集中存放，客户/服务器工具能访问 PL/SQL 程序，具有良好的可重用性。

3. PL/SQL 的结构

由 PL/SQL 定义的过程模块的结构分为模块头定义和模块体两大部分。模块头确定了定义的模块类型（如定义的是存储过程或用户自定义函数）、名称、参数等；模块体称为过程体或 PL/SQL 块。

一个完整的 PL/SQL 块主要包括：声明部分、执行部分和异常处理部分。PL/SQL 程序块的基本结构如下：

```
[<<label>>]
[DECLARE
    declarations]            -- 声明部分：在此定义变量、常量、类型、游标等
BEGIN
    Statements               -- 执行部分：SQL 语句和 PL/SQL 语句构成的程序的主要部分
[EXCEPTION]                  -- 异常处理部分：处理捕获到的错误
END [label];                -- 标记程序体部分结束
```

下面对 PL/SQL 块的不同部分进行说明。

在 PL/SQL 块中，定义部分是由 DECLARE 引出的，用于定义常量、变量、游标等数据类型；执行部分是 PL/SQL 程序块的主体，从 BEGIN 开始，至 END 结束，此间可包含若干实现特定功能的 PL/SQL 语句和需要的 SQL 语句，也可以嵌套其他 PL/SQL 程序块；异常处理部分由 EXCEPTION 引出，用于捕获执行过程中发生的错误，并进行相应的处理。

① label 用来标识一个块，以便在一个 EXIT 语句中使用或者标识在该块中声明的变量名。位于 END 后的 label 必须与块开始的 label 相匹配（名字一致）。

② 声明部分是可选的。变量必须先声明，才能在执行部分使用。

③ 执行部分主要用来定义实现该块的功能。

④ 在一个块中的每个声明和每个语句都由 ";" 结束。

⑤ 块中可以嵌套 PL/SQL 子块。在子块的作用域中，子块中声明的变量会覆盖外层块中相同名称的变量。如果子块中需要访问外层块中的变量，就可以通过在变量名前加块的标签和点来访问外层块中的变量。

⑥ 异常处理部分是可选的。上面程序块结构中用到的 "--" 表示单行注释。

【例 7-1】 一个简单的 PL/SQL 程序示例

```
CREATE OR REPLACE  FUNCTION myfunc7_1() RETURNS integer  AS
<< outerblock >>
DECLARE
    var integer := 10;
BEGIN
    RAISE  NOTICE  'var 的值为 %', var;                      -- 输出 10
    var := 20;

                                                            -- 此处创建子块
    DECLARE
        var  integer := 30;
    BEGIN
        RAISE NOTICE  '内层块 var 的值为 %', var;              -- 输出 30
        RAISE  NOTICE  '外层块 var 的值为 %', outerblock, var;  -- 输出 20
    END;
```

```
        RAISE NOTICE 'var 的值 %', var;                    -- 输出 20（外层块 var 的值）
        RETURN  var;
    END;
```

上面的程序示例定义了一个函数，也可以认为是命名程序块，调用函数可通过 CALL 和 SELECT 语句完成。例如：

```
CALL  myfunc7_1();
```

调用函数输出信息的结果如图 7-1 所示。

图 7-1　例 7-1 的输出信息

4．PL/SQL 的匿名块和命名块

PL/SQL 程序块既可以是一个命名的程序块，也可以是一个匿名块。匿名块的结构包括声明和执行两部分。匿名块每次提交都被重新编译和执行。因为匿名块没有名称并不在数据库中存储，所以匿名块不能从其他 PL/SQL 块中调用。

PL/SQL 命名块可独立编译并存储在数据库中，任何与数据库相连接的应用程序都可以访问这些 PL/SQL 命名块。KingbaseES 提供了 4 种可存储程序块：函数、存储过程、包和触发器。

7.1.2　变量声明

1．变量的命名

在 KingbaseES 的 PL/SQL 中，变量通过标识符来命名。通过使用标识符，可以定义常量、变量、异常、游标、参数的名称等。合法的标识符由字母、数字、下画线组成，标识符必须以大小写字母或下画线开始。例如：

```
var          CHAR(20);          -- 合法标识符
2022_name    VARCHAR(20);       -- 非法标识符，因为以数字开头
v-name1      CHAR(20);          -- 非法标识符，因为使用了减号
v name2      CHAR(20);          -- 非法标识符，因为标识符中包含空格
delete       VARCHAR(20);       -- 非法标识符，因为使用了 SQL 保留字
```

系统的保留字如 BEGIN、END、IF 等也是标识符，但是这些保留字具有特定的意义，不能作为 PL/SQL 的变量名称使用，否则编译会出现错误。例如：

```
END  char;                      -- 将报错
```

2．变量的声明

当编写 PL/SQL 程序块时，如果需要使用变量或常量，必须首先在定义部分定义变量（唯一的例外是在一个整数范围上迭代的 FOR 循环变量会被自动声明为一个整数变量，类似地，在一个游标结果上迭代的 FOR 循环变量会被自动地声明为一个记录变量）或常量，然后才能在执行部分或异常处理部分使用这些变量或常量。在 PL/SQL 程序块中定义变量和常量的语

法如下：

```
name [CONSTANT] type [COLLATE collation_name] [NOT NULL] [{DEFAULT | := | =} expression];
```

参数含义说明。

① name：用于指定变量或常量的名称。

② CONSTANT：用于指定常量。如果给定 DEFAULT 子句，进入该块时，就会初始化该变量的值为给定表达式的值；如果没有给出 DEFAULT 子句，该变量就会被初始化为空值。

③ type：用于指定常量或变量的 PL/SQL 数据类型，如 integer、varchar、char、复制类型或者抽象数据类型。

④ COLLATE：指定用于该变量的一个排序规则。

⑤ NOT NULL：为新定义的变量指定不允许为空属性，即在定义变量时必须为其赋初始值。

⑥ DEFAULT：使用 DEFAULT 关键字为变量和常量设置默认值。

⑦ := | = ：使用赋值运算符为变量或常量赋初始值。

⑧ expression：表示初始值的表达式，可以是常量、其他变量、函数等。

【例 7-2】 通过 PL/SQL 程序块定义变量和常量。

```
DECLARE
user_id  integer := 10;        --定义变量 user_id，数据类型为 integer，并赋初值为 10
quantity1  numeric(5,1);       --定义变量 quantity1，数据类型为 numeric，长度为 5，其中包含 1 位小数
url1  varchar := 'abc';        --定义变量 url1，数据类型为 varchar，并赋初值为 'abc'
quantity2  integer DEFAULT 32;   --定义变量 quantity2，数据类型为 integer，默认值为 32
url2  varchar := 'http://www.phei.com.cn';
                        --定义变量 url2，数据类型为 varchar，并赋值为 'http://www.phei.com.cn'
var_id  CONSTANT integer := 20;   --定义常量 var_id，数据类型为 integer，常量值为 20
BEGIN
    Null;
END;
```

3. 变量的别名

PL/SQL 允许为任何变量定义一个别名，在 PL/SQL 程序块中定义别名的语法格式如下：

```
newname ALIAS FOR oldname;
```

别名的实际用途是为具有预定名称的变量分配一个不同的名称。别名可以用于触发器，如触发器相关的特殊变量 NEW 和 OLD。可以为任意变量声明一个别名，而不只是函数参数。

【例 7-3】 定义变量的别名。

```
Sno_id  ALIAS  FOR  $1;        -- 给 $1 定义一个别名为 Sno_id
prior  ALIAS  FOR  old;        -- 给 old 定义一个别名为 prior
updated  ALIAS  FOR  new;      -- 给 new 定义一个别名为 updated
```

注意：函数的参数将分别被命名为标识符 $1、$2 等，因此第 1 行的定义应在函数中使用，第 2 行和第 3 行的定义应在触发器中使用，否则直接定义将出错。

7.1.3　数据类型、表达式与运算符

PL/SQL 与其他编程语言一致，支持多种内置、用户自定义类型。

1. 基本类型

KingbaseES 的 PL/SQL 的基本类型指在 SQL 定义的各种基本数据类型，如常见的整数类型和浮点类型，字符串类型、日期和时间类型、数组类型等。

【例 7-4】 声明一个长度为 8 个字符的变量 Tno_id，并赋值为'20220901'。

```
DECLARE
Tno_id CHAR(8) := '20220901';
```

2. 复制类型

如果希望某一个变量与已经定义的某个数据变量的类型相同，或者与数据库表的某个列的数据类型一样，这时可以使用 "%TYPE" 操作符，这样指定的变量就具备了与某个数据变量的类型或指定字段的类型相同。

在 PL/SQL 程序块中复制类型的定义的语法如下：

```
name variable%TYPE
name table.column%TYPE
```

其中，各参数的意义如下。

① name：定义的变量名称。

② variable：引用的变量名称。

③ table.column：引用表名称.字段名称。

【例 7-5】 定义一个与变量 v_var1 具有相同数据类型的变量 v_var2，再定义一个与 users 表中的 user_id 列具有相同数据类型的变量 v_user_id。

```
v_var2 v_var1%TYPE;
v_user_id users.user_id%TYPE;
```

【例 7-6】 查询学号为'2501102'的学生的学号与姓名，并存入变量 V_sno 和 V_sn。

```
CREATE OR REPLACE PROCEDURE PROC7_6()
AS
DECLARE
V_sno S.sno%TYPE;
V_sn S.sn%TYPE;
BEGIN
SELECT S.sno, S.sn INTO V_sno, V_sn FROM S WHERE S.sno = '2501102';
RAISE NOTICE '学号 姓名为: %', V_sno || ' ' || V_sn;
END;
```

上述程序示例定义了一个存储过程，调用存储过程的方法可使用 CALL 命令：

```
CALL PROC7_6();
```

调用函数"输出信息"的结果如图 7-2 所示。

```
Result    输出信息
00000: 学号 姓名为:2501102 王丽丽
```

图 7-2 例 7-6 的输出信息

注意：① 通过复制数据类型功能，可以不需要关心表中的字段的数据类型，当字段的数据类型发生变化时，不需更改变量声明以适应新的更改，还可以将变量的类型引用到函数参数的数据类型中，以创建多态函数，因为内部变量的类型可以从一个调用更改为下一个调用。

② "V_sno ||' ' || V_sn"中的"||"为连接运算符，用于将两个或多个字符串合并在一起，从而形成一个完整的结果。

3. 行类型和组合类型

除了可以使用"%TYPE"指定表中的列定义变量类型，PL/SQL 还提供了"%ROWTYPE"操作符，返回一个记录类型，其数据类型与数据库表的数据结构相一致。

当用户使用 SELECT INTO 语句将表中的一行记录保存到 ROWTYPE 类型的变量中时，可以利用"%ROWTYPE"操作符获取表中每行的对应列的数据。"%ROWTYPE"操作符的语法格式如下：

```
name  table_name%ROWTYPE;
name  composite_type_name;
```

其中，各参数的意义如下。

① table_name：表名。

② composite_type_name：表示组合类型。KingbaseES 在定义一个表结构时，也会定义一个与表相关联的具有相同名称的数据类型。因此可以使用 table_name%ROWTYPE 定义一个行变量，也可以直接使用组合类型定义，即用不用"%ROWTYPE"操作符都没有影响，但是带有%ROWTYPE 的形式可移植性更好。

【例 7-7】 运用行类型，创建一个函数，查询指定学号的学生信息。

```
CREATE OR REPLACE FUNCTION FUN7_7(VSNO S.sno%TYPE) RETURNS VOID AS
DECLARE
    S_row  S%ROWTYPE;
BEGIN
    SELECT * INTO S_row FROM S WHERE S.sno = V_sno;
    RAISE NOTICE '%', S_row.sno ||' '|| S_row.sn ||' '|| S_row.sg || ' '||S_row.sd ||' '|| S_row.sp;
    RETURN;
END;
```

调用函数使用 SELECT 命令：

```
SELECT FUN7_7('2501105');
```

调用函数"输出信息"的结果为：

```
2501105 赵光明 男 2001-11-16 电子
```

【例 7-8】 运用组合类型，创建一个函数，查询指定学号的学生信息。

```
CREATE OR REPLACE FUNCTION FUN7_8(V_sno S.sno%TYPE) RETURNS VOID AS
DECLARE
    S_row  S;
BEGIN
    SELECT * INTO S_row FROM S WHERE S.sno = V_SNO;
    RAISE NOTICE '%', S_row.sno ||' '|| S_row.sn ||' '|| S_row.sg ||' '||S_row.sd ||' '|| S_row.sp;
    RETURN;
END;
```

调用函数使用 SELECT 命令：

```
SELECT  FUN7_8('2501101');
```

运行结果为：

```
2501101  李建军  男  2000-10-20  计算机
```

注意："%ROWTYPE"与"%TYPE"类似，将返回一个基于表定义的类型，"%ROWTYPE"将一条记录声明为具有相同数据类型的数据库行，该类型被称为行类型。一个行类型的变量被称为一个行变量（或行类型变量），当查询的列集合与该行类型变量被声明的类型匹配时，可以保存 SELECT 或 FOR 查询结果的一整行。

4．支持的其他类型

KingbaseES 的 PL/SQL 除了支持基本类型和上面介绍的类型，还支持记录类型、自定义 RECORD、抽象数据类型、关联数组、嵌套表、可变数组、多维抽象数据类型、抽象数据类型方法等。由于篇幅限制，在此不再赘述，读者有需要，可以参考"人大金仓数据库 SQL 和 PL/SQL 速查手册"等资料。

5．表达式

KingbaseES 的表达式由运算符和操作数组成。表达式的值通过组成它的变量、常量的取值及运算符的定义来决定。操作数可以是变量或常数。

6．运算符

与其他程序设计语言相同，PL/SQL 也有一系列运算符。运算符根据作用的操作数类型分为算术运算符、关系运算符（又称比较运算符）和逻辑运算符。运算符根据使用操作数的个数分为：一元运算符，如负号（-）；二元运算符，如除号（/）。KingbaseES 的存储过程不包括三元运算符。KingbaseES 中支持的各种运算符及其优先级如表 7-1 所示，其中优先级自上而下逐渐降低。

表 7-1　运算符及其优先级表

运算符	操　作
NOT	逻辑非
+，-	正号，负号
*，/	乘号，除号
+，-	加号，减号
=，!=，<>，<，>，<=，>= IS NULL，IS NOT NULL	比较运算符，进行大小或相等的比较 其中，!=和<>都表示不等于，IS NULL 判断某列的内容是否为空
AND	逻辑与
OR	逻辑或

7.1.4　控制结构和语句

与其他面向过程的编程语言相同，KingbaseES 的 PL/SQL 程序的基本逻辑结构包括顺序结构、条件结构和循环结构三种控制结构。其中，顺序结构是指程序语句从上至下顺序执行，是最简单的程序控制结构，而选择和循环结构可以实现更复杂的程序逻辑。控制结构是所有程序设计语言的核心，检测不同条件并加以处理，是程序控制的主要部分。

1．基本语句

（1）赋值语句

在 PL/SQL 程序中，可以通过两种方式给变量赋值。

① 直接赋值

```
变量名 := 常量或表达式;
```

例如：

```
var INT := 5;
```

② 通过 SELECT…INTO 赋值

```
SELECT  字段名1, …, 字段名n  INTO  变量名1, …, 变量名n
FROM  表名
WHERE  条件表达式;
```

通过 SELECT…INTO 赋值的示例参见例 7-6 和例 7-7。

（2）注释语句

PL/SQL 的注释语句也称为注解。注释内容通常是一些说明性文字，对程序的结构、功能及实现方法给出简要解释和说明。注释语句不是可执行语句，不被系统编译，也不被执行。使用注释语句的目的是使程序代码易读易分析，也便于日后的管理和维护。

在 PL/SQL 中可以使用两类注释符：

① ANSI 标准的注释符"--"用于单行注释；

② 与 C 语言相同的程序注释符，即"/* */"，也称为块注释。"/*"用于注释文字的开头，"*/"用于注释文字的结尾，可在程序中标识多行文字为注释。块注释可以嵌套。

PL/SQL 代码的注释与普通 SQL 的一样。"--"开始一行注释，延伸到该行的末尾。一个"/*"开始一段块注释，它会延伸到匹配"*/"出现的位置。

（3）打印语句

PL/SQL 要发出错误和消息，可使用 RAISE 语句，用于打印字符串，类似 Java 语言的 System.out.println()和 DM 或者 Oracle 中的 dbms_output.put_line()。在 PL/SQL 程序块中，发出错误和消息的语法格式如下：

```
㈠ RAISE [level] 'format' [, expression [, …]] [ USING OPTION = expression [, …]];
㈡ RAISE [level] condition_name [USING OPTION = expression [, …]];
㈢ RAISE [level] SQLSTATE 'sqlstate' [USING OPTION = expression [, …]];
㈣ RAISE [level] USING OPTION = expression [, …];
㈤ RAISE ;
```

RAISE 语句格式和参数较多，由于篇幅限制，在此只介绍常用方法和参数，读者有需要，请参考"人大金仓数据库 SQL 和 PL/SQL 速查手册"等资料。

其中，参数的意义如下。

① [level]：为指定错误严重性的级别选项。级别有 DEBUG（调试）、LOG（日志）、NOTICE（注意）、INFO（信息）、WARNING（警告）、EXCEPTION（例外）。用户可以任意指定一个级别。若未指定级别，则默认使用 EXCEPTION 级别，引发错误并中断存储过程运行，存储过程所做的操作全部回滚；若过程体中使用了捕获异常的语句，则异常可以被处理；其他级别只会产生不同优先级别的消息。

② 'format'(格式字符串)：指定消息字符串，用一对"'"括起来，字符串支持占位符"%"。如果在字符串中有占位符"%"，那么占位符将由下一个参数替换。占位符的数量必须与参数的数量匹配，否则将报错。有多少个占位符，就需要在第一个字符串参数后加上多少个对应的参数。'%%'将显示一个'%'字符。

③ USING：将其后的 OPTION = expression 作为额外的消息附加到输出的消息中。OPTION 关键字可以是 MESSAGE（设置错误消息文本）、DETAIL（提供有关错误的详细信息）、HINT（提供提示信息，以便更容易发现错误的根本原因）和 ERRCODE（标识错误代码，通过条件名称或直接由 5 个字符组成的 SQLSTATE 代码）。expression 可以是任意的字符串表达式。

④ 格式㈡和格式㈢中不能指定格式串，可以在 USING 子句中提供需要显示的错误信息。

⑤ 若在 RAISE EXCEPTION 中未指定 SQLSTATE 或异常名，默认使用 RAISE_EXCEPTION（P0001）。若没有指定要显示的错误信息，默认使用 SQLSTATE 或异常名作为错误信息。当通过 SQLSTATE 码指定错误码时，不局限于预定义的错误码，可以指定由数字（0~9）或大写字母（A~Z）任意组合成的长度为 5 的字符串。建议避免使用以 3 个 0 结束的错误码，因为这种错误码是某类错误码，只能通过捕获整个类来捕获。详细条件名可查看 KingbaseES 错误代码查询手册。

⑥ 第㈤种格式的 RAISE 没有任何参数，则只能用于 EXCEPTION 子句，将当前处理的错误抛给该块的上层块来处理。

【例 7-9】 使用函数 SYSDATE 和 NOW，在当前时间报告 5 个级别消息。

```
BEGIN
    RAISE  INFO  '信息级别消息%', SYSDATE;
    RAISE  WARNING  '警告级别消息%', SYSDATE;
    RAISE  NOTICE '注意级别消息%', NOW();
    RAISE  LOG  '日志级别消息%', SYSDATE;
    RAISE  DEBUG  '调试级别消息%', NOW();
END;
```

运行结果如图 7-3 所示。

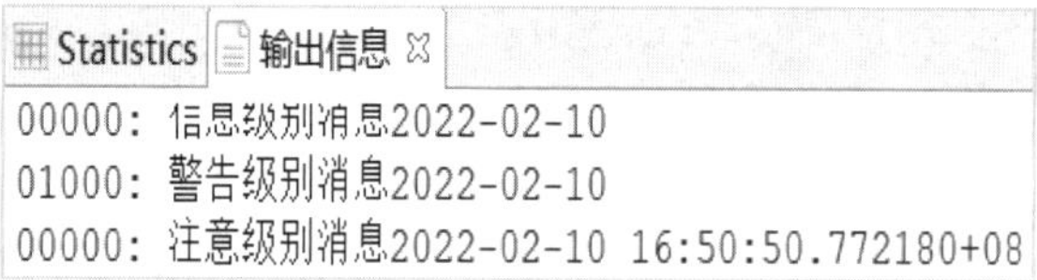

图 7-3　例 7-9 的运行结果

注意：并非所有消息都报告给客户端，只有 INFO、WARNING 和 NOTICE 级别的消息报告给客户端，配置参数可以控制级别消息的显示。

2．IF 语句

条件语句用于依据特定情况选择要执行的操作。PL/SQL 的分支语句有两种：一种是 IF 语句，另一种是 CASE 语句。这两种语句实现条件选择结构。

PL/SQL 有三种格式的 IF 结构，语法格式如下：

① 简单分支，IF…THEN…END IF。

② 二重分支，IF…THEN…ELSE…END IF。

③ 多重分支，IF…THEN…ELSIF…THEN…ELSE…END IF。

下面通过例子说明三种格式的 IF 的使用方法。

【例 7-10】 用简单分支 IF…THEN…END IF 结构，当输入值 i 大于 100 时，输出 i 的值。

```
CREATE OR REPLACE FUNCTION test_if7_10 (i int) RETURNS  VOID  AS
DECLARE
BEGIN
    IF i > 100 THEN
        RAISE NOTICE 'i的值为: %', i;
    END IF;
END;
```

【例 7-11】 用二重分支 IF…THEN…ELSE…END IF 结构，当输入值 i 大于 100 时，输出 "i 的值大于 100"，否则输出 "i 的值小于等于 100"。

```
CREATE OR REPLACE FUNCTION test_if7_11 (i int) RETURNS  VOID  AS
DECLARE
BEGIN
    IF i > 100 THEN
        RAISE NOTICE 'i的值大于100';
    ELSE
        RAISE NOTICE 'i的值小于等于100';
    END IF;
END;
```

【例 7-12】 从 E 表中求出学号为 2501105 同学的平均成绩，若此平均成绩大于或等于 60 分，则输出 "Pass!" 信息，否则输出 "Fail"。

```
BEGIN
    IF (SELECT AVG(GR) FROM E WHERE Sno='2501105') >= 60  THEN RAISE NOTICE 'Pass!';
    ELSE
        RAISE NOTICE  'Fail!';
    END IF;
END;
```

【例 7-13】 从 S 数据表中读取学号为 2501105 同学的数据记录，若存在，则输出 "存在学号为 2501105 的学生"，否则输出 "不存在学号为 S1 的学生"。

```
DECLARE
NAME  VARCHAR(200);
BEGIN
    IF EXISTS (SELECT * FROM S WHERE S.sno='2501105') THEN NAME := '存在学号为2501105的学生';
    ELSE
        NAME := '不存在学号为2501105的学生';
    END IF;
        RAISE NOTICE  '%', NAME;
END;
```

【例 7-14】 用多重分支 IF…THEN…ELSIF…THEN…ELSE…END IF 结构，当输入值 i 大于 100 时，输出 "i 的值大于 100"，当输入值为 66 时，输出 "i 的值为 66"，否则输出 "i 的值小于等于 100"。

```
CREATE OR REPLACE FUNCTION test_if7_14 (i int) RETURNS  VOID  AS DECLARE
BEGIN
    IF i > 100 THEN
        RAISE NOTICE  'i 的值大于 100';
    ELSIF i = 66 THEN
        RAISE NOTICE  'i 的值为 66';
    ELSE
        RAISE NOTICE  'i 的值小于等于 100';
    END IF;
END;
```

注意：关键词 ELSIF 可以写成 ELSEIF；ELSIF 也可以写多个。

3. CASE 语句

利用 CASE 表达式可以进行多分支选择。在 KingbaseES 中，CASE 表达式分为简单表达式和搜索表达式两种。

（1）简单 CASE

简单 CASE 语句的语法格式如下：

```
CASE search-expression
    WHEN expression [, expression [ …]]  THEN
        statements
    [WHEN expression [, expression [ …]]  THEN
        statements
    …]
    [ELSE
        statements]
END CASE;
```

CASE 的简单形式提供了基于操作数等值判断的有条件执行。其中，参数的意义如下。

search-expression 会被计算（一次）且一个接一个地与 WHEN 子句中的每个 expression 比较。如果找到一个匹配，那么相应的 statements 会被执行，并且接着控制会交给 END CASE 后的下一个语句（后续的 WHEN 表达式不会被计算）。如果没有找到匹配项，那么 ELSE 语句会被执行。但是如果 ELSE 不存在，就会弹出"Error executing query"对话框，提示"SQL 错误[20000]：错误：没有找到 CASE"信息。

【例 7-15】从学生表 S 中选取学生'2501103'的 Sno、Sn 和 Sg，若 Sg 为'男'，则输出"M"，若为'女'，则输出"F"。

```
CREATE OR REPLACE  PROCEDURE MYPROC7_15()
AS
DECLARE
    V_sno  S.sno%TYPE;
    V_sn  S.sn%TYPE;
    V_sex  S.sg%TYPE;
    VV_sex  CHAR(1);
BEGIN
    SELECT S.sno, S.sn, S.sg  INTO V_sno, V_sn, V_sex  FROM  S  WHERE  S.sno = '2501103';
    CASE  V_Sex
```

```
            WHEN '男'  THEN
                VV_sex := 'M';
            WHEN '女'  THEN
                VV_sex := 'F';
        END CASE;
        RAISE NOTICE '学号为:%', V_sno;
        RAISE NOTICE '姓名为:%', V_sn;
        RAISE NOTICE '性别为:%', VV_sex;
END;
```

（2）搜索 CASE

搜索 CASE 语句的语法格式如下：

```
CASE
    WHEN  boolean-expression  THEN
        statements
    [WHEN  boolean-expression  THEN
        statements
        ...
    ]
    [ELSE
        statements]
END CASE;
```

CASE 的搜索形式基于布尔表达式真、假的有条件执行。每个 WHEN 子句的 boolean-expression 会被依次计算，直到找到一个真的。然后相应的 statements 会被执行，并且接下来控制会被传递给 END CASE 后的下一个语句（后续的 WHEN 表达式不会被计算）。如果没有找到为真的结果，那么 ELSE statements 会被执行。但是如果 ELSE 不存在，就会弹出"Error executing query"对话框，提示"SQL 错误[20000]：错误：没有找到 CASE"信息。

【例 7-16】 将 E 表中的学生平均成绩转变为成绩等级。

代码如下：

```
CREATE OR REPLACE  PROCEDURE  MYPROC7_16()
AS
DECLARE
    V_grade  INT;
    V_result  VARCHAR(16);
BEGIN
    SELECT  AVG(GR)  INTO  V_grade
        FROM  E
        WHERE sno = '2501109';
    CASE
        WHEN  V_grade >= 90 AND V_grade <= 100  THEN
            V_result := '优秀';
        WHEN  V_grade >= 80 AND V_grade < 90  THEN
            V_result := '良好';
        WHEN  V_grade >= 70 AND V_grade < 80  THEN
            V_result := '中等';
        WHEN  V_grade >= 60 AND V_grade < 70  THEN
```

```
        V_result := '及格';
    WHEN  V_grade >= 0 AND V_grade < 60  THEN
        V_result := '不及格';
    ELSE  V_result := '无';
  END CASE;
  RAISE NOTICE '学号为 2501105 的平均成绩: %', V_result;
END;
```

4．循环控制语句

除了条件语句，PL/SQL 程序的另一种流程控制语句就是循环。循环用于根据条件一次或者多次执行某些语句。一个循环由三部分组成，包括循环初始值、循环条件和循环控制操作。编写循环控制结构时，用户可以使用简单循环 LOOP、WHILE-LOOP 循环和 FOR-LOOP 循环三种循环语句。但注意，一定要确保满足相应的退出条件。下面分别介绍这三种循环语句的结构。

（1）简单循环 LOOP

简单循环使程序不经过判断就进入循环，在循环体中判断条件是否满足，一旦满足条件，立即退出循环。简单循环 LOOP 的基本语法格式如下：

```
LOOP
    <循环体>                        /* 执行循环体 */
    IF  <条件表达式>  THEN          /* 测试条件表达式是否符合退出条件 */
        EXIT;                       /* 满足退出条件，退出循环 */
    END IF;
END LOOP;
```

注意，在简单循环中，如果不人为控制，循环体将会无限执行，一般可通过加入 EXIT 语句来终止循环。多数数据库管理系统的过程化 SQL 都提供 EXIT、BREAK 或 LEAVE 等循环结束语句，保证 LOOP 语句块能够结束，但 KingbaseES 只提供了 EXIT。

【例 7-17】 计算 1～200 之间所有能被 3 整除的数的个数及总和。

用简单循环 LOOP 完成相应功能的程序代码如下：

```
DECLARE
s  SMALLINT := 0;
i  SMALLINT := 1;
nums  SMALLINT := 0;
BEGIN
<<LABLE1>>
    LOOP
        IF i > 200  THEN
            EXIT;                                           -- 退出循环
        END IF;
        IF i%3 = 0  THEN
            s := s+i;
            nums := nums+1;
        END IF;
        i := i+1;
    END LOOP LABLE1;
```

```
    RAISE NOTICE  '%', s;
    RAISE NOTICE  '%', nums;
END;
```

（2）WHILE-LOOP 循环

WHILE-LOOP 循环同样可以执行循环，在条件满足时执行循环体，当条件不再满足时，退出循环。WHILE-LOOP 循环的特点是先判断循环条件，当循环条件满足时，才执行循环体操作，其基本语法格式如下：

```
WHILE  <条件表达式>  LOOP                    /* 测试是否符合退出条件 */
    <循环体>                                 /* 执行循环体 */
END LOOP;
```

WHILE-LOOP 循环结构在循环的 WHILE 部分测试退出条件，当条件成立时执行循环体，否则退出循环。与上面介绍的简单循环 LOOP 和下面将介绍的 FOR-LOOP 循环有所不同，WHILE-LOOP 循环结构先测试条件，再执行循环体；而简单循环 LOOP 和 FOR-LOOP 循环是先执行了一次循环体内的语句,再测试条件。简单地说,简单循环 LOOP 和 FOR-LOOP 循环结构不管条件表达式是真是假，至少执行一次循环体内的语句。

【例7-18】 用 WHILE-LOOP 循环实现例 7-17 的功能。

程序代码如下：

```
DECLARE
s  SMALLINT := 0;
i  SMALLINT := 1;
nums  SMALLINT := 0;
BEGIN
<<LABLE1>>
    WHILE  i <= 200  LOOP
        IF  i%3 = 0  THEN
            s := s+i;
            nums := nums+1;
        END IF;
        i := i+1;
    END LOOP  LABLE1;
    RAISE NOTICE  '%', s;
    RAISE NOTICE  '%', nums;
END;
```

（3）FOR-LOOP 循环

FOR-LOOP 循环结构可以有效地编写需要执行特定次数的循环。WHILE-LOOP 循环可以在不知道具体要循环多少次时用，但是 FOR 必须知道循环多少次。FOR-LOOP 循环是计数型循环，但不需要定义循环变量，系统默认存在一个类型为 INTEGER 的隐式循环变量，每执行一次循环，循环变量的值自动加步长值或减步长值，从而可以控制循环次数。

FOR-LOOP 循环的基本语法格式如下：

```
[<<label>>]
FOR  name  IN  [REVERSE]  expression1..expression2  [BY expression]  LOOP
    statements
END LOOP [label];
```

其中，参数的意义如下。

① name：变量名，自动定义为类型 INTEGER 且只在循环内存在（任何该变量名的现有定义在此循环内都将被忽略）。

② REVERSE：表示循环变量从最大值向最小值递减。

③ expression1 .. expression2：给出范围上、下界的两个表达式，在进入循环时计算一次。

④ 如果没有指定 BY 子句，迭代步长为 1，否则步长是 BY 中指定的值，该值也只在循环进入时计算一次。

【例 7-19】 用 FOR…LOOP 循环实现例 7-17 的功能。

程序代码如下：

```
DECLARE
s  SMALLINT := 0;
i  SMALLINT;
nums  SMALLINT := 0;
BEGIN
<<LABLE1>>
    FOR  i  IN  1..200  LOOP
        IF  i%3 = 0  THEN
            s := s+i;
            nums := nums+1;
        END IF;
    END LOOP LABLE1;
    RAISE  NOTICE  '%', s;
    RAISE  NOTICE  '%', nums;
END;
```

5. 跳转语句

在正常的循环结构中，若需要提前结束循环或者退出当前循环，可以使用 EXIT 和 CONTINUE 语句来完成。在分支条件判断时，也可用 GOTO 语句完成跳转操作。

（1）EXIT 语句

EXIT 语句能强制结束循环操作，继续执行循环语句之后的操作。除了可以在基本的 LOOP 循环中使用 EXIT，在其他循环语句中也可以使用。EXIT 语句的语法格式如下：

```
EXIT [label] [WHEN boolean-expression];
```

其中，参数的意义如下。

① EXIT：强制结束循环。可用在所有类型的循环中，并不限于在无条件循环中使用。

② label：如果给了 label，那么 label 必须是当前或者更高层的嵌套循环或者语句块的标签，然后该命名循环或块就会被终止，并且控制将转移到该循环块相应的 END 后的语句执行。如果没有给出 label，那么最内层的循环会被终止，然后跟在 END LOOP 后的语句将被执行。

③ WHEN：若指定了 WHEN，则只有 boolean-expression 为真时才会发生退出循环，否则控制会转移到 EXIT 后的语句执行。

④ 在与 BEGIN 块一起使用时，EXIT 将控制交给块结束后的下一个语句。

【例 7-20】 计算 100 以内的所有正整数的和，但是当正整数为 50 时结束循环。

实现代码如下：

```
DECLARE
COUNT  SMALLINT := 0;
V_sum  SMALLINT := 0;
BEGIN
    FOR i IN 1..100 LOOP
      IF i = 50 THEN
          COUNT := i;
          EXIT;                          -- 退出循环
        END IF;
        V_sum := V_sum+i;
    END LOOP;
    RAISE  NOTICE  '%,%', COUNT, V_sum;
END ;
```

(2) CONTINUE 语句

CONTINUE 语句与 EXIT 语句不同，EXIT 直接结束循环，而 CONTINUE 不会退出整个循环，只是跳出当前循环，即结束循环体代码的一次执行。CONTINUE 语句格式如下：

```
CONTINUE [label] [WHEN boolean-expression];
```

其中，参数的意义如下。

① label：如果没有给出 label，那么最内层循环的下一次迭代会开始。也就是说，循环体中剩余的所有语句将被跳过，并且控制会返回到循环控制表达式（如果有）来决定是否需要另一次循环迭代。如果 label 存在，就为指定应该继续执行的循环的标签。

② WHEN：如果指定了 WHEN，那么该循环的下一次迭代只有在 boolean-expression 为真时才会开始，否则控制会传递给 CONTINUE 后面的语句。

③ CONTINUE 语句可以被用在所有类型的循环中，它并不限于在无条件循环中使用。

【例 7-21】 计算 100 以内的所有正整数的和，但是当正整数为 50 时跳出当前循环，则累加和不加 50 这个值。

实现代码如下：

```
DECLARE
COUNT  SMALLINT := 0;
V_sum  SMALLINT := 0;
BEGIN
    FOR i  IN 1..100 LOOP
        IF  i = 50  THEN
            COUNT := i;
            CONTINUE;                    -- 退出当前循环
        END IF;
    V_sum := V_sum+i;
    END LOOP;
    RAISE  NOTICE  '%,%', COUNT, V_sum;
END ;
```

(3) GOTO 语句

GOTO 命令用来改变程序执行的流程，使程序跳到标有标识符的指定的程序行再继续往下执行。作为跳转目标的标识符可为字符与数字的组合。GOTO 语句的语法格式如下：

```
GOTO  标识符;
```

【例 7-22】 求 1+2+3+…+10 的总和。

实现代码如下：

```
DECLARE
s  SMALLINT := 0;
i  SMALLINT := 1;
BEGIN
<<BEG>>
    IF  i <= 10  THEN
        s := s+i;
        i := i+1;
        GOTO  BEG;
    END IF;
    RAISE  NOTICE  '%', s;
END;
```

6．返回语句

返回语句 RETURN 用于函数中，主要包括单值返回和集合返回。

（1）单值返回语句

单值返回语句格式如下：

```
RETURN  expression;
```

如果没有使用表达式 expression，RETURN 命令用于告之这个函数已经完成执行了。如果需要返回标量类型，可以使用任何表达式。例如：

```
RETURN  2+3;
```

或

```
RETURN  2*var;
```

要返回一个复合（行）数值，则需要记录或者行变量的表达式。

如果函数声明返回 void，那么 RETURN 语句可以用于提前退出函数，但是 RETURN 后不能有表达式。

【例 7-23】 创建不返回值的函数。

实现代码如下：

```
CREATE OR REPLACE FUNCTION myfunreturn7_23 (in_var1 INT) RETURNS void  AS
BEGIN
    IF  in_var1 > 0  THEN
        RAISE  NOTICE  'There is %', in_var1;
    ELSE
        RETURN;
    END IF;
END;
```

调用函数：

```
CALL myfunreturn7_23 (11);
```

运行结果为：

```
There is 11
```

如果函数声明带输出参数，那么输出参数变量的当前值将被返回。

【例7-24】 创建返回复合（行）数值函数示例。

先创建复合结构类型 F_STRU，命令如下：

```
CREATE  TYPE F_STRU  AS  (col1 int, col2 text);
```

再创建函数，返回复合（行）数值，其实现代码如下：

```
CREATE OR REPLACE  FUNCTION  myfunreturn7_24(in_var1 INT, in_var2 TEXT)  RETURNS F_STRU
AS
DECLARE
    F_var  F_STRU;
BEGIN
    F_var.col1 := in_var1 + 1;
    F_var.col2 := '结果为: ' || in_var2;
    RETURN F_var;
END;
```

调用函数：

```
CALL myfunreturn7_24(1,2);
```

运行结果如图 7-4 所示。

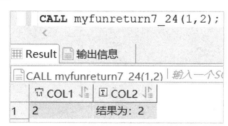

图 7-4　例 7-24 的运行结果

（2）集合返回

有三个语句可以用来从函数中返回集合数据，集合返回语句的语法格式如下：

```
RETURN  NEXT  expression
RETURN  QUERY  query
RETURN  QUERY  EXECUTE  command-string [USING expression [, …]]
```

其中，语句功能和参数的意义说明如下。

语句 RETURN　NEXT　expression 用于标量和复合数据类型；对于复合数据类型，将返回一个完整的结果表"table"。

语句 RETURN　QUERY　query 将一条查询的结果追加到一个函数的结果集中。

语句 RETURN　QUERY　EXECUTE command-string [USING expression [, …]]可用于执行动态 SQL。

① 当函数被声明为返回"RETURNS　SETOF　类型"时，返回的个体项被用 RETURN NEXT 或 RETURN QUERY 命令序列指定，并且接着用一个不带参数的 RETURN 命令来指示这个函数已经完成执行。

② 实际上，RETURN NEXT 和 RETURN QUERY 不会从函数中返回，只是简单地向函数的结果集中追加零或多行，然后继续执行函数中的下一条语句。随着后继的 RETURN NEXT 和 RETURN QUERY 命令的执行，建立结果集。最后一个没有参数的 RETURN 语句将控制退出该函数（或者让控制转到函数的结尾）。

③ RETURN QUERY EXECUTE 为 RETURN QUERY 的变体，可以动态指定要被执行的查询，可以通过 USING 向计算出的查询字符串插入参数表达式，这与 EXECUTE 命令中的方式相同。

④ 声明函数如果带有输出参数，只需要写不带表达式的 RETURN NEXT，则每次执行时，输出参数变量的当前值将被保存下来用于最终返回为结果的一行。

注意：为了创建一个带有输出参数的集合返回函数，在有多个输出参数时，则必须声明函数为返回 SETOF record；或者如果只有一个类型为 sometype 的输出参数时，声明函数为 SETOF sometype。

【例 7-25】 RETURN NEXT 示例。

先创建表 T_F，并插入 3 行记录，命令如下：

```
CREATE TABLE T_F (COL1 INT, COL2 INT, COL3 TEXT);
INSERT INTO T_F VALUES (1, 2, '三');
INSERT INTO T_F VALUES (4, 5, '六');
INSERT INTO T_F VALUES (7, 8, '九');
```

再创建函数，返回使用 RETURN NEXT 语句，将上述 3 条记录输出，实现代码如下：

```
CREATE OR REPLACE FUNCTION myfunrn7_25() RETURNS SETOF T_F AS
DECLARE
   r_var T_F % rowtype;
BEGIN
   FOR r_var IN SELECT * FROM T_F WHERE COL1 > 0
   LOOP
                                      -- 可在此处加入需要实现的功能代码
      RETURN NEXT r_var;              -- 此语句返回 SELECT 的当前行
   END LOOP;
   RETURN;
END;
```

调用函数：

```
CALL myfunrn7_25();
```

运行结果如图 7-5 所示。

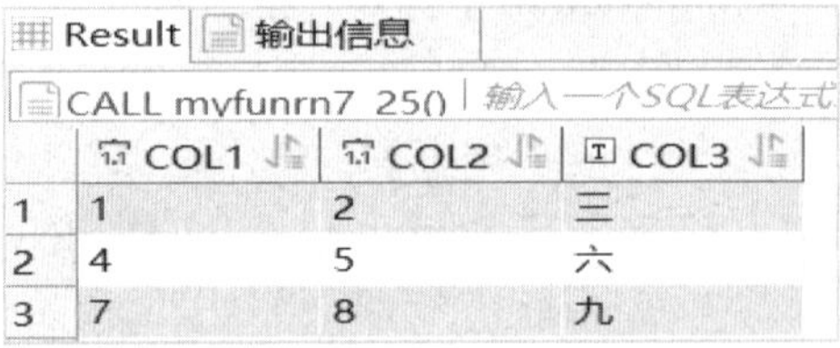
Result 输出信息
CALL myfunrn7_25() 输入一个SQL表达式

	COL1	COL2	COL3
1	1	2	三
2	4	5	六
3	7	8	九

图 7-5 例 7-25 的运行结果

【例 7-26】 RETURN QUERY 示例。

先创建表 T_S，命令如下：

```
CREATE TABLE T_S (sno CHAR(7), sn VARCHAR(18), sg CHAR(3));
```

再创建函数，返回使用 RETURN QUERY 语句，将 S 表的男生输出，实现代码如下：

```
CREATE OR REPLACE FUNCTION myfunrn7_26() RETURNS SETOF T_S AS
BEGIN
    RETURN QUERY SELECT sno, sn, sg FROM S WHERE sg = '男';
END;
```

调用函数：

```
CALL myfunrn7_26();
```

运行结果如图 7-6 所示。

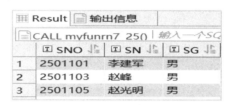

图 7-6　例 7-26 的运行结果

【例 7-27】 RETURN QUERY EXECUTE 示例。

```
CREATE OR REPLACE FUNCTION myfunrn7_27(filter INT) RETURNS SETOF T_F AS
BEGIN
    RETURN QUERY EXECUTE 'SELECT * FROM T_F WHERE COL1 > $1' USING filter;
END;
```

调用函数：

```
CALL myfunrn7_27(1);
```

运行结果如图 7-7 所示。

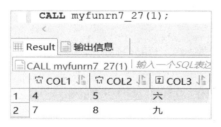

图 7-7　例 7-27 的运行结果

注意：此函数中用到的 T_F 是例 7-25 创建的表。

7.1.5　常用函数

为了让用户更方便地对数据库进行操作，KingbaseES 提供了非常丰富的内置函数，足以满足开发应用程序的需要。PL/SQL 的函数其实就是一段程序代码，以编译好的代码存放在数据库中，并为后续的程序块调用。用户可以通过调用内置函数并为其提供所需的参数来执行一些特殊的运算或完成复杂的操作。本节介绍一些常用函数。

KingbaseES 提供的函数有数学函数（随机函数、三角函数）、字符串函数（大对象函数、内建转换）、二进制串函数、位串函数、数据类型格式化函数、日期和时间函数、枚举支持函数、几何函数、网络地址函数、文本搜索函数、XML 函数、JSON 函数、序列操作函数、数组函数、范围函数、聚集函数、窗口函数、集合返回函数、系统信息函数、系统管理函数、触发器函数、事件触发器函数、其他函数等。由于篇幅限制，具体函数在此就不一一列出，读者有需要，可以参考"人大金仓数据库 SQL 和 PL/SQL 速查手册"。

1. 数学函数

数学函数主要用来处理数值数据，在 KingbaseES 中，主要数学函数有绝对值函数、三角函数（包括正弦函数、余弦函数、正切函数、余切函数等）、对数函数、随机数函数等。在有错误产生时，数学函数将会返回空值 NULL。

【例 7-28】 使用数学函数完成绝对值、平方根、返回最小整数、幂运算和四舍五入截取运算。

代码如下：

```
BEGIN
    RAISE NOTICE 'abs(-10.51)绝对值=%', abs(-10.51);
    RAISE NOTICE 'sqrt(1024)平方根=%', sqrt(1024);
    RAISE NOTICE 'ceiling(5+7/5+8.0) 最小整数=%', ceiling(5+7/5+8.0);
    RAISE NOTICE 'power(2,3) 2 的 3 次方=%', power(2,3);
    RAISE NOTICE 'round(2.870560,2) 四舍五入截取 2 位=%', round(2.870560,2);
    RAISE NOTICE 'round(5.910569,5) 四舍五入截取 5 位=%', round(5.910569,5);
END;
```

运行结果如图 7-8 所示。

```
 Statistics  输出信息 
00000: abs(-10.51)绝对值=10.51
00000: sqrt(1024)平方根=32
00000: ceiling(5+7/5+8.0) 最小整数=14
00000: power(2,3) 2的3次方=8
00000: round(2.870560,2) 四舍五入截取2位=2.87
00000: round(5.910569,5) 四舍五入截取5位=5.91057
```

图 7-8 例 7-28 的运行结果

2. 字符串函数

字符串函数主要用来处理数据库中的字符串数据。PL/SQL 中的字符串函数有计算字符串长度函数、字符串合并函数、字符串替换函数、字符串比较函数、查找指定字符串位置函数等。

（1）CONCAT(s1, s2, …)函数

CONCAT(s1, s2, …) 函数的返回结果为连接参数产生的字符串。任何参数为 NULL，将被忽略。如果所有参数均为非二进制字符串，那么结果为非二进制字符串。如果自变量中含有任意二进制字符串，那么结果为一个二进制字符串。

【例 7-29】 连接参数产生字符串示例。

代码如下：

```
SELECT CONCAT ('KingBaseES ', '8.3'), CONCAT ('KingBaseES ', NULL, 'PL/SQL');
```

运行结果如图 7-9 所示。

图 7-9　例 7-29 的运行结果

（2）CONCAT_WS(x, s1, s2, …)函数

CONCAT_WS(x, s1, s2, …)函数将除了第一个参数的其他参数用分隔符串接在一起，其中的 CONCAT_WS 代表 CONCAT 带分隔符（With Separator），是 CONCAT 函数的派生函数。第一个参数 x 是其他参数的分隔符。分隔符的位置放在要连接的两个字符串之间。分隔符既可以是一个字符串，也可以是其他参数。如果分隔符为 NULL，结果就为 NULL。

【例 7-30】　带分隔符连接参数产生字符串示例。

代码如下：

```
SELECT CONCAT_ws('---','1st', '2nd', '3rd'), CONCAT_ws('***', '1st', NULL, '3rd');
```

运行结果如图 7-10 所示。

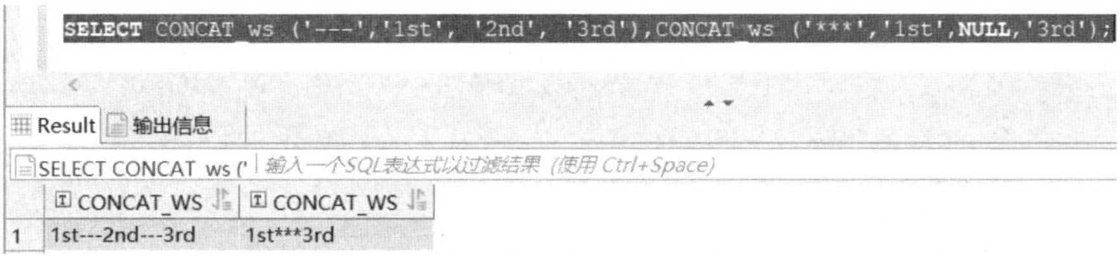

图 7-10　例 7-30 的运行结果

（3）SUBSTRING(s, n, len)函数

SUBSTRING(s, n, len)表示从字符串 s 返回一个长度为 len 的子字符串，起始于位置 n。也可对 n 使用一个负值，则子字符串的位置起始于字符串结尾的 n 字符，即倒数第 n 个字符。

【例 7-31】　返回子字符串示例。

代码如下：

```
SELECT SUBSTRING('数据库原理与技术', 4) AS 列1, SUBSTRING('数据库原理与技术', 1, 5) AS 列2,
 SUBSTRING('数据库原理与技术', -2) AS 列3;
```

运行结果如图 7-11 所示。

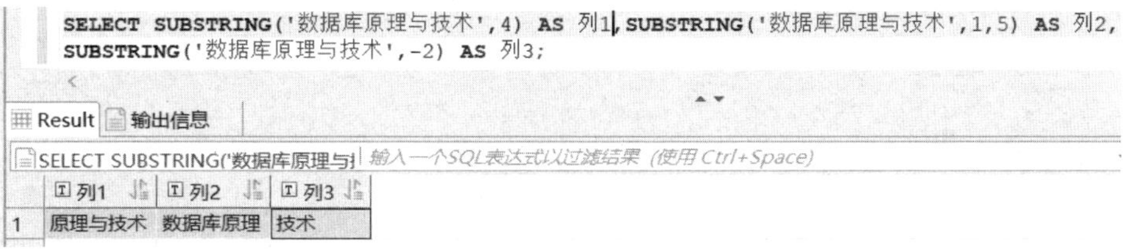

图 7-11　例 7-31 的运行结果

（4）UPPER 函数和 LOWER 函数

UPPER 函数将小写字符数据转换为大写的字符，LOWER 函数将大写字符数据转换为小

写的字符。

【例 7-32】 大小写转换示例。

代码如下：

```
SELECT  UPPER('hello'), LOWER('GOOD');
```

3．日期函数

日期和时间函数主要用来处理日期和时间值，许多日期函数可以同时接受数和字符串类型的两种参数。

（1）获取当前日期和当前时间

① CURRENT_DATE 函数的作用是将当前日期按照 YYYY-MM-DD 格式的值返回，具体格式根据函数用在字符串或是数字语境中而定。

② CURRENT_TIME 函数的作用是将当前时间以 HH:MM:SS 格式返回，具体格式根据函数用在字符串或是数字语境中而定。

【例 7-33】 获取当前日期和当前时间函数示例。

代码如下：

```
SELECT  CURRENT_DATE  AS  当前日期, CURRENT_TIME  AS  当前时间;
```

运行结果如图 7-12 所示。

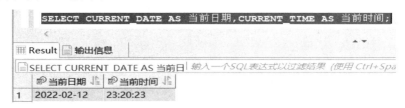

图 7-12　例 7-33 的运行结果

（2）获取日期指定值的函数

EXTRACT(type FROM date)函数从指定日期中提取指定的值。

【例 7-34】 获取当前年、月份和日示例。

代码如下：

```
SELECT  EXTRACT(YEAR FROM CURRENT_DATE)  AS  年, EXTRACT(MONTH  FROM CURRENT_DATE)  AS  月份,
  EXTRACT(DAY FROM CURRENT_DATE)  AS  日;
```

运行结果如图 7-13 所示。

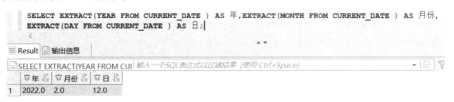

图 7-13　例 7-34 的运行结果

（3）计算年龄

当表中的字段为出生日期，而需要年龄时，可通过当前年份减去出生年份获得年龄。

【例 7-35】 查询 T 表中'陈建设'老师的年龄。

代码如下：

```
SELECT  TN, (EXTRACT(YEAR  FROM  CURRENT_DATE) - EXTRACT(YEAR  FROM  TD))  AS 年龄
FROM  T
WHERE  TN = '陈建设';
```

7.1.6 用户自定义函数

系统没有提供的功能需要开发人员先创建函数（即用户自定义函数，简称自定义函数），再调用。在 KingbaseES 中，函数或存储过程是存储在数据库服务器上并可以调用的一组 SQL 和过程语句，所以函数也被称为 KingbaseES 存储过程。

本节简单介绍自定义函数的知识，包括函数的定义、调用和删除等内容。

1. 创建自定义函数和调用自定义函数

PL/SQL 命令可以创建（CREATE FUNCTION）和删除（DROP FUNCTION）自定义函数。

（1）创建自定义函数

创建自定义函数的语法格式如下：

```
CREATE  [OR REPLACE]  FUNCTION  function_name (arguments)
RETURNS  return_datatype  AS
DECLARE
declaration;
[…]
BEGIN
    <function_body>
    […]
    RETURN {variable_name | value}
END;
```

其中，各参数的意义如下：

① [OR REPLACE]：可选项，允许修改或替换现有函数。修改函数可在创建函数时增加 OR REPIACE 子句。

② DECLARE：定义参数（参数名写在前面，类型写在后面）。

③ BEGIN…END：在中间写函数主体。

④ RETURNS：指定从函数返回的数据类型。

【例 7-36】 自定义一个标量值函数，判断一个整数是否为素数，若是素数，则返回 1，否则返回 0，需判断的数据通过参数传给函数。

```
CREATE  OR  REPLACE  FUNCTION  MYFun7_36 (n  INT)
RETURNS  INT
AS
DECLARE
    i  INT := 2;
    sign  INT := 1;
BEGIN
<<LAB1>>
    WHILE  i <= SQRT(n)  LOOP
```

```
        IF n%i = 0 THEN
            sign := 0;
            GOTO  LAB2;
        END IF;
        i := i+1;
    END LOOP  LAB1;
<<LAB2>>
    RETURN  sign;
END;
```

调用函数：

```
SELECT  MYFun7_36(11);
```
或　　`CALL  MYFun7_36(11);`

运行结果为：

```
1
```

【例 7-37】 返回表的示例。返回出生日期为"2001-06-01"后的所有学生函数。

实现代码如下：

```
CREATE OR REPLACE  FUNCTION   MYFun7_37()
RETURNS  SETOF  S
AS
BEGIN
    RETURN  QUERY  SELECT * FROM S  WHERE sd >= '2001-06-01';
END;
```

注意：KingBaseES 只能返回 SETOF 后所指表的列，如果所需列少于查询语句所指表中的列，应另创建一个表，否则报错。

【例 7-38】 创建返回表函数示例。通过学号作为实参调用函数，显示该学生不及格的课程名及成绩。

先创建表 T_SCORE：

```
CREATE  TABLE  T_SCORE(Cname varchar(21), Grade numeric(4, 1));
```

函数实现代码如下：

```
CREATE  OR  REPLACE  FUNCTION MYFun7_38(IN s_id E.sno%TYPE)
RETURNS  SETOF  T_SCORE
AS
BEGIN
    RETURN  QUERY  SELECT  cn, gr FROM E , C  WHERE  E.cno=C.cno AND E.sno=s_id AND gr<60;
END;
```

调用函数：

```
CALL  MYFun7_38 ('2501105');
```
或　　`SELECT * FROM  MYFun7_38('2501105');`

运行结果为：

程序设计　52

（2）利用数据库对象管理工具创建函数

① 在数据库对象管理工具窗口的"数据库导航"窗格中选择操作的数据库下的"模式"，

打开具体模式节点。

② 右击"函数"节点，在弹出的快捷菜单中选择"新建 → 函数"命令。

③ 弹出"新建函数"对话框，包括"基础属性""参数""SQL 内容"等标签，在相应的标签中选择或添加相应的内容，单击"确定"按钮即可。

2. 删除函数

当一个函数不会再用到时，可以使用 DROP FUNCTION 语句执行删除操作，语法格式如下：

```
DROP FUNCTION [IF EXISTS] name ([[argmode] [argname] argtype, …]]) [CASCADE | RESTRICT]
```

其中，各参数的意义如下。

① IF EXISTS：选择此项，则指定的函数不存在时不发出错误信息，而是发出一个提示。

② name：需要删除的函数名称，可以加模式限定。

③ argmode：参数的模式，有 IN、OUT、INOUT 等。若省略，则默认为 IN。

④ argname：参数的名称。

⑤ argtype：函数若有参数，代表函数参数的数据类型。

⑥ CASCADE：自动删除依赖于要删除的函数的对象（如操作符、触发器），然后删除所有依赖于那些对象的对象。

⑦ RESTRICT：若有对象依赖于要删除的函数，则拒绝删除它。默认为 RESTRICT。

除了命令删除的函数，也可选择数据库对象管理工具直接删除。具体方法为：在选定的数据库的"模式"下打开具体模式节点，右击"函数"节点，在弹出的快捷菜单中选择"删除"命令，弹出"删除对象"对话框，单击"是"按钮即可。

7.2　存储过程

在大型数据库系统中，存储过程具有非常重要的作用，其作用是 SQL 语句不可替代的。在数据转换或查询报表时经常使用存储过程。本节主要讲述存储过程的概念和如何创建一个存储过程。

7.2.1　存储过程的概念和优点

存储过程（Store Procedure）是一组为了完成特定功能的 PL/SQL 语句组成的命名程序块，主要用于封装一些经常需要执行的操作，是一种数据库的对象。存储过程经编译后，存储在数据库中，通过指定名字来执行，执行速度快且可多次重复使用，从而简化应用程序的开发和维护，提高应用程序性能。

通过 PL/SQL 创建的存储过程、函数，有输入、输出参数和返回值，它们与表和视图等数据库对象一样被存储在数据库中，供用户随时调用。存储过程和用户自定义函数在功能上相当于客户端的一段 SQL 批处理程序。

存储过程的优点如下：

（1）模块化的程序设计，可重复使用，高效执行

存储过程是一种带名的 PL/SQL 过程程序块，是能完成一定操作的一组 PL/SQL 语句集合。存储过程在创建并编译后，被存储在数据库中，成为数据库的一种对象，可以被有权用户在以后需要相同功能的地方使用存储过程名称直接进行调用，避免重复编码和再次进行编译，从而简化代码维护工作，大大加快了执行速度。

（2）减少网络流量

存储过程可以将多条 PL/SQL 语句组织到同一个 PL/SQL 块中，从而降低网络开销，提高应用程序性能。对于一般的数据库，当应用程序访问关系数据库管理系统时，每次只能发送单条 SQL 语句。执行几条 SQL 语句需要在网络上发送几次语句。存储过程本身的执行速度很快，而且调用存储过程可以大大减少同数据库的交互次数，减少网络开销。

（3）提高安全性

存储过程作为对象存储在数据库中，因此可通过对存储过程的权限控制提高整个操作的安全性。通过创建存储过程和程序中调用存储过程，就可以避免将 SQL 语句同开发语言代码混杂在一起，一旦代码失密，意味着数据库结构失密。同时，使用存储过程实现了数据库操作从编程语言中转移到了数据库中，只要数据库不被破坏，这些操作也将一直保留。

7.2.2 创建存储过程

1. 用 CREATE PROCEDURE 命令创建存储过程

当创建存储过程时，需要确定存储过程的三个组成部分。

① 所有的输入参数以及传给调用者的输出参数。

② 被执行的针对数据库的操作语句，包括调用其他存储过程的语句。

③ 返回给调用者的状态值以指明调用是成功还是失败。

创建存储过程语句的语法格式如下：

```
CREATE [OR REPLACE] PROCEDURE 过程名 [([IN | OUT | INOUT]参数名 数据类型, …)]
{AS |IS}
[LabelName]
[DECLARE]
  [说明部分]
BEGIN
  语句序列
  [EXCEPTION 出错处理]
END [LabelName];
```

其中，各参数的意义说明如下

① 过程名和参数名必须符合标识符命名规则。

② OR REPLACE 是一个可选的关键字，建议用户使用此关键字，当数据库中已经存在此过程名，则该过程会被重新定义，并被替换。

③ 关键字 IS 与 AS 没有区别，选择其中一个即可。IS 后是一个完整的 PL/SQL 程序块，可以定义变量、游标等。

使用参数和返回值时需注意：创建存储过程时可以定义零至多个形式参数。形式参数可

以有 3 种模式：IN、OUT 和 INOUT。如未给形式参数指定模式，默认为 IN。

① 如果只有一个 OUT 参数，其返回值类型与 OUT 参数返回值类型必须一致；如果有多个 OUT 或者 INOUT 参数，则返回结果值必须是 RECORD 类型。

② 如果有 OUT 或 INOUT 参数，运行所得是一个结果集，结果集由一条或多条 RECORD 组成，则每条 RECORD 中，字段的顺序按 OUT 或 INOUT 参数声明的顺序。

【例 7-39】 创建无参数的存储过程示例，输出当前系统的日期。

```
CREATE OR REPLACE PROCEDURE out_date7_39()
IS
BEGIN
    RAISE NOTICE '当前系统日期为：%', SYSDATE;
END;
```

调用存储过程：

```
CALL out_date7_39 ();
```

【例 7-40】 创建一个名称为 InsertRecord7_40 的存储过程示例，该存储过程的功能是向 S 数据表中插入一条记录，新记录的值由参数提供。

```
CREATE OR REPLACE PROCEDURE InsertRecord7_40(IN V_sno S.sno%TYPE, IN V_sn S.sn%TYPE,
    IN V_sex S.sg%TYPE, IN V_sd S.sd%TYPE, IN V_dp S.dp%TYPE)
AS
BEGIN
    INSERT INTO S VALUES(V_sno, V_sn, V_sex, V_sd, V_dp);
End;
```

调用存储过程：

```
SELECT InsertRecord7_40('2501106', '张三', '男', '2002-2-12', '计算机');
```

【例 7-41】 创建具有参数默认值的存储过程示例。创建一个名称为 InsertRecordDef7_41 的存储过程，该存储过程的功能是向 S 数据表中插入一条记录，新记录的值由参数提供，如果未提供系别 Dp 的值时，由参数的默认值代替。

```
CREATE OR REPLACE PROCEDURE InsertRecordDef7_41
(   IN V_sno S.sno%TYPE,
    IN V_sn S.sn%TYPE ,
    IN V_sex S.sg%TYPE,
    IN V_sd S.sd%TYPE,
    IN V_dept VARCHAR(20) := '无')
AS
BEGIN
    INSERT INTO S VALUES(V_sno, V_sn, V_sex, V_sd, V_dept);
END;
```

调用存储过程：

```
SELECT InsertRecordDef7_41('2501107', '李四', '男', '2002-9-1');
```

【例 7-42】 创建具有返回值的存储过程示例。

创建一个名称为 QueryS7_42 的存储过程，其功能是从数据表 S 中根据学号查询某同学的姓名和系别，查询的结果由参数 V_sn 和 V_dp 返回。

```
CREATE OR REPLACE PROCEDURE QueryS7_42
```

```
(   IN  V_sno S.sno%TYPE,
    OUT  V_sn S.sn%TYPE,
    OUT  V_dp S.dp%TYPE )
AS
BEGIN
    SELECT sn, dp INTO V_sn, V_dp FROM  S  WHERE  sno = V_sno;
    RAISE  NOTICE  '姓名为: %, 系别为: %', V_sn, V_dp;
END;
```

调用存储过程：

```
CALL  QueryS7_42('2501106');
```

运行结果为：

姓名为：张三，系别为：计算机

2. 利用数据库对象管理工具创建存储过程

在数据库对象管理工具窗口的"数据库导航"窗格中选择操作的数据库的"模式"，打开具体模式节点；右击"存储过程"节点，在弹出的快捷菜单中选择"新建 → 存储过程"；弹出"新建存储过程"窗口，其中包括"基础属性""参数""SQL 内容"等标签，在相应的标签中选择或添加相应的内容，单击"确定"按钮即可。

7.2.3 调用存储过程

在数据库对象管理工具中调用存储过程时，需要使用

```
    CALL ProcedureName ([<ExpressionList>])
或   SELECT ([<ExpressionList>])
```

命令，而在 PL/SQL 块中可以直接引用。

当调用存储过程时，如果无参数，那么直接引用存储过程名；如果存储过程带有输入参数，那么需要为输入参数提供数据值；如果存储过程带有输出参数，那么需要使用变量接收输出结果；如果存储过程带有输入输出参数，那么在调用时需要使用具有输入值的变量。

7.2.4 删除存储过程

当一个存储过程不会再用到时，可以使用 DROP PROCEDURE 语句执行删除操作。其语法格式如下：

```
DROP  PROCEDURE  ProcedureName [(([<ExpressionList>])] [CASCADE | RESTRICT];
```

其中，各参数的意义如下：

① ProcedureName：需要删除的存储过程名称，可以加模式限定的。

② ExpressionList：参数表达式列表。因为 KingbaseES 允许存储过程重载，所以当不存在同名的存储过程时，不需加参数;但如果有同名的存储过程，则需要加参数。

③ CASCADE：自动删除依赖于要删除的存储过程的对象（如操作符、触发器）。

④ RESTRICT：若有对象依赖于要删除的存储过程，则拒绝删除它。

除了命令删除的存储过程，也可选择数据库对象管理工具直接删除存储过程。具体方法

为：在选定的数据库的"模式"下打开具体模式节点，右击"存储过程"节点，在弹出的快捷菜单中选择"删除"命令，弹出"删除对象"对话框，单击"是"按钮即可。

7.3 触发器

触发器类似存储过程、函数，因为它们都是拥有说明部分、语句执行部分和异常处理部分的有名的 PL/SQL 块。与存储过程类似，触发器必须存储在数据库中，并且不能被块进行本地化说明。但是，存储过程可以从另一个块中通过存储过程调用显式地执行另一个存储过程，同时在调用时可以传递参数。当触发事件发生时，触发器就会显式地执行该触发器，并且触发器不接受参数。

7.3.1 触发器概述

触发器（Trigger）是用户定义在关系表上的一类由事件驱动的特殊过程。触发器保存在数据库服务器中，任何用户对表的增、删、改操作均由服务器自动激活相应的触发器。触发器可以实施更为复杂的检查和操作，具有更精细和更强大的数据控制能力。

1. 触发器的优点

① 触发器自动执行。当表中的数据做了任何修改时，自动激活而执行。

② 触发器可以实现比约束更为复杂的完整性要求。可以强制用户实现业务规则，这些限制比用 CHECK 约束所定义的更复杂。比如，CHECK 中不能引用其他表中的列，而触发器可以引用。

③ 触发器可以根据表中数据修改前后差异采取相应的措施，可以防止错误的或恶意的 INSERT、DELETE 和 UPDATE 操作。

2. 触发器的类型

按触发的 DML 语句，触发器可以分为：INSERT 触发器、DELETE 触发器、UPDATE 触发器。

按触发器执行的次数，触发器可以分为如下 2 种。

① 语句级触发器：由关键字 FOR EACH STATEMENT 标记的触发器，在触发器作用的表上执行一条 SQL 语句时，该触发器只执行一次，即使 SQL 语句没有修改数据，也会导致相应的触发器执行。如果未指定，那么默认为 FOR EACH STATEMENT。

② 行级触发器：由关键字 FOR EACH ROW 标记的触发器，当触发器作用的表的数据发生变化时，每变化一行就会执行一次触发器。例如，E 表上有 DELETE 触发器，当在该表执行 DELETE 操作删除记录时，若删除了 1000 条记录，则 DELETE 触发器将执行 1000 次。

按触发的时间，触发器可以分为如下 3 种。

① BEFORE 触发器：在触发事件前执行触发器。

② AFTER 触发器：在触发事件后执行触发器。

③ INSTEAD OF 触发器：触发事件发生后，执行触发器中指定的函数，而不是执行产生触发事件的 SQL 语句，从而替代产生触发事件的 SQL 操作。在表或视图上，对于 INSERT、UPDATE 或 DELETE 三种触发事件，每种最多可以定义一个 INSTEAD OF 触发器。

7.3.2 创建触发器

1. 用 CREATE TRIGGER 命令创建存储过程

触发器又叫做事件－条件－动作（event-condition-action）规则。当特定的系统事件发生时，对规则的条件进行检查，如果条件成立，就执行规则中的动作，否则不执行该动作。规则中的动作体可以很复杂，通常是一段 SQL 存储过程。

创建触发器语句的语法格式如下：

```
CREATE [OR REPLACE][CONSTRAINT] TRIGGER name {BEFORE | AFTER | INSTEAD OF} {event [OR …]}
    ON table_name
    [FROM referenced_table_name]
    [NOT DEFERRABLE | [DEFERRABLE] [INITIALLY IMMEDIATE | INITIALLY DEFERRED]]
    [FOR [EACH] {ROW | STATEMENT}]
    [WHEN (condition)]
    {EXECUTE PROCEDURE function_name (arguments) | {AS | IS} <PlsqlBlock>};
```

其中，各参数说明如下。

① 表的拥有者才可以在表上创建触发器。

② name：触发器名，可以包含模式名，也可以不包含模式名，在同一模式下，触发器名必须是唯一的。触发器名和表名必须在同一模式下。

③ table_name：表名，当基本表的数据发生变化时，将激活定义在该表上相应触发事件的触发器。referenced_table_name 为约束引用的另一个表的名称。

④ event：触发事件，可以是 INSERT、DELETE、UPDATE 或 TRUNCATE，还可以 UPDATE OF<触发列，…>，即进一步指明修改哪些列时激活触发器。AFTER/BEFORE 是触发的时机，AFTER 表示在触发事件的操作执行之后激活触发器，BEFORE 表示在触发事件的操作执行之前激活触发器。

⑤ NOT DEFERRABLE、DEFERRABLE、INITIALLY IMMEDIATE、INITIALLY DEFERRED：触发器的默认时机。

⑥ 触发器类型：行级触发器（FOR EACH ROW）、语句级触发器（FOR EACH STATEMENT）。

⑦ condition：触发条件，触发器被激活时，只有当触发条件为真时触发动作体才执行；否则不执行。如果省略 WHEN 触发条件，那么触发动作体在触发器激活后立即执行。

⑧ function_name(arguments)：function name 为用户提供的函数名，当触发器触发时会执行该函数，该函数被声明为不用参数并且返回类型为 trigger 的函数。Arguments 为一个可选的逗号分隔的参数列表，在该触发器被执行时会被提供给该函数。简单的名称和数字常量也可以被写在这里，但是它们将全部被转换成字符串。

⑨ 触发动作体：可以是一个匿名 PL/SQL 过程块，也可以是对已创建存储过程的调用。

注意：

① 如果是行级触发器，用户可以在过程体中使用 NEW 和 OLD 引用事件后的新值和事件前的旧值；如果是语句级触发器，就不能在触发动作体中使用 NEW 或 OLD 进行引用。

② 如果触发动作体执行失败，激活触发器的事件就会终止执行，触发器的目标表或触发器可能影响的其他对象不发生任何变化。

③ 不同的关系数据库管理系统产品，触发器语法各不相同。

【例 7-43】 创建一个语句级触发器，当执行删除 S 中信息操作后，输出提示信息"执行了删除操作"。

先创建触发器函数 FUN_DELE_REC7_43()：

```
CREATE OR REPLACE  FUNCTION  FUN_DELE_REC  RETURNS  TRIGGER AS
BEGIN
    RAISE  NOTICE '执行了删除操作';
END;
```

再创建触发器：

```
CREATE  TRIGGER  delete_trigger7_43
    AFTER DELETE ON S
    FOR  EACH  STATEMENT
    EXECUTE  PROCEDURE  FUN_DELE_REC7_43 ();
```

注意：KingbaseES 只允许为被触发动作执行一个用户定义的函数，而其他数据库管理系统没有这个限制。其他数据库管理系统允许执行许多其他的 SQL 命令作为被触发的动作，如 CREATE TABLE。这种限制可以通过创建一个执行想要的命令的用户定义函数来绕过。

【例 7-44】 当对表 E 的 GR 进行修改时，若分数增加了 10%，则将此次操作记录到表 E_U7_44(Sno, Cno, OldGR, NewGR)中。其中，OldGR 是修改前的分数，NewGR 是修改后的分数。

先创建表 SC_U7_44：

```
CREATE  TABLE  E_U7_44 (sno CHAR(7), cno  CHAR(4) NULL , OldGR numeric(4,1)  NULL,
                        NewGR numeric(4,1)  NULL);
```

再创建触发器：

```
CREATE  OR  REPLACE  TRIGGER  E_T7_44  AFTER  UPDATE  OF  gr  ON  E
    FOR EACH ROW
        WHEN (New.gr >= 1.1*Old.gr)
AS
BEGIN
    INSERT  INTO  E_U7_44(sno, cno, OldGR, NewGR) VALUES(Old.sno, Old.cno, Old.gr, New.gr);
END;
```

注意：例 7-44 为行级触发器，用户可以在过程体中使用 NEW 和 OLD 引用事件后的新值和事件前的旧值。

2. 利用数据库对象管理工具创建触发器

在数据库对象管理工具窗口的"数据库导航"窗格中选择操作的数据库的"模式"，打开具体模式节点；右击"触发器"节点，在弹出的快捷菜单中选择"新建 → 触发器"命令，弹出"新建触发器"窗口，在相应标签中选择或添加相应的内容，单击"确定"按钮即可。

7.3.3　激活触发器

触发器的执行，是由触发事件激活的，并由数据库服务器自动执行。一个数据表上可能定义了多个触发器，遵循如下执行顺序：执行该表上的 BEFORE 触发器；然后，激活触发器的 SQL 语句；接着，执行该表上的 AFTER 触发器。

对于例 7-44，执行如下 SQL 修改语句：

```
UPDATE E SET gr = gr*1.1 WHERE sno = '2501105' AND cno = '605';
```

再执行如下查询语句：

```
SELECT * FROM E_U7_44 WHERE sno = '2501105' AND cno = '605';
```

将显示如下信息：

```
2501105  605 80.0 88.0
```

7.3.4　删除触发器

当触发器不需要时，可以使用 DROP　TRIGGER 语句将其删除，其语法格式如下：

```
DROP TRIGGER [IF EXISTS] name ON table_name [CASCADE | RESTRICT]
```

其中，各参数的意义如下。

① IF EXISTS：选择此项，则指定的触发器不存在时不发出错误信息，而是发出提示。

② name：要删除的触发器的名称。

③ table_name：触发器所在表的名称。

④ CASCADE：自动删除依赖于该触发器的对象，然后删除所有依赖于那些对象的对象。

⑤ RESTRICT：若有对象依赖于要删除的触发器，则拒绝删除它。此项为默认值。

除了命令删除的触发器，也可选择数据库对象管理工具直接删除触发器。具体方法为：在选定的数据库的"模式"下打开具体模式节点；右击"触发器"节点，在弹出的快捷菜单中选择"删除"命令，弹出"删除对象"对话框，单击"是"按钮即可。

7.4　游标

游标（Cursor）是由系统或用户以变量形式定义的一个 PL/SQL 内存工作区，主要用于实现一些不能使用面向集合的语句实现的操作。通过游标，关系数据库管理系统提供了一个对结果集进行逐行处理的能力。

7.4.1　游标概述

对表进行操作的 PL/SQL 语句通常会产生或处理一批记录。但是许多应用程序，尤其是 PL/SQL 嵌入的主语言，通常不能把整个结果集作为一个单元来处理，这时应用程序需要一种机制来保证每次处理结果集中的一行或几行，游标就提供了这样的机制。KingbaseES 通过游标提供了对一个结果集进行逐行处理的能力。游标可看作一种特殊的指针，与某查询结果相联系，可以指向结果集的任意位置，以便对指定位置的数据进行处理，从而使得使用游标可以在查询数据的同时对数据进行处理。

1. 游标的基本概念

游标用于存放从数据库表中查询返回的数据记录，是一种临时的数据库对象，提供了从结果集中提取并分别处理每条记录的机制。游标总是与一条 SQL 查询语句相关联，包括 SQL 查询结果，指向特定记录的指针。

2. 声明游标

声明游标是指定义一个游标来对应一条查询语句，从而利用该游标对查询语句返回的结果集进行操作。游标在存储过程的声明部分定义。具体方法有如下两种。

（1）在存储过程中声明游标

```
游标名  refcursor;
```

其中，"游标名"是一个标识符，只被用来对相应的查询进行引用，不可为游标名赋值，也不可将其用于表达式。refcursor 是预定义的 cursor 类型，这个类型允许用户定义 CURSOR，允许运行时为其指定不同的 SQL。此时，游标还没有绑定查询语句，因此游标不能访问。

（2）使用游标专有声明

```
CURSOR  游标名[(arguments)] FOR  query;
```

其中，各参数的意义如下。

① arguments 为由 "," 分隔的参数列表，可以带一个或多个参数，用于打开游标时向游标传递参数，与存储过程或函数的形式参数类似；打开带参数的游标时，在 OPEN 后的括号内标明实际参数。注意，实际参数的个数及类型必须与游标定义中的形式参数相匹配。

② query 是由 SELECT 引出的数据查询语句，返回的值存储在游标中。

声明游标的示例，例如：

```
CURSOR curS FOR SELECT * FROM S;
CURSOR curST(mykey integer) FOR SELECT * FROM S WHERE sno = mykey;
```

3. 打开游标

在声明游标时为游标指定了查询语句，但此时该查询语句并不会被 KingbaseES 系统执行。只有打开游标后，KingbaseES 系统才会执行查询语句。在打开游标时，如果游标有输入参数，用户还需要为这些参数赋值；否则将报错（除非参数设置了默认值）。声明游标有两种方式，对应打开游标有 3 种方式。打开游标需要使用 OPEN 语句。

① 打开未绑定的游标 OPEN FOR 方式，其语法格式如下：

```
OPEN unbound_cursor FOR  query;
```

其中，unbound_cursor 为游标，打开未绑定的游标，其 query 查询语句是返回记录的 SELECT 语句。例如：

```
OPEN curVars1 FOR SELECT * FROM S WHERE sno = myno;
```

② 打开未绑定的游标 OPEN FOR EXECUTE 方式，其语法格式如下：

```
OPEN unbound_cursor FOR EXECUTE query-string;
```

其中，EXECUTE 将动态执行查询字符串。例如：

```
OPEN curVars1 FOR EXECUTE 'SELECT * FROM' || quote_idt($1);
```

注意："$1"是指由存储过程传递的第 1 个参数。

③ 打开一个绑定的游标，其语法格式如下：

```
OPEN bound_cursor [(argument_values)];
```

此形式仅适用于绑定的游标，只有当该游标在声明时包含接收参数，才能以传递参数的形式打开该游标，参数将传入到游标声明的查询语句中。例如：

```
OPEN curS;
OPEN curST('2501105');
```

4．使用游标

打开游标后，游标对应的 SELECT 语句即被执行。为了处理结果集中的数据，需要检索游标。检索游标实际上就是从结果集中获取单行数据并保存到定义的变量中，这需要使用 FETCH 语句，其语法格式如下：

```
FETCH cursor INTO target;
```

其中，FETCH 命令从游标中读取下一行记录的数据到目标中，读取成功与否，可通过游标属性"游标名%FOUND"来判断。"%FOUND"用于判断游标是否找到记录，若找到记录，则返回值为 TRUE。用 FETCH 语句提取游标数据，"%NOTFOUND"与"%FOUND"属性恰好相反，若检索到数据，则返回值为 FALSE，否则返回值为 TRUE。例如：

```
FETCH curVars1 INTO rowvar;                        -- rowvar 为行变量
FETCH curST INTO V_sno, V_sn, V_sex;
```

注意：① 游标的属性列必须与目标列的数量一致，并且类型兼容；② 变量的个数、顺序及类型要与游标中相应字段保持一致。

5．关闭游标

当游标数据不再需要时，需要关闭游标，以释放其占有的系统资源，主要是释放游标数据所占用的内存资源。关闭游标需要使用 CLOSE 语句。其语法格式如下：

```
CLOSE cursorName;
```

其中，cursorName 为游标名。例如：

```
CLOSE curS;
```

注意：当游标被关闭后，如果需要再次读取游标的数据，需要重新使用 OPEN 打开游标，这时游标将重新查询返回新的结果。

7.4.2　游标使用示例

【例 7-45】　使用不带参数的游标，专有的声明语法示例，如查询 S 表的男生信息。

代码如下：

```
CREATE OR REPLACE PROCEDURE MYPROC7_45()
AS
DECLARE                                    -- 定义变量及游标
```

```
    V_sno  S.sno%TYPE;
    V_sn  S.sn%TYPE;
    V_sg  S.sg%TYPE;
    V_sd  S.sd%TYPE;
    V_dp  S.dp%TYPE;
CURSOR  cur_S  FOR  SELECT  sno, sn, sg, sd, dp  FROM  S  WHERE  sg = '男';
BEGIN
    OPEN  cur_S;
    LOOP
        FETCH  cur_S  INTO  V_sno, V_sn, V_sg, V_sd, V_dp;        --从游标中取值给变量
        IF  cur_S%FOUND  then                                    --检查从游标中是否取到数据
            RAISE  NOTICE  '%  %  %  %  %', V_sno, V_sn, V_sg, V_sd, V_dp;
        ELSE
            EXIT;
        END IF;
    END LOOP;                                                    --结束循环
    CLOSE  cur_S;                                                --关闭游标
    RAISE  NOTICE  '取数据循环结束。';
    EXCEPTION  WHEN  others  THEN  RAISE  EXCEPTION  'error(%)', sqlerrm;
End;
```

【例 7-46】 使用不带参数的游标，在存储过程中声明游标示例，查询 S 表的男生信息。
代码如下：

```
CREATE  OR  REPLACE  PROCEDURE  MYPROC7_46 ()
AS
DECLARE                                                          --定义变量及游标
un_re   refcursor;                                              --声明游标
V_sno  S.sno%TYPE;
V_sn   S.sn%TYPE;
V_sg   S.sg%TYPE;
V_sd   S.sd%TYPE;
V_dp   S.dp%TYPE;
BEGIN
    OPEN  un_re  FOR  EXECUTE  'SELECT  sno, sn, sg, sd, dp  FROM  S';
    LOOP
        FETCH  un_re  INTO  V_sno, V_sn, V_sg, V_sd, V_dp;       --从游标中取值给变量
        IF  un_re%FOUND  THEN                                    --检查从游标中是否取到数据
            IF  V_sg = '男'  THEN
                RAISE  NOTICE  '%  %  %  %  %', V_sno, V_sn, V_sg, V_sd, V_dp;
            END IF;
        ELSE
            EXIT;
        END IF;
    END LOOP;                                                    --结束循环
    CLOSE  un_re;                                                --关闭游标
    RAISE  NOTICE  '取数据循环结束。';
    EXCEPTION  when  others  THEN  RAISE  EXCEPTION  'error(%)', sqlerrm;
End;
```

小 结

本章主要讲述了在 KingBaseES 中运用 PL/SQL 语句和命令进行程序设计的方法，包括变量、注释符、流程控制命令、一些常用命令和常用函数。

PL/SQL 是 KingBaseES 对原有标准 SQL 的扩充，可以帮助用户完成更为强大的数据库操作功能的过程化编程语言，尤其是在存储过程、自定义函数、触发器、游标的设计方面应用更为广泛。

习 题 7

一、选择题

1. PL/SQL 程序块必须包括（   ）部分。

A. 声明   B. 执行   C. 异常   D. 注释

2. 在 PL/SQL 程序中，表示单行注释的是（   ）。

A. --异常处理部分   B. //异常处理部分

C. /*异常处理部分*/   D. #异常处理部分#

3. 在 KingBaseES 中，不是对象的是（   ）。

A. 表   B. 用户   C. 数据   D. 存储过程

4. 下列选项，属于合法的变量名的是（   ）。

A. user name   B. 1_test   C. u_id%S   D. id#name

5. 已声明了如下变量：

```
DECLARE
i  int;
c  char(4);
```

现在为 i 赋值 10，为 c 赋值'abcd'，正确的语句是（   ）。

A. SET i=10; c='abcd'   B. i=10，c='abcd'

C. i:=10;   D. i=10, c='abcd'

    c:='abcd';

6. 执行如下代码，v_sum 变量的最终结果是（   ）。

```
DECLARE
v_sum  SMALLINT := 0;
BEGIN
    FOR i  IN 1..10 LOOP
        IF i >= 5 THEN
            CONTINUE;
        END IF;
        v_sum := v_sum + i;
    END LOOP;
    RAISE  NOTICE  '%', v_sum;
```

```
END;
```

A. 10   B. 15   C. 25   D. 55

7. 在循环语句中，退出循环的关键字是（   ）。

A. BREAK   B. EXIT   C. LEAVE   D. GO

8. 当如下代码中的画线位置分别为 EXIT、CONTINUE 或 RETURN 时，输出的值为（   ）。

```
DECLARE
  n int;
BEGIN
    n := 3;
<<LABLE1>>
    WHILE n > 0 LOOP
      n := n-1;
      IF n=1 THEN
          ---------;
      END IF;
    END LOOP LABLE1;
    RAISE  NOTICE  '%', n;
END;
```

A. 1，0，不输出   B. 1，1，_   C. 0，0，0   D. 0，1，2

9. 以下求平均值的函数是（   ）。

A. SUM()   B. COUNT()   C. AVG()   D. SORT()

10. 返回所给数值表达式的最小整数的函数是（   ）。

A. ROUND   B. ABS   C. FLOOR   D. CEILING

11. 在 KingBaseES 中，存储过程是一组预先定义并（   ）的 PL/SQL 语句。

A. 保存   B. 编译   C. 解释   D. 编写

12. KingbaseES 中的存储过程和函数的参数模式，不声明时，默认为（   ）模式。

A. IN   B. OUT   C. INOUT   D. OUTIN

13. 设有存储过程 add_s，其创建语句的头部内容如下：

```
CREATE  PROCEDURE  add_s (IN s_sno S.sno%TYPE, IN s_sn S.sn%TYPE);
```

下列语句中正确的是（   ）。

A. EXECUTE   add_s('2501106', '张三');   B. SELECT add_s();

C. SELECT   add_s('2501106', '张三');   D. CALL add_s();

14. 关于触发器的描述中，不正确的是（   ）。

A. 触发器是一种特殊的存储过程   B. 触发器可以用来实现数据完整性

C. 可以实现复杂的逻辑   D. DBA 可以通过语句执行触发器

15. 在创建触发器时，（   ）语句决定了触发器是针对每一行执行一次。

A. FOR EACH ROW   B. ON   C. REFERENING   D. NEW

16. 下列数据库对象可以用来实现表间的数据库完整性的是（   ）。

A. 索引   B. 存储过程   C. 触发器   D. 视图

17. 不会激发触发器的动作是（   ）。

A. 插入数据 INSERT   B. 更新数据 UPDATE

C. 删除数据 DELETE   D. 查询数据 SELECT

18. 在 KingbaseES 中，删除触发器使用的语句是（   ）。

A. ALTER　TRIGGER
B. DROP　TRIGGER
C. DELETE　TRIGGER
D. ERASE　TRIGGER

19. 在 KingbaseES 中，声明游标的语句是（　　）。

A. CREATE　CURSOR
B. 游标名 CURSOR
C. DECLARE　CURSOR
D. CURSOR 游标名

20. 使用游标时，（　　）属性用于判断游标找到记录。

A. %FOUND
B. %NOTFOUND
C. %ISOPEN
D. %ROWCOUNT

二、填空题

21. PL/SQL 程序的声明部分使用_____关键字定义。标志着 PL/SQL 程序中声明段的开始。

22. 在声明变量时使用_____关键字定义。

23. 在 PL/SQL 中，可以使用两类注释符：单行注释_____和多行注释_____。

24. PL/SQL 中可以使用_____和_____定义行类型和组合类。

25. 创建函数的语句为_____。

26. 调用函数可以使用_____命令或_____命令。

27. 使用_____语句可以删除开发人员自定义的函数。

28. 返回小于或等于所给数字表达式的最大整数的函数是_____。

29. 获得当前系统的日期函数是_____；返回当前时间的函数是_____。

30. 在 KingbaseES 中，连接两个字符串的函数_____。

31. 下面代码的功能是_____。

```
DECLARE
n INT := 1;
BEGIN
    FOR i  IN 2..5 LOOP
        n := n*i;
    END LOOP;
    RAISE  NOTICE '%', n;
END;
```

32. 在下面的画线处添加代码。

```
DECLARE
v_num  INT := 5;
BEGIN
    IF v_num < 10  THEN
        _____ label_a;
    ELSE
        RAISE  NOTICE  'v_num 变量的值大于 10';
        _____ label_b;
    END IF;
<<label_a>>
    RAISE  NOTICE  'v_num 变量的值小于 10';
<<label_b>>
    NULL;
END;
```

33．在存储过程中使用_____关键字表示传递一个输入参数。

34．KingbaseES 中，使用_____和_____命令来执行存储过程。

35．KingBaseES 中，触发器按触发的时间分，可以分为_____、_____和_____三种。

36．创建触发器时指定_____子句表示是一个行级触发器。

37．创建触发器时使用_____子句表示是语句级触发器。

38．在 KingbaseES 中，每个触发器有_____和_____两个特殊的 RECORD 类型变量。

39．无论是存储过程还是触发器，都是_____语句和_____语句的集合。

40．对于游标的操作，主要有声明游标、打开游标、_____和关闭游标。

三、判断题（请在后面的括号中填写"对"或"错"）

41．在 PL/SQL 中，流程控制语句的"程序块"，是包含一个或多个 PL/SQL 语句的块，将一次性地发送到数据库服务器中执行。　（　　　）

42．在 PL/SQL 中，变量可以由用户定义。　（　　　）

43．在 PL/SQL 中，用于声明一个或多个变量的命令是 EXCEPTION。　（　　　）

44．在 PL/SQL 中，不能使用 SELECT…INTO 语句来给变量赋值。　（　　　）

45．自定义函数和存储过程的功能相似，但是在语法格式中，函数有 RETURNS 子句，并且函数中的 RETURN 语句必须带有一个表达式。　（　　　）

46．存储过程是存储在服务器上的一组预编译的 PL/SQL 语句。　（　　　）

47．无论是存储过程还是触发器，都是 SQL 语句和流程控制语句的集合。　（　　　）

48．存储过程的输出结果不能传递给一个变量。　（　　　）

49．After 触发器的执行是在数据的插入、更新或删除前执行的。　（　　　）

50．若删除触发器，则所基于的表和数据会受到影响；若直接删除表，则不会自动删除其表上的触发器。　（　　　）

51．在 KingbaseES 的行级触发器中，可以使用 NEW 和 OLD 引用事件执行前后的新旧值（元组）。　（　　　）

52．与游标相关的语句 FETCH 的功能是取出当前行的值放入相应的程序变量中。　（　　　）

四、简答与编程题

53．什么是存储过程？请简述存储过程的优点。

54．什么是触发器？触发器的作用有哪些？

55．简述使用游标的步骤？

56．编写 PL/SQL 程序，使用 LOOP…NEXT…END 语句求 1～100 之间的所有偶数之和。

57．编写一个存储过程，对于 S 表，输入参数为学号 SNo，返回该同学的姓名和所在系别。

实　验

一、实验目的

1．掌握使用流程控制语句完成简单程序的编写。

2．掌握系统函数、自定义函数的设计和调用方法。

3．掌握创建、修改、删除和执行存储过程方法。

4．理解触发器的机制。掌握创建、修改、删除触发器的方法。

5．掌握游标的定义和使用方法。

二、实验内容

1．定义一个放置星期的变量，并赋值（0～6），然后用 CASE 语句判断是星期几。

2．查询 E 表中学号为 2501105 的学生的最高分、最低分、平均分和总成绩，并写相应的列标题增强可读性。

3．用函数计算-25 的绝对值，计算比-2.5 大的最小整数，计算比-2.5 小的最大整数，计算 25 的平方和平方根。

4．创建一个名为 gr_func 的函数，将表 E 中的成绩由百分制转为五级记分制；将该定义函数用于查询每个学生的成绩中，给出五级记分制的成绩。

5．创建存储过程 proc_disp_avg，输入某学生的姓名时，从 E 表中查询该学生的平均成绩。

6．创建存储过程 proc_add，实现为 E 表添加一条记录，记录内容自己定义。

7．创建触发器 tr_up1，实现当修改 E 表中的数据时，显示提示信息"E 表信息被修改。"。

8．创建触发器 tr_up2，实现当修改 S 表中某学生的学号时，对应 E 表中的学号也被修改，并验证触发器执行情况。

9．删除存储过程 proc_add，删除 S 表上的触发器 tr_up2。

10．使用游标，查询 S 表和 E 表的姓名、课程名和成绩信息。

第 8 章

数据库新技术和
国产数据库

DB

计算机领域其他新兴技术的发展对数据库技术产生了重大影响。随着数据量的飞速增长、应用需求的复杂化，数据库技术与这些新兴技术相互结合、相互渗透，出现了许多新的技术和成果，从而解决传统数据库存在的不足和缺陷问题。面对新时代的全新机遇和挑战，国产数据库厂商不断加快创新步伐，自主研发的多种数据库系统为国产数据库领域的发展提供了充足的动力。

通过本章的学习，读者可以了解数据库领域的新技术和几种新型数据库系统，掌握我国自主研发数据库产品的特点和应用情况，了解我国数据库管理系统软件生态系统的发展情况。

8.1 数据库新技术

本节从数据仓库及数据挖掘技术、分布式数据库、大数据技术等方面介绍数据库领域新技术的发展。

8.1.1 数据仓库及数据挖掘技术

随着信息技术的高速发展，数据库应用的规模、范围和深度不断扩大，一般的事务处理已不能满足应用的需要。企业界需要在大量数据基础上的决策支持，所以兴起了数据仓库及数据挖掘技术。

1. 数据仓库技术

数据仓库是一种数据存储和组织技术，是决策分析的基础。数据仓库是一个面向主题的、时变的、非易失的数据集合，将分布在不同站点的相关数据集成到一起，为决策者提供各种类型的有效数据分析。数据仓库使用 ETL（Extract-Transform-Load）工具从数据源中提取数据，以特定主题作为维度，并利用特定的算法集成数据，给数据用户提供实时查询，最终集成有效信息供决策者使用。

（1）数据仓库的体系结构

数据仓库通常采用五层结构，包括：数据源、数据预处理、数据的存储与管理、OLAP（OnLine Analytical Processing，联机分析处理）服务器、数据处理，如图 8-1 所示。

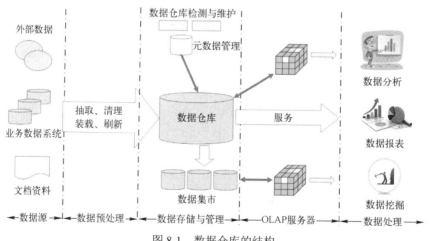

图 8-1　数据仓库的结构

数据仓库的数据来源多样，需通过 ETL 工具进行数据抽取、清洗、转换和维护，形成统一的格式装入数据仓库。数据仓库服务器负责数据仓库中数据的存储管理和存取，为上层服务提供接口。OLAP 服务器为前端工具和用户提供多维数据视图和操作。前端工具用于进行数据处理，工具包括查询报表工具、多维分析工具、数据挖掘工具和分析结果可视化工具等。

（2）数据仓库的特点

① 面向主题。主题是一个比较抽象的概念，是在较高层次上对各信息系统中的数据综合、归类并进行分析利用的抽象，在逻辑关系上，对应进行宏观分析时涉及的分析对象。面向主题的数据组织方式，就是在较高层次上对分析对象涉及的数据的一个完整、一致的描述，能够完整、统一地描绘各分析对象涉及的各项数据，以及数据之间的关系。

② 集成的。数据仓库中的数据来自多个异种数据源，原有信息系统的设计人员在设计系统的过程中有着各自的设计风格，在编码、命名习惯、度量属性等方面很难做到一致。在原始数据进入数据仓库前，需要采取相应的手段来消除许多的不一致性，以保证数据仓库内的信息是关于整个企业的一致的全局信息。

③ 相对稳定的。操作型数据库中的数据通常实时更新，数据根据需要及时发生变化。数据仓库的数据主要供企业决策分析之用，涉及的数据操作主要是数据查询，一旦某数据进入数据仓库，一般将被长期保留。数据仓库中一般有大量的查询操作，但修改和删除操作很少，通常只定期进行数据加载、数据追加。

④ 反映历史变化。随着时间的推移，数据仓库不断增加新的数据内容。数据仓库中包含有大量的综合数据，这些综合数据往往和时间有某种必然的联系，通过这些数据，可以对事务的发展历程和未来趋势做出定量分析和预测。

2．数据挖掘技术

数据挖掘是从大量数据中发现并提取隐含的、先前未知的但存在潜在价值的信息和知识的一种新技术。数据挖掘的数据可以来自数据仓库，也可以来自数据库。

（1）数据挖掘的过程

从数据本身来考虑，整个数据挖掘的过程可分为以下 4 个阶段：数据清理与集成、数据选择与转换、数据挖掘和模式评估表示，如图 8-2 所示。

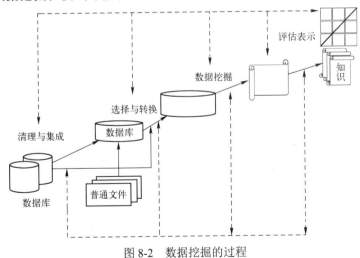

图 8-2　数据挖掘的过程

① 数据清理与集成。数据清理是指对数据库中不完整（有些感兴趣的属性缺少属性值）、含噪声、不一致的数据进行清理，将完整、正确、一致的数据信息存入数据仓库。数据集成是指把不同来源、格式、特点性质的数据在逻辑上或物理上有机地集中，将多种数据源组合在一起，解决语义模糊性，从而为企业提供全面的数据共享。

② 数据选择与转换。数据选择的目的是辨别出需要分析的数据集合，缩小处理范围，从数据库中提取与分析任务相关的数据，提高数据挖掘质量。数据转换是指通过平滑聚集、数据概念化、规范化等方式，将数据变换或统一成适合挖掘的形式。

③ 数据挖掘。根据数据仓库中的数据信息，选择合适的分析工具，应用统计方法、事例推理、决策树、规则推理、模糊集、神经网络、遗传算法的方法处理信息，得出有用的分析信息。

④ 模式评估与表示。根据最终用户的决策目的对提取的信息进行分析，把最有价值的信息区分开来，并通过决策支持工具提交给决策者。因此，其任务不仅是把结果表达出来，还要对信息进行过滤处理，如果不能令决策者满意，需要重复以上数据挖掘的过程。

（2）数据挖掘的主要技术

① 关联分析。关联规则挖掘由 R. Agrawal 等人提出，用来发现超市中用户购买的商品之间的隐含关联关系，帮助决策者确定市场经营策略。关联规则不仅在超市交易数据分析方面得到了应用，在诸如股票交易、银行保险、医学研究等领域都得到了广泛的应用。

② 分类和预测。数据分类的目的就是从历史数据记录中自动地推导出已知数据的趋势描述，使其能够对未来的新数据进行预测。分类规则挖掘就是通过对有分类标号的训练集进行分析处理（也称为有监督的学习），找到一个数据分类函数或者分类模型（也称为分类器），而且对训练集以外的、没有分类标号的任意样本，该模型都能将其映射到给定类别集合中的某类别。分类问题在商业、银行业、医疗诊断、生物学、文本挖掘和 Internet 筛选等领域都有广泛应用。

③ 聚类分析。聚类通过对数据的深度分析，将一个数据集拆分成若干簇（子集），使得同一个簇中数据对象（也称数据点）之间的距离很近或相似度较高，而不同簇中的对象之间距离很远或相似度较低。聚类分析在科学数据分析、商业、生物学、医疗诊断、文本挖掘和 Web 数据挖掘领域都有广泛应用。

（3）数据挖掘技术的新发展

随着技术的不断发展和人类认识的不断深入，一些新问题随之出现，由此使得数据挖掘取得了一些新的发展，如文本数据挖掘、Web 数据挖掘、可视化数据挖掘等。

① 文本数据挖掘。现实世界中，知识不仅以传统数据库中结构化数据的形式出现，还以各种各样形式存储和实现，诸如新闻文章、研究论文、书籍等。这些非结构化数据源中存在着大量的知识。文本分析是实现文本挖掘的关键技术，通过对文本信息的自动分析，让计算机从自然语言文档中获得语义。文本数据挖掘的关键技术包括文本结构分析、基于关键字的关联分析、文本分类分析、文本聚类分析等。

② Web 数据挖掘。从某种意义上，Web 挖掘属于广义的文本挖掘的一种。之所以单独拿出来，是因为随着 Internet 的快速发展，Web 数据成为一种非常重要的数据源。Web 数据挖掘是指从半结构化或者非结构化的 Web 文档和 Web 服务中自动发现并提取有价值的信息或者知识。Web 数据挖掘的基本过程可以分为四个阶段：数据采集、预处理、模式发现、模式分析。

③ 可视化数据挖掘。数据可视化技术是指从庞大的数据集中将数据转换为图形或者图像在屏幕上显示出来，并进行交互处理的理论、方法和技术。数据可视化可以很清楚地发现隐含的和有用的知识，而可视化数据挖掘可从大量数据中有效地发现知识。

8.1.2 分布式数据库技术

分布式数据库系统（Distributed DataBase Management System，DDBMS）是在集中式数据库系统的基础上发展起来的，是计算机技术和网络技术结合的产物。分布式数据库已广泛应用于企业人事、财务和库存等管理系统，百货公司、销售店的经营信息系统，电子银行、民航订票、铁路订票等在线处理系统，国家政府部门的经济信息系统，大规模数据资源等信息系统。

1．分布式数据库的概念

集中式数据库系统是由处理机、数据存储设备及其他外围设备组成，被物理地定义到单个位置。分布式数据库在逻辑上是统一的整体，在物理上则是分散的，分别存储在不同的物理节点上，如图 8-3 所示。

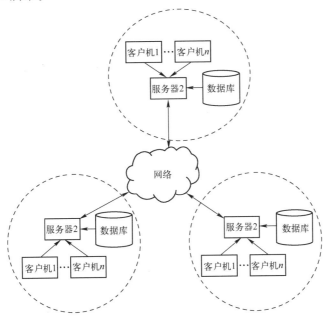

图 8-3　分布式数据库系统的体系结构

在分布式数据库系统中，被计算机网络连接的每个逻辑单位是能够独立工作的计算机，这些计算机被称为站点或场地，也被称为结点。逻辑上，各站点之间虽然不是相关的，但它们相互协作又组成一个逻辑整体，并由一个统一的数据库管理系统进行管理；物理上，各站点分散在不同的地方，每个站点是独立的数据库系统，有独立的数据库、独立的用户、独立的 CPU，运行独立的数据库管理系统，执行局部应用，具有高度的自治性。

2．分布式数据库的特点

分布式数据库可以建立在以局域网连接的一组工作站上，也可以建立在广域网（或称远程网）的环境中。但分布式数据库系统并不是简单地把集中式数据库安装在不同的场地，而是具有自己的特点。

（1）数据独立性

数据库技术的一个目标是使数据与应用程序尽可能独立，相互之间影响最小，也就是数据的逻辑和物理存储对用户是透明的。在分布式数据库中，数据的独立性有更丰富的内容。像集中式数据库一样，分布式数据库提供一种完全透明的性能，包括：逻辑数据透明性、物理数据透明性、数据分布透明性和数据冗余的透明性。

（2）自治与共享

数据库是多个用户共享的资源。在集中式数据库系统中，为了保证数据库的安全性和完整性，对共享数据库的控制是集中的，并有 DBA 负责监督和维护系统的正常运行。在分布式数据库系统中，数据的共享有局部和全局两个层次：局部共享在局部数据库中存储局部场地上各用户的共享数据，这些数据是本场地用户常用的；全局共享在分布式数据库系统的各场地也存储供其他场地的用户共享的数据，支持系统的全局应用。

（3）适当增加数据冗余度

在集中式数据库系统中，尽量减小冗余度是系统目标之一。冗余数据不仅浪费存储空间，还容易造成各数据副本之间的不一致性。而分布式数据库系统希望增加冗余数据，在不同的场地存储同一数据的副本，当某场地出现故障时，可以对另一场地的相同副本进行操作，提高了系统的可靠性；同时，可以选择用户最近的数据副本进行操作，减少通信代价，提高系统整体性能。

（4）全局的一致性、可串行性和可恢复性

在分布式数据库系统中，各局部数据库和全局数据库应满足数据库的一致性、并发事务的可串行性和可恢复性。这是因为在分布式数据库系统中全局应用要涉及两个以上结点的数据库，全局事务可能由不同场地上的多个操作组成。

3．分布式数据库的体系结构

分布式数据库的体系结构是在原来集中式数据库系统的基础上增加了分布式处理功能，比集中式数据库系统模式增加了四级模式和映像，如图 8-4 所示。

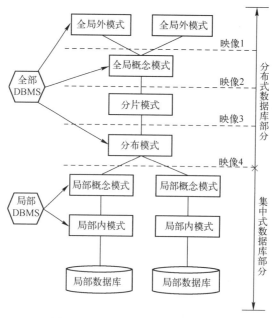

图 8-4　分布式数据库的体系结构

① 局部外模式：全局应用的用户视图，是全局概念模式的子集。

② 全局概念模式：定义分布式数据库系统的整体逻辑结构，为便于向其他模式映像，一般采取关系模式，其内容包括一组全局关系的定义。

③ 分片模式：全局关系可以划分为若干不相交的部分，每部分就是一个片段。分片模式定义了片段以及全局关系到片段的映像。这种映像关系是一对多的，一个全局关系可以定义多个片段，每个片段只能来源于一个全局关系。

④ 分布模式：一个片段可以物理地分配在网络的不同结点上，分片模式定义了片段的存放结点。如果一个片段存放在多个结点上，就是冗余的分布式数据库，否则是非冗余的分布式数据库。

由分布模式到各局部数据库的映像，存储在局部结点的全局关系或全局关系的片段被映像为各局部概念模式。局部概念模式采用局部结点上数据库管理系统所支持的数据模型。

8.1.3 大数据技术

现代信息技术产业已经历了多次浪潮，随着互联网的兴起，网络化浪潮来袭，手机及其他智能设备迅速普及，这使得人们的生活已经被数字信息所包围，而这些所谓的数字信息就是通常所说的"数据"，可将其称为大数据浪潮。面对数据爆炸式的增长，存储设备的性能不断提升，复杂算法也得到了快速发展。2013 年全球的数据储量就达到 4.3 ZB，与 2013 年相比 2018 年的数据量增长了近 7 倍，近年全球大数据储量的增速每年都保持在 40%，大数据已成为提升产业竞争力和创新商业模式的新途径。

1. 大数据技术的特征

大数据（Big Data）是指无法在一定时间范围内用常规软件工具进行捕捉、管理和处理的数据集合，需要新处理模式才能具有更强的决策力、洞察发现力和流程优化能力来适应海量、高增长率和多样化的信息资产。IBM 提出，大数据具有 5V 特征：

① V（Volume）：数据量大，包括采集、存储和计算的量都非常大。PB（1 PB=1024 TB）级别是常态，或者是更高的 EB（1 EB=1024 PB）、ZB（1 ZB=1024 EB）。

② V（Variety）：数据来源及格式多样。除了传统的结构化数据，数据格式还包括半结构化或非结构化数据，如用户上传的音频和视频内容。

③ V（Velocity）：数据增长、处理速度快。数据实时分析而非批量式分析，时效性要求高，这意味着数据的采集、处理和分析等过程必须迅速及时。

④ V（Value）：数据价值密度相对较低。无处不在的信息感知带来海量数据，但数据的价值密度较低，如何结合业务逻辑并通过强大的机器算法来挖掘数据价值，是大数据时代最需要解决的问题。

⑤ V（Veracity）：数据的准确性和可信赖度高。大数据源于真实世界，数据质量高。

2. NoSQL 数据库

（1）NoSQL 数据库的特点

传统关系数据库管理系统通过 ACID 协议（原子性、一致性、隔离性、持久性）来保证数据的一致性，且通过两段封锁协议等保证事务的正确执行，追求系统的可用性。面对大规模数据，需要进行横向扩展，即通过增加计算节点连接成集群，并且改写软件，使之在集群上并行执行。但传统关系数据库实施强一致性约束，使得其很难部署到大规模的集群系统中。

因此，需要考虑采用横向扩展的方式应对大数据的挑战，通过大量节点的并行处理获得高性能，包括写入操作的高性能，对数据进行划分并进行并行处理；放松对数据的 ACID 一致性约束，允许数据暂时出现不一致的情况，接受最终一致性；对各分区数据进行备份，应对节点失败的状况等。NoSQL 就是一类顺应时代发展需要，异军突起、蓬勃发展的技术，去除了关系型数据库中的一些功能，裁减了关系数据库的一些特性，解决了类型多样的大数据的管理、处理和分析问题。

（2）NoSQL 数据库的分类

根据数据库的存储特点及存储内容，可将 NoSQL 数据库分为以下 4 类。

① Key-Value 存储数据库。使用哈希算法把特定的键（Key）映射到对应的值（Value）上，能够提高查询速度，实现海量数据存储和高并发操作，适合通过主键对数据进行查询和修改工作，如 Redis 模型等。

② 列存储数据库。以列的方式组织和存储数据，相同列的数据会物理存储在一起，支持动态扩展新的列而不影响原来的存储，具有很好的扩展性，如 Hbase、BigTable 等。

③ 文档型数据库。扩展的 Key-Value 存储，不过 Value 部分以 JSON 或 XML 等格式的文档形式存储，支持列表数据结构和嵌套文档的结构，并且支持对 Value 上的检索和二次索引，如 MongoDB、CouchDB 等。

④ 图像数据库，使用节点、边和属性来存储数据。节点是一种对象实体，属性用于存储节点的相关信息，边是用来连接节点与节点或节点与数据，并且存储它们之间的关系，如 HyperGraphDB、Neo4J。

NoSQL 数据库采用与关系模型不同的数据模型，为了支持强大的扩展能力而放弃了 ACID 约束，这种弱结构化存储机制非常方便设计者根据应用的变化及时地更改数据的模式。

3．Hadoop

Hadoop 是一个开源的可运行于大规模集群的分布式文件系统和运行处理基础框架，擅长在集群上进行海量数据（结构化和非结构化）的存储与离线处理，是目前流行的大数据处理平台，包括文件系统（HDFS）、数据库（HBase、Cassandra）、数据处理（MapReduce）等功能模块。Hadoop 由 HDFS 和 MapReduce 两个关键部分组成。HDFS（Hadoop Distributed File System）提供可靠数据存储服务，能够检测和应对硬件故障，用于在低成本的通用硬件上运行。MapReduce 是一种计算模型，可实现高性能分布式并行数据处理，其中 Map 函数对数据集上的独立元素进行指定的操作，生成 Key-Value 对作为中间结果，将 Key 值相同的 Value 进行聚集，Reduce 函数则以 Key 及对应的 Value 列表作为输入，以得到最终结果。

8.1.4　其他数据库新技术

1．云存储技术及云数据库

（1）云存储技术

云存储是在云计算（Cloud Computing）概念延伸和发展的一个新的概念，是指通过集群应用、网格技术或分布式文件系统等功能，将网络中大量不同类型的存储设备通过应用软件集合起来协同工作，共同对外提供数据存储和业务访问功能的一个系统，保证数据的安全性，并节约存储空间。简单来说，云存储就是将储存资源放到云上供人存取的一种新兴方案。使用者可以在任何时间、任何地方，透过任何可联网的装置连接到云上方便地存取数据。

云存储系统的结构模型由四层组成：

① 存储层是云存储最基础的部分。存储设备可以是光纤通道存储设备，可以是 NAS 和 iSCSI 等 IP 存储设备，也可以是 SCSI 或 SAS 等 DAS 存储设备。云存储中的存储设备往往数量庞大且分布于不同地域。彼此之间通过广域网、互联网或者光纤通道网络连接在一起。

② 基础管理层是云存储最核心的部分，也是云存储中最难以实现的部分。基础管理层通过集群、分布式文件系统和网格计算等技术，实现云存储中多个存储设备之间的协同工作，使多个存储设备可以对外提供同一种服务，并提供更大更强更好的数据访问性能。

③ 应用接口层是云存储最灵活多变的部分。不同的云存储运营单位可以根据实际业务类型，开发不同的应用服务接口，提供不同的应用服务，如视频监控应用平台、IPTV 和视频点播应用平台、网络硬盘应用平台，远程数据备份应用平台等。

④ 访问层提供云存储访问接口。任何一个授权用户都可以通过标准的公用应用接口来登录云存储系统，享受云存储服务。云存储运营单位不同，云存储提供的访问类型和访问手段也不同。

（2）云数据库

云数据库是部署和虚拟化在云计算环境中的数据库，是在云计算的大背景下发展起来的一种新兴的共享基础架构的方法。云数据库极大地增强了数据库的存储能力，消除了人员、硬件、软件的重复配置，让软件、硬件升级变得更加容易。在云数据库应用中，客户端不需要了解云数据库的底层细节，所有底层硬件都已经被虚拟化，对客户端而言是透明的，就像在使用运行在单一服务器上的数据库一样，非常方便容易，又可以获得理论上近乎无限的存储和处理能力。根据数据库类型，云数据库一般分为关系型数据库和非关系型数据库（如NoSQL）。

2．内存数据库

传统的磁盘数据库将所有数据都放在磁盘上进行管理，访问磁盘上的数据不仅要移动磁头，还会受到系统调用的时间影响。内存数据库抛弃了磁盘数据管理的传统方式，基于全部数据都在内存中重新设计了体系结构，并且在数据缓存、快速算法、并行操作方面进行了相应的改进，更有效地使用 CPU 周期和内存，这种技术近乎把整个数据库放进内存中，所以数据处理速度比传统数据库的数据处理速度要快很多，一般在 10 倍以上，理想情况甚至可达1000 倍。内存数据库的最大特点是其"主拷贝"或"工作版本"常驻内存，即活动事务只与实时内存数据库的内存拷贝打交道。

内存数据库的技术特点如下：

① 采用复杂的数据模型表示数据结构，数据冗余小，易扩充，实现了数据共享。

② 具有较高的数据和程序独立性，数据库的独立性有物理独立性和逻辑独立性。

③ 为用户提供了方便的用户接口。

④ 提供并发控制、恢复、完整性和安全性的数据控制功能，数据库中各应用程序使用的

数据由数据库统一规定，按照一定的数据模型组织和建立，由系统统一管理和集中控制。

⑤ 抛弃许多传统磁盘数据管理的方式，系统灵活性增强。

3．空间数据库

空间数据库（Spatial DataBase）是以描述空间位置和点、线、面、体特征的空间数据及描述这些特征的非空间数据为对象的数据库，其数据模型和查询语言能支持空间数据类型、空间索引和其他空间分析方法。主要应用于地理信息系统（GIS）和计算机辅助设计系统。

根据空间数据的特征，可以把空间数据分为三类：属性数据、几何数据和关系数据。

属性数据用以描述空间数据的属性特征的数据，也称为非几何数据，如类型、等级、名称、状态等。几何数据用以描述空间数据的空间特征的数据，也称为位置数据、定位数据，如用 X、Y 坐标来表示。关系数据用以描述空间数据之间的空间关系的数据，如空间数据的相邻、包含和相交等，主要指拓扑关系。

相较于传统类型的数据，空间数据的数据量巨大，非结构化数据描述空间坐标与空间关系。为了将空间数据与描述特征的非空间数据有效地组织和管理起来，必须建立结构合理的空间数据库，主要有以下 4 种组织形式。

① 文件与关系数据库混合型：一般用文件管理系统管理空间数据，而用关系数据库来管理属性数据，它们之间的联系通过目标标识或内部标识码进行连接。

② 全关系数据库型：空间数据和属性数据都用现有的关系数据库管理系统管理。关系数据库管理系统的软件厂商不做任何扩展，由 GIS 软件商在此基础上进行开发，使之不仅能管理结构化属性数据，还能管理非结构化的空间数据。

③ 对象关系数据库型：对通用的关系数据库管理系统进行扩展，使之能直接存储和管理非结构的空间数据，具有面向对象编程语言的一些特征，如继承、操作函数、封装等。本质上，对象关系数据库是一种关系世界的 SQL 和对象世界的基本建模元素之间的结合。

④ 面向对象数据库型：支持对象的嵌套、信息的继承与聚集，允许用户定义对象和对象的数据结构以及它的操作。

4．多媒体数据库技术

多媒体技术就是通过计算机对语言文字、数据、音频、图像、视频等信息进行存储和管理。传统数据库管理系统在处理数字、字符等结构化数据方面是很成功的，但是处理大量的音频、图像等非结构化数据，传统的数据库管理系统就难以胜任了，因此需要研究和建立能处理非结构化数据的新型数据库——多媒体数据库。多媒体数据库就是数据库技术与多媒体技术结合的产物。

由于多媒体数据具有数据量大、结构复杂、时序性、数据传输连续等特点，因此多媒体数据库具有特殊的数据结构、存储技术、查询和处理方式。多媒体数据库存储的数据具有复合性、分散性和时序性的特点。复合性是指数据的形式多种多样；分散性是指有关联的数据可以分散存储在不同的存储器上；时序性是指数据存储时要保证实体之间的同步。

多媒体数据库管理系统（Multi-Media DataBase Management System，MDBMS）的体系结构一般可以分为三种，即集中型、主从型和协作型。

① 集中型多媒体数据库管理系统是指由单独一个多媒体数据库管理系统来管理和建立不同媒体的数据库，并由这个多媒体数据库管理系统来管理对象空间及目的数据的集成。

② 主从型多媒体数据库管理系统中每个数据库都由自己的管理系统管理，称为从数据库管理系统，这些从数据库管理系统由一个称为主数据库管理系统进行控制和管理，用户在主数据库管理系统上使用多媒体数据库中的数据，是通过主数据库管理系统提供的功能来实现的。

③ 协作型多媒体数据库管理系统也是由多个数据库管理系统组成的，每个数据库管理系统之间没有主从之分，只要求系统中每个数据库管理系统能协调工作，但因每个成员彼此之间有差异，所以在通信中必须首先解决这个问题。为此，对每个成员要附加一个外部处理软件模块，由它提供通信，检索和修改界面。在这种系统中，用户可位于数据库管理系统的任意位置。

8.2　国产数据库

近年来，随着信息技术产业实现自主可控、自主创新需求的日益迫切，我国数据库产业迎来黄金发展机遇，越来越多的国产数据库如雨后春笋般出现。传统厂商以人大金仓、武汉达梦、神舟通用、南大通用等为代表，深耕行业多年，紧跟技术新趋势，在分布计算、云计算等方面皆有布局；云厂商以阿里云、华为云、腾讯云、金山云等为代表；初创厂商以新技术、新硬件、新网络的发展为契机成立，以 OceanBase、PingCAP、鸿鹄（Hunghu）、巨杉、易鲸捷等为代表。经过 40 多年的发展，国产数据库百花齐放。

课程思政

8.2.1　金仓数据库管理系统

1. 产品特点

金仓数据库 KingbaseES 是人大金仓推出的具有自主知识产权的国产大型通用数据库管理系统。作为 KingbaseES 产品系列较新一代版本，KingbaseES V8.3 在系统的可靠性、可用性、性能和兼容性等方面进行了重大改进，具有完整的大型通用数据库管理系统特征，提供完备的数据库管理功能，支持 1000 个以上并发用户、TB 级数据量、GB 级大对象。KingbaseES 可运行于 Windows、Linux、麒麟、UNIX 等多种操作系统平台，支持 X86、X86_64 及国产龙芯、飞腾、申威等 CPU 硬件体系结构，具有标准通用、稳定高效安全可靠、兼容易用等特点。

针对不同类型的客户需求，KingbaseES V8.3 设计并实现了企业版、安全版等多类版本，满足各种业务场景对通用数据库管理系统的技术需求。

2. 核心特性

① 高度容错，稳定可靠。针对企业级关键业务应用的可持续服务需求，KingbaseES V8.3 提供可在电力、金融、电信等核心业务系统中久经考验的容错功能体系，通过如数据备份、恢复、同步复制、多数据副本等高可用技术，确保数据库 7×24 小时不间断服务，实现 99.999% 的系统可用性。

② 应用迁移，简单高效。针对从异构数据库将应用迁移到 KingbaseES 的场景，KingbaseES V8.3 一方面通过智能便捷的数据迁移工具，实现无损、快速数据迁移；另一方面，提供高度符合标准（如 SQL、ODBC、JDBC 等）、并兼容主流数据库（支持 Oracle 等主流数据库 97%的语法，针对 SQL Server、MySQL 等数据源都能实现无损、平滑、快速迁移）语法的服务器端、客户端应用开发接口，可最大限度地降低迁移成本。

③ 人性化设计，简单易用。KingbaseES V8.3 提供了全新设计的集成开发环境（IDE）和集成管理平台，能有效降低数据库开发人员和管理人员的使用成本，提高开发和管理效率。

④ 性能强劲，扩展性强。针对企业业务增长带来的数据库并发处理压力，KingbaseES V8.3 提供了包括并行计算、索引覆盖等技术在内的多种性能优化手段，此外提供了基于读写分离的负载均衡技术，让企业能从容应对高负载、大并发的业务。

8.2.2 达梦数据库管理系统

1. 产品特点

达梦数据库管理系统（简称 DM）是武汉达梦推出的具有完全自主知识产权的高性能数据库管理系统。DM8 吸收、借鉴了当前先进新技术思想与主流数据库产品的优点，融合了分布式、弹性计算与云计算的优势，对灵活性、易用性、可靠性、高安全性等方面进行了大规模改进，多样化架构充分满足不同场景需求，支持超大规模并发事务处理和事务－分析混合型业务处理，动态分配计算资源，实现更精细化的资源利用、更低成本的投入。根据不同的应用需求和配置，DM8 提供了多种产品系列：标准版、企业版和安全版。

① 标准版。为政府部门、中小型企业及互联网/内部网应用提供的数据管理和分析平台。它拥有数据库管理、安全管理、开发支持等所需的基本功能，支持 TB 级数据量，支持多用户并发访问等。标准版以易用性和高性价比为政府或企业提供支持其操作所需的基本能力，并能够根据用户需求完美升级到企业版

② 企业版。企业版拥有伸缩性良好、功能齐全的数据库，无论是用于驱动网站、打包应用程序，还是联机事务处理、决策分析或数据仓库应用，都能作为专业的服务平台。企业版支持多 CPU，支持 TB 级海量数据存储和大量的并发用户，并为高端应用提供了数据复制、数据守护等高可靠性、高性能的数据管理能力，完全能够支撑各类企业应用。

③ 安全版。安全版拥有企业版的所有功能，并重点加强了其安全特性，引入强制访问控制功能，采用数据库管理员（DBA）、数据库审计员（AUDITOR）、数据库安全员（SSO）三权分立安全机制，支持 KERBEROS、操作系统用户等多种身份鉴别与验证，支持透明、半透明等存储加密方式以及审计控制、通信加密等辅助安全手段，使 DM 安全级别达到 B1 级，适合于对安全性要求更高的政府或企业敏感部门选用。

2. 核心特性

① 多维融合，满足多样化需求。通过客户端实现读、写事务的自动分离，读事务在备机执行，写事务在主机执行，减轻主机的负载；具备事务－分析混合型业务处理能力，满足用户在线交易事务、在线实时分析方面的需求，简化系统架构，轻量灵活，降低应用开发和运维的难度。

② 精雕细琢，提升用户体验。优化多项产品细节，包括 MPP 集群、数据库备份还原、重做日志系统、系统运行日志改进，系统运行日志与监控、数据库对象与管理、系统性能优化等方面；提供全新的集中式运维管理工具及改进多项功能，让运维更加省心便捷；增强改进多项安全性，达到国家安全四级、EAL4+级。

③ 平滑迁移，实现"软着陆"。广泛的 SQL 语法兼容性和专用 DB API 特性兼容保证了开发人员和运维人员更容易、快速地从其他主流数据库向 DM8 迁移应用系统。采用渐进式的柔性迁移方案，给予用户充分的数据库替换风险评估与控制周期，实现数据库替换的"软着陆"。

8.2.3 神通数据库管理系统

1. 产品特点

为满足用户个性化需求，针对不同应用特点，神通数据库推出了包括标准版、企业版、安全版、高速版和分析版等多个产品系列。

2. 核心特性

神通数据库支持关系数据库模型和 SQL，提供标准的数据访问接口，具备 TB 级海量数据管理和大规模并发处理能力；通过公安部和军方安全检测，符合信息安全等级保护第三级和军 B 级安全技术要求。神通数据库具有如下特性。

① 高性能。通过采用多种高效存储和数据处理技术使系统具有高性能，包括索引支持、全文检索、多种优化查询策略、查询计划缓存、物化视图、索引优化向导、并行查询、分区技术、结果集缓存、基于代价估算的查询优化策略、直接路径数据加载等。

② 高可用。通过基于共享存储的双机热备架构、双机日志同步架构、多机读写分离（同步异步混合模式）高可用架构实现系统各节点的监控及故障切换。

③ 高安全。采用多种技术手段来确保数据访问行为的合法性，防止非法用户读写数据，包括强用户身份鉴别、自主访问控制机制、强制访问控制机制保证数据的安全访问。

④ 高可靠。通过实例故障恢复、介质故障恢复、数据库复制等方式保证系统的高可靠性。

⑤ 高兼容。与国内外主流硬件平台、操作系统、中间件、应用平台等方面做了充分兼容适配，并从语法结构、数据类型等方面与 Oracle 等异构数据库做了兼容。

⑥ 易使用。提供全面的图形化跨平台数据库管理工具，方便 DBA 和开发人员操作使用，如 DBA 管理控制平台、交互式 SQL 查询工具、数据迁移工具、数据库配置工具、逻辑备份和恢复工具、导入导出工具、数据库维护工具、审计工具、系统参数配置工具、性能监测工具等。

⑦ 通用性高。符合国际通用技术标准和技术规范，支持多种数据类型（如二进制大对象、自定义数据类型等）、丰富的内置函数、索引、主/外键约束、触发器、存储过程、包、匿名块、层次查询、视图、物化视图、支持全文检索等数据库通用功能。

8.2.4 其他国产主流数据库系统

1. OceanBase 数据库

OceanBase 数据库是由 OceanBase 公司完全自主研发的金融级分布式关系数据库，在普通硬件上实现金融级高可用，首创"三地五中心"城市级故障自动无损容灾新标准，具备卓越的水平扩展能力，全球首家通过 TPC-C 标准测试的分布式数据库，单集群规模超过 1500 节点，具有云原生、强一致性、高度兼容 Oracle 和 MySQL 等特性。OceanBase 数据库具有高可用、可扩展、应用易用、兼容性高、低成本及低风险的产品优势。

① 高可用。OceanBase 数据库的每个节点都可以作为全功能节点，将数据以多副本的方式分布在集群的各节点，可以轻松实现多库多活，少数派节点出现故障对业务无感知。OceanBase 数据库的多副本技术能够满足从节点、机架、机房到城市级别的高可用、容灾要求，克服传统数据库的主备模式在主节点出现异常时 RPO>0 的问题。确保客户的业务系统能够稳定、安全运行。

② 可扩展。OceanBase 数据库独创的总控服务和分区级负载均衡能力使系统具有极强的可扩展性，可以在线进行平滑扩容或缩容，并且在扩容后自动实现系统负载均衡，对应用透明，完成对海量数据的处理。对于银行、保险、运营商等行业的高并发场景，OceanBase 数据库能够提供高性能、低成本、高弹性的数据库服务，并且能够充分利用客户的 IT 资源。

③ 应用易用。OceanBase 数据库独创的分布式计算引擎，能够让系统中多个计算节点同时运行 OLTP 类型的应用和复杂的 OLAP 类型的应用，真正实现了用一套计算引擎同时支持混合负载的能力，通过一套系统解决 80%的问题，充分利用计算资源，节省客户因购买额外硬件资源或软件授权所带来的成本。

④ 兼容性高。OceanBase 数据库针对 MySQL 和 Oracle 数据库都给予了很好的支持。对于 MySQL，OceanBase 数据库支持 MySQL 5.6 版本全部语法，可以做到 MySQL 业务无缝切换。对于 Oracle，OceanBase 数据库能够支持绝大多数的 Oracle 语法和几乎全的过程性语言功能，可以做到大部分的 Oracle 业务进行少量修改后自动迁移。帮助客户降低系统的开发、迁移成本。

⑤ 低成本。OceanBase 数据库可以在通用服务器上运行，不依赖于特定的高端硬件，能够有效降低用户的硬件成本。OceanBase 数据库使用的基于 LSM-Tree 的存储引擎，能够有效地对数据进行压缩，并且不影响性能，可以降低用户的存储成本。

⑥ 低风险。OceanBase 数据库不基于任何开源数据库技术，完全自主研发，对于产品有完全的掌控力，能够避免客户使用开源技术所带来的潜在合规、知识产权、SLA 等风险。OceanBase 数据库目前完成了与国产硬件平台、操作系统的适配，降低客户对国外硬件、操作系统的依赖。

2．华为数据库 GaussDB

GaussDB 是华为自主研发的企业级 AI-Native 分布式数据库。GaussDB 采用 MPP（Massive Parallel Processing）架构，支持行存储与列存储，提供 PB 级别数据量的处理能力，可为超大规模数据管理提供高性价比的通用计算平台，也可用于支撑各类数据仓库系统、BI（Business Intelligence）系统和决策支持系统，为上层应用的决策分析提供服务。GaussDB 数据库具有高可靠、高性能、高扩展的产品优势。

① 高可靠。全组件 HA，无单点故障。数据节点 HA+Handoff 技术，协调节点多活，扩容业务不中断。扩容过程中支持数据增、删、改、查及 DDL 操作。

② 高性能。全并行计算，行列混存+向量化执行，轻松实现万亿数据关联分析秒级响应；

并行 Bulk Load，数据快速入库。

③ 高扩展。采用 Shared-nothing 架构，具备超强的 Scale-out 横向扩展能力，可扩展至 2048 节点；基于通用 X86/ARM 架构，扩容成本低。

3．文武信息鸿鹄数据库 Hunghu DB

Hunghu DB 是成都文武信息技术有限公司研发的自主知识产权、大型通用的高性能多模数据库管理系统，具备良好的跨平台特性，高性能和高安全性，支持国产处理器和国产操作系统。

Hunghu DB 支持行存、列存，提供矢量执行引擎、时序引擎、地理时空引擎和内存引擎，支持透明加解密和防篡改功能，可用于对性能要求高的大规模应用系统，如在线事务处理、事务分析、数据仓库、决策支持、工业互联网、城市规划、新农村建设等，为业务系统提供坚强有力的支持。其主要特点如下：

① 高安全性。Hunghu DB 对数据传输、数据存储提供透明加解密功能，支持 AES、国密 SM4 等主流对称加密标准和算法，支持硬件加解密加速等功能，为用户提供安全、高效的数据保护手段。

② 高性能。通过并行处理技术，多模执行引擎，多种数据存储格式等技术手段充分发挥多核处理器性能；通过提升执行器运行效率，CPU Cache Line 的命中率等方法，提升系统整体运行效能，从而提升数据库系统性能。

③ 业务连续性。Hunghu DB 采用 ECOX 集群管理系统提供数据库高可用保护，若系统节点宕机，备用节点通常在 1 秒内完成接管工作，使系统保持在 99.999%以上的可用性，从而有效保障业务服务能力，有效保障业务连续性。

④ 跨平台。Hunghu DB 支持龙芯、申威、飞腾、鲲鹏、海光、兆芯等国产处理器，并针对各种平台的硬件特性进行相应优化，同时对传统 INTEL/AMD、IBM Power 等硬件提供较好优化和支持；支持主流国产操作系统，包括湖南麒麟，银河麒麟，中标麒麟，麒麟软件，中科方德，统信等；对 Debian、Ubuntu、CentOS、Hunghu OS 提供支持。

3．南大通用数据库 GBase

GBase 是天津南大通用数据技术有限公司推出的自主品牌的数据库产品，GBase 品牌的系列数据库都具有自己鲜明的特点和优势：GBase 8a 是国内第一个基于列存的新型分析型数据库，在集群双活、大规模集群管理、虚拟集群等技术方面实现国际领先；GBase 8s 作为一款成熟稳定的安全事务型数据库，支持两地三中心高可用部署，具备高容量、高并发、高性能等特性；GBase 8c 是 shared nothing 架构的分布式交易型数据库，具备高性能、高可用、低成本、资源调度精细化、集群运维智能化等特性；GBase 8d 是广泛应用于 PKI/PMI 系统的目录服务器。

小　结

本章对数据库新技术和国产数据库进行了介绍。首先介绍了数据仓库及数据挖掘技术，分布式数据库的概念、特点和体系结构，大数据技术的特征，NoSQL 数据库和 Hadoop 分布式平台；其次介绍了云存储技术及云数据库，内存数据库、空间数据库及多媒体数据库；最后介绍了人大金仓、武汉达梦、神舟通用、南大通用四家数据库厂商的产品特点及应用场景，以及 OceanBase、GaussDB 等新创厂商的产品。

习 题 8

一、选择题

1. 下列是数据仓库的基本特征的是（　　）。

A. 数据仓库是面向主题的　　　　　　　　B. 数据仓库的数据是集成的

C. 数据仓库的数据是相对稳定的　　　　　D. 数据仓库的数据是反映历史变化的

2. 下面说法正确的是（　　）。

A. 数据仓库是从数据库中导入的大量数据，并对结构和存储进行组织以提高查询效率

B. 使用数据仓库的目的在于对已有数据进行高速的汇总和统计

C. 数据挖掘时采用适当的算法，从数据仓库的海量数据中提取潜在的信息和知识

D. OLAP 技术为提高处理效率，必须绕过数据库管理系统直接对物理数据进行读取和写入

3. 下列关于数据仓库的叙述中，不正确的是（　　）。

A. 数据仓库通常采用三层体系结构

B. 底层的数据仓库服务器一般是一个关系型数据库系统

C. 数据仓库中间层 OLAP 服务器只能采用关系型 OLAP

D. 数据仓库前端分析工具中包括报表工具

4. 关于分布式数据库系统的叙述中，正确的是（　　）。

A. 分散在各节点的数据是不相同的

B. 用户可以对远程数据进行访问，但必须指明数据的存储节点

C. 每个节点是一个独立的数据库系统，既能完成局部应用，也支持全局引用

D. 数据可以分散在不同节点的计算机上，但必须在同一台计算机上进行数据处理

5. 关于分布式数据库系统，不正确的是（　　）。

A. 分布式系统的存储结构要比非分布式系统复杂

B. 分布式系统用户的操作与非分布式系统没有什么不同

C. 数据操作在逻辑上没有变化

D. 分布式系统的所有问题都是用户级别的

6. 在分布式数据库中，数据是（　　）。

A. 逻辑上分散，物理上统一　　　　　　　B. 物理上分散，逻辑上统一

C. 逻辑上和物理上都统一　　　　　　　　D. 逻辑上和物理上都分散

7. 云计算的层次结构不包括（　　）。

A. 虚拟资源层　　　B. 会话层　　　　　　C. IaaS　　　　　　　D. PaaS

8. 云数据库操作的第一步是（　　）。

A. 获取云数据库引用　　　　　　　　　　B. 构造查询条件

C．发出请求　　　　　　　　　　D．保存查询结果

9．以下关于云数据库的说法中，正确的是（　　）。

A．云数据库拥有专属于自己的数据模型

B．云数据库具有无限可扩展性

C．云数据库的容错能力较低

D．云数据库不需要一直向用户提供一直可用的数据库连接

10．下列（　　）不属于 NoSQL 数据库的类型。

A．键值模型　　　B．列存储模型　　　C．文档型模型　　　D．树模型

二、填空题

11．数据仓库的特征是一个_____、集成的、_____、随时间不断变化的数据集合。

12．元数据是描述数据仓库内数据的结构和建立方法的数据。按用途的不同可将其分为_____和_____两类。

13．一个数据仓库系统包括两个主要部分：一是_____，用于存储数据仓库的数据；二是_____，用于对数据仓库数据库中的数据进行分析。

14．数据挖掘是指从_____中自动抽取隐藏在数据中的那些有用信息的非平凡过程，这些信息的表现形式为_____、概念、_____及模式等。

15．数据挖掘是一种新的信息处理技术，其主要特点是对数据库中的大量数据进行抽取、_____、_____和其他模型化处理，并从中提取辅助决策的关键性数据。

16．云计算是一种新的计算模式，将计算任务分布在大量计算机构成的_____上。

17．云计算具有_____、虚拟化、按需服务、可靠性、通用性、灵活弹性、性能价格比高等特点。

18．大数据是指_____。大数据以云计算等新的计算模式为手段获取、存储、管理、处理并提炼数据，以帮助使用者决策。

19．大数据的技术支撑有计算速度的提高、存储成本的下降和对_____的需求。

20．云数据库是运行在_____上的数据库系统，是在 SaaS（软件即服务）模式下发展的云计算技术。

21．NoSQL（Not Only SQL）数据库泛指_____的数据库，指其在设计上与传统的关系数据库不同。

22．NoSQL 数据库具有_____、数据容量大、易于扩展、一致性策略、灵活的数据模型、高可用性等特点。

三、判断题（请在后面的括号中填写"对"或"错"）

23．数据仓库中的数据来源只有数据库。　　（　　）

24．数据挖掘常用的算法有分类、聚类、特征分析、决策树归纳。　　（　　）

25．一般而言，分布式数据库是指物理上分散在不同地点但在逻辑上是统一的数据库。因此分布式数据库具有物理的独立性、逻辑的一体性、性能上的可扩展性等特点。　　（　　）

26．云数据库是云技术和数据库技术的结合。　　（　　）

27．内存数据库将数据保存在计算机内存上，而不是硬盘上。　　（　　）

28．计算机内存大小与数据库性能关系不大。　　（　　）

29．从数据模型的角度来说，云数据库是一种全新的数据库技术，拥有专属于自己的数据模

型。　　（　　）

30．大数据技术是包括硬件、数据库、操作系统、Hadoop 等一系列技术的综合应用。（　　）

31．云数据库是部署和虚拟化在云计算环境中的数据库，可以是关系型数据库，也可以是非关系型数据库。　　（　　）

32．数据仓库的最终目的是为用户和业务部门提供决策支持。　　（　　）

四、简答题

33．数据仓库的基本特征是什么？

34．简述数据挖掘的基本过程。

35．什么是分布式数据库系统？它有哪些特点

36．分布式数据库系统有哪些主要组成部分？

37．试述分布式数据库系统的体系结构。

38．简述大数据的基本概念及特点。

第9章
数据库应用开发系统案例分析

DB

　　KingbaseES 作为一个数据库管理系统，最终要向应用程序提供数据，供用户使用。所以数据库的开发是数据库系统必不可少的内容。

　　本章通过一个简单的数据库系统开发实例——驾驶员理论考试系统，介绍需求分析、概要设计和详细设计的数据库设计过程，介绍利用 Java、Python 等高级程序设计语言访问后台数据库的方法，使得读者掌握 KingbaseES V8.3 数据库在信息系统开发过程中的应用。

9.1 需求分析

1. 案例的应用背景

机动车驾驶员考试是由公安局车管所举办的资格考试，只有通过考试，机动车驾驶员才能取得驾照，才能合法地驾驶机动车辆。驾驶员理论考试是机动车驾驶员考试的一部分，题型分为判断题和选择题，传统纸质化考试整个环节中有大量的重复性工作，包括出卷、印卷、安排线下考试地点、监考、批改阅卷、登记分数等，使得驾考中心、驾校培训中心人工压力巨大。借助信息化的手段和方法设计在线考试系统，可有效提高考试效率，实现考试人员理论水平的准确、全面的测评。

本章设计实现了一个简单的驾驶员理论考试系统，解决了以往出题、印试卷，批改试卷等烦琐的工作，实现用户管理、试题库管理、试卷管理和随机出卷、自动阅卷等功能，降低了驾考中心、驾校培训中心的人力、物力投入，及时、准确地反映考生、学员的学习或考试情况。

2. 功能需求分析

本系统主要提供给学员（考生）和管理员使用，功能模块如图 9-1 所示。

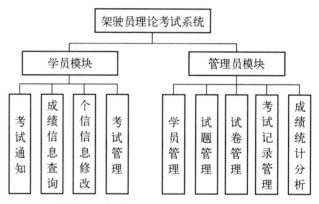

图 9-1　驾驶员理论考试系统功能模块

学员模块实现的功能：查询考试通知、考试管理、查询成绩信息、修改个人信息。

管理员模块实现的功能：通知管理、学员管理、试题管理、试卷管理、考试记录管理、成绩统计分析。

3. 数据需求分析

在本系统中，学员根据时间预约考试，考试中随机抽取一张试卷作答，一张试卷由多道试题组织；每位学员允许多次预约考试，即学员可作答多张试卷。

要求从系统中可以查询以下信息。

① 学员的基本信息，包括学员的学员号、姓名、性别、身份证号、手机号、创建时间、邮箱、密码。学员可以参加科目考试，并查看考试成绩。

② 试题的基本信息，包括试题号、试题类型、题干、选项、难度等级、正确答案、分值、答案解析。

③ 试卷的基本信息，包括试卷号、试卷名称、考试时长、创建时间、科目类型。学生作答试卷可以看到所属该试卷的所有试题。

④ 考试的基本信息，包括考试编号、学员号、试卷号、考试开始时间、考试结束时间、成绩。

⑤ 考试记录的基本信息，包括考试编号和学员作答每道题的答案。

9.2 数据库设计

9.2.1 概念结构设计

根据系统的需求分析，我们需要对分析结果中的信息进行整理、组织，抽象成系统的概念模型。

本系统抽象的实体有 4 个，分别是学员、试题、试卷、考试。实体的属性情况如图 9-2～图 9-5 所示，其中学员号是学员实体的主键、试题号是试题实体的主键、试卷号是试卷实体的属性、考试编号是考试实体的属性，对应属性下加了下画线。

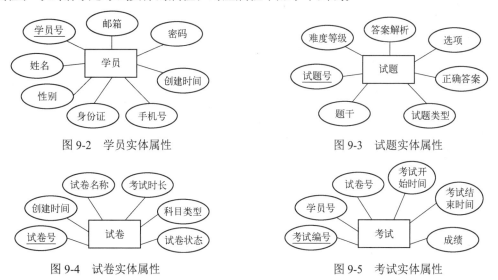

图 9-2 学员实体属性　　　　　　　　图 9-3 试题实体属性

图 9-4 试卷实体属性　　　　　　　　图 9-5 考试实体属性

根据需求分析的结果，可以先得到系统的局部 E-R 图，如图 9-6～图 9-9 所示。

图 9-6 学员-考试 E-R 图　　　　　　图 9-7 考试-试卷 E-R 图

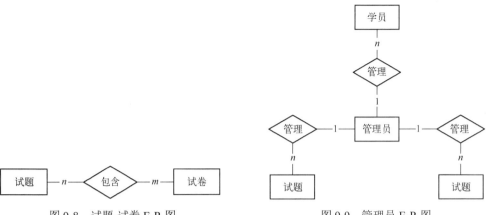

图 9-8　试题-试卷 E-R 图　　　　　　　　图 9-9　管理员 E-R 图

合并分 E-R 图的过程中要合理消除各分 E-R 图的冲突，即消除属性冲突、命名冲突和结构冲突，最终得到驾驶员理论考试系统的全局 E-R 图，如图 9-10 所示。

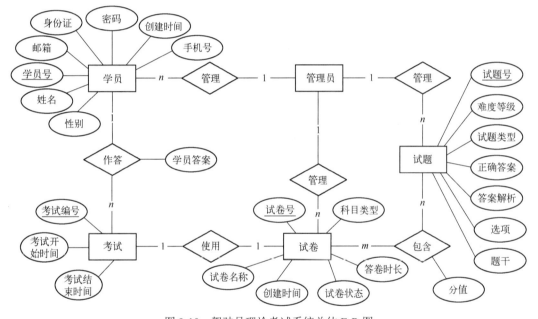

图 9-10　驾驶员理论考试系统总体 E-R 图

9.2.2　逻辑结构设计

把系统的 E-R 图转换成数据库关系模式如下：

学员表(<u>学员号</u>，姓名，性别，身份证，手机号，创建时间，密码，邮箱)
试题表(<u>试题号</u>，试题类型，题干，选项，难度等级，正确答案，答案解析)
试卷表(<u>试卷号</u>，试卷名称，答卷时长，创建时间，科目类型，试卷状态)
考试表(<u>考试编号</u>，学员号，试卷号，考试开始时间，考试结束时间，成绩)
试卷试题表(<u>试卷号</u>，<u>试题号</u>，试题序号，分值)
考试记录表(<u>考试编号</u>，<u>试题号</u>，学员答案，得分)

数据库中关系表如表 9-1～表 9-5 所示。

表 9-1　学员表（t_user）

字段名称	类型	是否非空	字段说明
user_id	bigint	是	学员号，主键
create_time	timestamp		创建时间
password	varchar(64)	是	密码
name	varchar(30)	是	姓名
sex	char(3)		性别
telephone	char(11)		手机
email	varchar(20)		邮箱
identification	char(28)		身份证

表 9-2　试题表（subject）

字段名称	类型	是否非空	字段说明
subject_id	bigint	是	试题号，主键
title	varchar(255)		题干
optionA	varchar(255)		选项 A
optionB	varchar(255)		选项 B
optionC	varchar(255)		选项 C
optionD	varchar(255)		选项 D
correct_answer	int		正确答案
answer_explanation	varchar(255)		答案解析
type	int		试题类型
difficulty_level	int		难度等级

表 9-3　试卷表（paper）

字段名称	类型	是否非空	字段说明
paper_id	bigint	是	试卷号，主键
create_time	timestamp		创建时间
name	varchar(255)	是	试卷名称
duration	int		答卷时长(分钟)
type	int		科目类型

表 9-4　考试表（exam）

字段名称	类型	是否非空	字段说明
exam_id	bigint	是	考试编号，主键
start_time	timestamp		开始时间
end_time	timestamp		结束时间
user_id	bigint		学员号，外键
paper_id	bigint		试卷号，外键
score	int		成绩

表 9-5　试卷试题表（exam_paper）

字段名称	类型	是否非空	字段说明
paper_id	bigint	是	试卷号，复合主键，外键
question_id	bigint	是	试题号，复合主键，外键
number	int		试题序号
value	int		分值

表 9-6　考试记录表（record）

字段名称	类型	是否非空	字段说明
exam_id	bigint	是	考试编号，复合主键，外键
subject_id	bigint	是	试题号，复合主键，外键
user_answer	int		学员答案
point	int		得分

9.2.3　物理结构设计

创建各基本表的代码如下。

```
CREATE TABLE subject(
    subject_id  BIGINT NOT NULL,
    title  VARCHAR(255) NOT NULL,
    optionA  VARCHAR(255),
    optionB  VARCHAR(255),
    optionC  VARCHAR(255),
    optionD  VARCHAR(255),
    correct_answer  INT,
    answer_explanation  VARCHAR(255),
    type  INT,
    difficulty_level  INT,
    PRIMARY KEY(subject_id)
)

CREATE TABLE t_user(
    user_id  BIGINT NOT NULL,
    create_time  TIMESTAMP,
    password  VARCHAR(64)  NOT NULL,
    name  VARCHAR(30) NOT NULL,
    sex  CHAR(3),
    telephone  CHAR(11),
    email  VARCHAR(20),
    identification  CHAR(28),
    PRIMARY KEY(user_id)
)

CREATE TABLE paper(
    paper_id  BIGINT NOT NULL,
    create_time  TIMESTAMP,
```

```
    name VARCHAR(255) NOT NULL,
    duration   INT,
    type INT,
    PRIMARY KEY(paper_id)
)

CREATE TABLE exam(
    exam_id  BIGINT NOT NULL,
    start_time  TIMESTAMP,
    end_time  TIMESTAMP,
    user_id  BIGINT,
    paper_id  BIGINT,
    score  INT,
    PRIMARY KEY(exam_id),
    FOREIGN KEY(user_id) REFERENCES t_user(user_id),
    FOREIGN KEY(paper_id) REFERENCES paper(paper_id)
)

CREATE TABLE exam_paper(
    paper_id  BIGINT NOT NULL,
    subject_id  BIGINT NOT NULL,
    number  INT,
    value  INT,
    PRIMARY KEY(paper_id, subject_id),
    FOREIGN KEY(subject_id) REFERENCES subject(subject_id),
    FOREIGN KEY(paper_id) REFERENCES paper(paper_id)
)

CREATE TABLE record(
    exam_id  BIGINT NOT NULL,
    subject_id  BIGINT NOT NULL,
    user_answer  INT,
    point  INT,
    PRIMARY KEY(exam_id, subject _id),
    FOREIGN KEY(subject _id) REFERENCES subject(subject_id),
    FOREIGN KEY(exam_id) REFERENCES exam(exam_id)
)
```

9.3 数据库接口及访问技术

通过一个数据库接口可实现编程开发语言与数据库的连接，而数据库标准接口可以实现开发语言与多种不同数据库进行连接。KingbaseES V8.3 的客户端编程接口包括 JDBC、ksycopg2、ODBC、Hibernate、MyBatis、Perl DBI、PHP PDO 等。本节介绍比较受欢迎的 JDBC 和 ksycopg2。

9.3.1　JDBC 接口访问 KingBaseES 数据库

课程思政

JDBC（Java Database Connection，Java 数据连接技术）是 Java 语言连接任何关系型数据的通用 API，提供连接各种常用数据库的能力。

KingbaseES JDBC 是纯 Java 的 JDBC 驱动程序，支持 SUN JDBC 3.0 和部分 4.0 API 的标准。通过 JDBC 接口对象，应用程序可以完成与数据库的连接、执行 SQL 语句、从数据库中获取结果、状态及错误信息、终止事务和连接等。

在使用 KingbaseES JDBC 访问和操纵 KingbaseES 数据库前，应成功安装驱动程序。

① 获取 KingbaseES JDBC 驱动程序。下载 KingbaseES JDBC 压缩包，解压后，包括三个版本文件：kingbase8-8.2.0.jre6.jar，kingbase8-8.2.0.jre7.jar，kingbase8-8.2.0.jar，分别对应 JDK1.6、JDK1.7、JDK1.8 及以上版本（相对稳定，使用最广泛）。

② 在 Java Project 项目应用中添加数据库驱动 kingbase8-8.2.0.jar。

驱动程序成功安装后，应用程序使用 KingbaseES JDB 来访问和操纵 KingbaseES 数据库的过程如下。

（1）建立数据库连接

可以通过 DriverManager 或者 DataSource 连接数据库，下面介绍使用 DriverManager 连接数据库。首先加载 KingbaseES JDBC，数据库驱动类是 com.kingbase8.Driver。

```
Class.forName("com.kingbase8.Driver");
```

与数据库建立连接的标准方法是调用 DriverManager.getConnection 方法。DriverManager 类存有已注册的 Driver 类清单，当调用 getConnection 方法时，将检查清单的每个驱动程序，直到找到可与 URL（在 KingbaseES JDBC 中，数据库是用 URL 表示的）中指定的数据库进行连接的驱动程序为止。

```
String userID = "SYSTEM";                    // KingBaseES 默认的用户名
String password = "SYSTEM";                  // 安装 KingBaseES 时设置的密码
// 协议 URL 格式：jdbc:kingbase8://host:port/database
String url = "jdbc:kingbase8://127.0.0.1:54321/EXAM_DB";
```

这里 EXAM_DB 为驾驶员理论考试系统使用的数据库名

注意：127.0.0.1 为本机操作系统的回环地址，仅能访问本机数据库服务，本节示例中应用程序与数据库服务在同一服务上；若应用与数据库不在同一台服务器，则应用需要访问远程数据库服务时，应该写远程数据库服务器的业务段 IP 地址

```
// 参数 1：协议 URL，参数 2：用户名，参数 3：密码
Connection conn = DriverManager.getConnection(url, userID, passwd);
```

（2）创建语句对象

数据库连接一旦建立，就可向数据库传送 SQL 语句。KingbaseES JDBC 提供了三个类，用于向数据库发送 SQL 语句，Connection 接口中的三个方法可用于创建这些类的实例。

❖ Statement 对象：由 createStatement 方法创建，用于发送简单的 SQ 语句。

❖ PreparedStatement 对象：由 prepareStatement 方创建，用于发送带有一个或多个输入参数（IN 参数）的 SQL 语句。

❖ CallableStatement 对象：由 prepareCall 方法创建，用于执行 SQL 存储过程。

（3）执行查询并返回结果集对象

建立服务器连接后，就可以在该连接上执行查询语句，并返回结果集对象。Statement 接口提供了三种执行 SQL 语句的方法：

- ❖ execute 方法：用于执行返回多个结果集或更新多个元组的 SQL 语句。
- ❖ executeQuer 方法：用于执行返回单个结果集的 SQL 语句。
- ❖ executeUpdate 方法：用于执行含有 INSERT、UPDATE 或 DELETE 语句或者不返回任何内容的 SQL 语句，如 DDL 语句。

下面以使用 preparedStatement 对象和 executeQuery 方法为例：

```
PreparedStatement psta = conn. prepareStatement();
ResultSet rs= psta.executeQuery("SELECT * FROM subject");
```

或

```
Sring sql=" SELECT * FROM subject";
PreparedStatement psta = conn.prepareStatement(sql);
ResultSet rs = psta.executeQuery();
```

（4）处理结果集对象

通过 ResultSet 中提供的各定位函数使 ResultSet 指针指向实际要访问的数据行，然后通过使用一套 get 方法读取结果集中当前行或列的值。

```
while (rs.next())                           // next()方法将光标从当前位置向前移一行
    System.out.println(rs.getInt (1));
```

（5）关闭结果集和语句对象

操作完成后，将所有使用的 JDBC 对象全部关闭，以释放 JDBC 资源。

```
rs.close();
psta.close();
```

（6）关闭与数据库的连接

通过对连接对象 conn 调用 close()方法关闭与数据库的连接。

```
conn.close();
```

9.3.2 JDBC 实例说明

根据设计的驾驶员理论考试系统，本节给出部分模块的实现界面代码。

（1）用户登录界面（如图 9-11 所示）

```
package net;
// 步骤 1：导入包
import java.sql.Connection;
import java.sql.DriverManager;
import java.sql.PreparedStatement;
import java.sql.ResultSet;

public class JDBCKingBaseLogin {
    public static void main(String[] args) throws Exception {
// 步骤 2：注册 JDBC 驱动程序
```

图 9-11　系统用户登录界面

```
        Class.forName("com.kingbase8.Driver");
        String userName = "SYSTEM";//KingBase 默认的用户名
        String password = "SYSTEM";//安装 KingBase 时设置的密码
        String url = "jdbc:kingbase8://127.0.0.1:54321/EXAM_DB";
// 步骤 3: 打开一个连接
        Connection connection = DriverManager.getConnection(url, userName, password);
// 步骤 4: 执行查询
        // SQL 语句：根据用户名和密码去查询用户表
        String sql = " SELECT *  FROM t_user WHERE name=? and password=?";
        PreparedStatement psta = connection.prepareStatement(sql);
        String userInput = "admin";                 // 用户输入的用户名
        String passwordInput = "123456";            // 用户输入的密码
        psta.setString(1, userInput);
        psta.setString(2, passwordInput);
        ResultSet rs = psta.executeQuery();
        boolean success = rs.next();                // 能查询到一条记录，则登录成功
        if(success) {
            System.out.println("登录成功");
        }
        else {
            System.out.println("登录失败");
        }
// 步骤 6: 清理资源
        rs.close();
        psta.close();
        connection.close();
    }
}
```

（2）试题管理界面（如图 9-12 所示）

```
package net;
// 步骤 1: 导入包
import java.sql.*;

public class JDBCKingBaseSubject {
    public static void main(String[] args) throws Exception {
```

图 9-12 试题管理界面

```java
// 步骤 2: 注册 JDBC 驱动程序
    Class.forName("com.kingbase8.Driver");
    String userName = "SYSTEM";                  // KingBase 默认的用户名
    String password = "SYSTEM";                  // 安装 KingBase 时设置的密码
    String url = "jdbc:kingbase8://127.0.0.1:54321/EXAM_DB";
// 步骤 3: 打开一个连接
    Connection connection = DriverManager.getConnection(url, userName, password);
    insertSubject(connection);
    selectSubject(connection);
    deleteSubject(connection);
    updateSubject(connection);
}
// 插入操作
public static void insertSubject(Connection connection) {
    try {
        String sql = " INSERT INTO subject(subject_id, title, type) VALUES(? , ?, ?)";
        PreparedStatement psta = connection.prepareStatement(sql);
        psta.setInt(1, 1234);
        psta.setString(2, "不得驾驶具有安全隐患的机动车上道路行驶");
        psta.setInt(3, 1);
        psta.execute();                          // 执行更新语句
        psta.close();
        connection.close();
    }
    catch(Exception e) {
        e.printStackTrace();
    }
}
// 更改操作
public static void updateSubject(Connection connection) {
    try {
        String sql = "UPDATE subject SET correct_answer = ?  WHERE subject_id = ?";
        PreparedStatement psta = connection.prepareStatement(sql);
```

```java
            // 将 id 为 2345 的题目的答案更改为 1，代表答案是正确
            psta.setInt(1,1);
            psta.setInt(2,2345);
            psta.execute();                          // 执行更新语句
            psta.close();
            connection.close();
        }
        catch(Exception e) {
            e.printStackTrace();
        }
    }
    // 查询操作
    public static void selectSubject(Connection connection) {
        try {
            String sql = " SELECT * FROM subject ";  // 查询全部 subject 记录
            PreparedStatement psta = connection.prepareStatement(sql);
            ResultSet rs = psta.executeQuery();
            System.out.println("题目 id" + "\t" + "题干（题目内容）");
            System.out.println("-------------------------------------------");
            while(rs.next()) {
                int suject_id = rs.getInt("subject_id");
                String title = rs.getString("title");
                System.out.println(suject_id + "\t" + title);
            }
        // 删除操作
        public static void deleteSubject(Connection connection) {
            try {
                String sql = " DELETE FROM subject WHERE subject_id = ? ";
                PreparedStatement psta = connection.prepareStatement(sql);
                psta.setInt(1, 1234);                // 删除 id 是 1234 的题目
                psta.execute();                      // 执行更新语句
                psta.close();
                connection.close();
            }
            catch(Exception e) {
                e.printStackTrace();
            }
// 步骤 6: 清理资源
            rs.close();
            psta.close();
            connection.close();
        }
        catch(Exception e) {
            e.printStackTrace();
        }
    }
}
```

（3）试卷管理界面（如图 9-13 所示）

```java
package net;
```

图 9-13　试卷管理界面

```java
// 步骤 1: 导入包
    import java.sql.*;
    // 新建一张试卷 A，再由试卷 A 添加 5 道题目
    public class JDBCKingBasePaper {
        public static void main(String[] args) throws Exception {
// 步骤 2: 注册 JDBC 驱动程序
            Class.forName("com.kingbase8.Driver");
            String userName = "SYSTEM";                 // KingBase 默认的用户名
            String password = "SYSTEM";                 // 安装 KingBase 时设置的密码
            String url = "jdbc:kingbase8://127.0.0.1:54321/EXAM_DB";
// 步骤 3: 打开一个连接
            Connection connection = DriverManager.getConnection(url, userName, password);
            String sql4AddPaper = "INSERT INTO paper(paper_id, create_time, name, duration, type)
                            VALUES(?, ?, ?, ?, ?) ";
            PreparedStatement psta = connection.prepareStatement(sql4AddPaper);
            psta.setInt(1, 123);
            psta.setTimestamp(2, new Timestamp(System.currentTimeMillis()));
            psta.setString(3, "C1 车型科目一模拟试卷 A");
            psta.setInt(4, 120);
            psta.setInt(5, 1);
            psta.execute();
            psta.close();
            // 以下是 subject 表中随机查询到的题目 id
            int[] subjectIds = new int[]{1234, 2321, 2342, 3223, 1337};
            // 循环插入 5 道题目，
            for (int i = 0; i < subjectIds.length; i++) {
                String  sql4AddSubject = "INSERT INTO exam_paper(paper_id, subjct_id, numer,value)
                                VALUES(?,?,?,?) ";
                PreparedStatement  psta1 = connection.prepareStatement(sql4AddSubject);
                psta1.setInt(1, 123);
                psta1.setInt(2, subjectIds[i]);
                psta1.setInt(3, i+1);                     // 题目序号
```

```
            pstal.setInt(4, 1);                    // 每道题的分值为1分
            pstal.execute();
            pstal.close();
        }
        connection.close();
        System.out.println("新建试卷-数据库操作成功");
    }
}
```

9.3.3 ksycopg2 接口访问 KingBaseES 数据库

ksycopg2 是 Python 语言操作 Kingbase 数据库的驱动库，支持完整的 Python DBAPI 2.0 标准，拥有级别 2 的线程安全性能，即不同线程间可以共享模块和连接。在使用 ksycopg2 库访问和操纵 KingbaseES 数据库前，应成功配置驱动库。

① 获取 ksycopg2 驱动库。下载 ksycopg2 驱动库，解压后包括 4 个版本文件，分别对应 Linux-x86、Linux-飞腾、Windows-64，根据系统配置选择合适的版本。

② 将对应 Python 版本的 ksycopg2 驱动解压后，把 ksycopg2 文件夹放在 Python 的模块路径中，如 "/usr/lib/python36/site-packages"。

驱动库成功配置后，应用程序使用 ksycopg2 访问和操纵 KingbaseES 数据库的过程如下。

（1）建立数据库连接。

```
conn = ksycopg2.connect("dbname= EXAM_DB user=SYSTEM password= SYSTEM host=127.0.0.1 port=54321")
```

或

```
conn = ksycopg2.connect(database=' EXAM_DB', user='SYSTEM', password='SYSTEM', host='54321', port='54321')
```

（2）创建语句对象，执行查询语句

用 cursor 函数获取游标对象，然后调用 execute 函数发送查询语句，并返回结果集对象。

```
cur = conn.cursor()
cur.execute("SELECT * FROM subject")                    // 执行查询 SQL 语句
```

或

```
cur = conn.cursor()
cur.execute('CREATE TABLE test(id integer, name TEXT)')    // 执行非查询 SQL 语句
cur.exeute("INSERT INTO test(id, name)  VALUES(1, 'John')")  // 执行非查询 SQL 语句
```

（3）处理结果集对象

用 fetchall 函数可以获取全部结果集，也可以用 fetchone 函数获取单行结果，若为空，则返回空列表。

```
rows = cur.fetchall()
for row in rows:
    print(row)
```

（4）关闭结果集和与数据库的连接

```
cur.close()
conn.close();
```

9.3.4 ksycopg2 实例说明

ksycopg2 实例说明如下。

```
// 试题插入操作
import ksycopg2

database = " EXAM_DB"
user = "SYSTEM"
password = " SYSTEM"
host = "127.0.0.1"
port = "54321"

if __name__ == "__main__":
    try:
        conn = ksycopg2.connect("dbname={} user={} password={} host={}
                                port={}".format(database, user, password, host, port))
        cur = conn.cursor()
        cur.execute("INSERT INTO subject(subject_id,title,type)  VALUES(%s, %s, %s)",
                    (1234, '不得驾驶具有安全隐患的机动车上道路行驶', 1))
        conn.commit()
        cur.execute("SELECT *  FROM subject")
        rows = cur.fetchall()
        for row in rows:
            print(cell)

        cur.close()
        conn.commit()
        conn.close()

    except Exception, e:
        print(e)
        print("Fail")
    else:
        print("Success")
```

小　结

本章介绍了驾驶员理论考试系统的应用案例，非常详细地描述了数据库设计的全过程实施情况。

需求分析是数据库设计的第一阶段，需要进行详细的用户调查；概念结构设计是在需求分析的基础上对现实世界的抽象和模拟，采用 E-R 模型表示；逻辑结构设计是把概念结构设计出的全局 E-R 模型转换为具体的 DBMS 支持的数据模型，并应用规范化理论进行优化。

本章介绍了 KingbaseES V8.3 的两种数据库接口和访问技术：JDBC 和 ksycopg2，并实现了与设计的驾驶员理论考试系统数据库的实例连接。

参考文献

DB

[01] 陈志泊. 数据库系统原理及应用教程（第4版）. 北京：人民邮电出版社，2017.

[02] 魏祖宽. 数据库系统及应用（第2版）. 北京：电子工业出版社，2012.

[03] 杨晓光. 数据库原理及应用技术教程. 北京：清华大学出版社，2014.

[04] 王预. 数据库原理及应用教程. 北京：清华大学出版社，2014.

[05] 宋金玉，陈萍，陈刚. 数据库原理与应用（第2版）. 北京：清华大学出版社，2014.

[06] 刘亚军，高莉莎. 数据库原理与应用. 北京：清华大学出版社，2015.

[07] 叶潮流，章义刚. 数据库原理与应用（第2版）. 北京：清华大学出版社，2016.

[08] 姚瑶，王燕. Oracle Database 12C 实用教程. 北京：清华大学出版社，2017.

[09] 刘金岭，冯万利，张有东. 数据库原理及应用——SQL Server 2012. 北京：清华大学出版社，2017.

[10] 赵明渊. 数据库原理与应用教程——SQL Server 2014. 北京：清华大学出版社，2018.

[11] 黄雪华，徐述，曹步文，黄静. 数据库原理及应用. 北京：清华大学出版社，2018.

[12] 尹志宇，郭晴. 数据库原理与应用教程——SQL Server 2012. 北京：清华大学出版社，2019.

[13] 杨海霞. 数据库原理与设计（第2版）. 北京：人民邮电出版社，2013.

[14] 俞海，顾金媛. 数据库基本原理及应用开发教程. 南京：南京大学出版社，2017.

[15] 马忠贵，宁淑荣，曾广平，姚琳. 数据库原理与应用（Oracle 版）. 北京：人民邮电出版社，2013.

[16] 赵杰，杨丽丽，陈雷. 数据库原理与应用. 北京：人民邮电出版社，2013.

[17] 瞿中. 数据库系统原理与应用. 北京：人民邮电出版社，2013.

[18] 北京人大金仓信息技术股份有限公司. 人大金仓数据库 KingbaseES V8 手册，2019.

[19] 北京人大金仓信息技术股份有限公司. 人大金仓数据库 SQL 和 PLSQL 速查手册，2019.

[20] Silberschatz 等. 数据库系统概念（第6版）. 北京：机械工业出版社，2019.

[21]   王珊、萨师煊．数据库系统概论（第 5 版）．北京：高等教育出版社，2014．

[22]   C.J.Date 等．数据库系统导论（第 7 版）．北京：机械工业出版社，2002．

[23]   北京人大金仓信息技术股份有限公司．人大金仓数据库-管理员手册，2019．

[24]   北京人大金仓信息技术股份有限公司．人大金仓数据库-开发手册，2019．

[25]   贺桂英，周杰，王旅．数据库安全技术．北京：人民邮电出版社，2018．

[26]   陈越，寇红召，费晓飞，卢贤玲．数据库安全．北京：国防工业出版社，2015．

[27]   中国计算机学会数据库专业委员会．中国数据库 40 年．北京：电子工业出版社，2017．

[28]   姜代红，蒋秀莲．数据库原理及应用（第 2 版）．北京：清华大学出版社，2017．

[29]   陶宏才等．数据库原理及设计（第 3 版）．北京：清华大学出版社，2014．

[30]   刘增杰，张少军．PostgreSQL-9 从零开始学．北京：清华大学出版社，2013．

[31]   王英英，李小威．ORACLE 12C 从入门到精通．北京：高等教育出版杜，2018．

[32]   唐好魁．数据库技术及应用（第 3 版）．北京：电子工业出版社，2016．

[33]   蒋彦，奚越．数据库技术及应用（第 3 版）实验教程．北京：电子工业出版社，2016．

[34]   人大金仓 KingbaseES 金仓数据库管理系统．

[35]   武汉达梦数据库．

[36]   神舟通用数据库．

[37]   OceanBase 数据库．

[38]   GaussDB 云数据库．

[39]   南大通用 GBase 数据库．

反侵权盗版声明

电子工业出版社依法对本作品享有专有出版权。任何未经权利人书面许可，复制、销售或通过信息网络传播本作品的行为；歪曲、篡改、剽窃本作品的行为，均违反《中华人民共和国著作权法》，其行为人应承担相应的民事责任和行政责任，构成犯罪的，将被依法追究刑事责任。

为了维护市场秩序，保护权利人的合法权益，我社将依法查处和打击侵权盗版的单位和个人。欢迎社会各界人士积极举报侵权盗版行为，本社将奖励举报有功人员，并保证举报人的信息不被泄露。

举报电话：（010）88254396；（010）88258888

传　　真：（010）88254397

E-mail：dbqq@phei.com.cn

通信地址：北京市万寿路 173 信箱

　　　　　电子工业出版社总编办公室

邮　　编：100036